“十三五”国家重点图书出版规划项目

民族文字出版专项资金资助项目

GRASSLAND

民族地区草地的
多种用途与可持续利用（彝汉双语）

周寿荣　等著
余　华　翻译

“十三五”国家重点图书出版规划项目
民族文字出版专项资金资助项目

四川党建期刊集团　四川民族出版社

图书在版编目（CIP）数据

民族地区草地的多种用途与可持续利用：彝、汉 / 周寿荣等著；余华翻译. —成都：四川民族出版社，2018.1

ISBN 978-7-5409-7432-9

Ⅰ.①民… Ⅱ.①周… ②余… Ⅲ.①民族地区—草地资源—研究—中国—彝、汉 Ⅳ.①F323.212

中国版本图书馆CIP数据核字（2018）第025111号

[illegible]（[illegible]）

民族地区草地的多种用途与可持续利用（彝汉双语）

MINZU DIQU CAODI DE DUOZHONG YONGTU YU KECHIXU LIYONG（YI HAN SHUANGYU）

[illegible] 周寿荣 等著
[illegible] 余 华 翻译

策　　划 唐功敏 马金曲
责任编辑 唐功敏 马金曲 沈阿红
装帧设计 陈秀娟
责任印制 谢孟豪
出版发行 四川党建期刊集团
　　　　 四川民族出版社
地　　址 四川省成都市青羊区敬业路108号（邮编：610091）
照　　排 四川胜翔数码印务设计有限公司
印　　刷 成都万年彩印有限责任公司
成品尺寸 170mm×240mm
插　　页 4
印　　张 20
字　　数 400千
版　　次 2018年1月第1版
印　　次 2018年1月第1次印刷
书　　号 ISBN 978-7-5409-7432-9
定　　价 80.00元

图3-1 分布于四川阿坝州若尔盖县唐克亚高山草甸地带的黄河九曲第一湾
（陈涛 摄）

图3-2 藏族人民的节日服饰
（旦久罗布 摄）

图3-3 八塔林（旦久罗布 摄）

图3-4　内蒙古草地景观与放牧马群（李青丰 摄）

图3-6　热带改良草地上放牧的牛群（周勇 摄）

图3-5　四川阿坝州红原县亚高山五花草甸（陈涛 摄）

图3-7　牧民加工的奶豆腐（王明玖 摄）

图3-8　新疆哈萨克牧民之家（王明玖 摄）

图3-9 草原旅游（王明玖 摄）

图3-10 四川阿坝州红原县亚高山金莲花草甸（张红 摄）

图3-11 具观赏价值的柳兰草地（李青丰 摄）

图3-12　呼伦贝尔草原蒙古族风情游

（王明玖 摄）

图3-13　藏族女子的节日服饰

（千友民 摄）

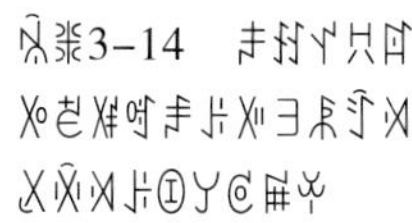

图3-14　四川阿坝州红原县为发展旅游而种植的波斯菊草地

（张红 摄）

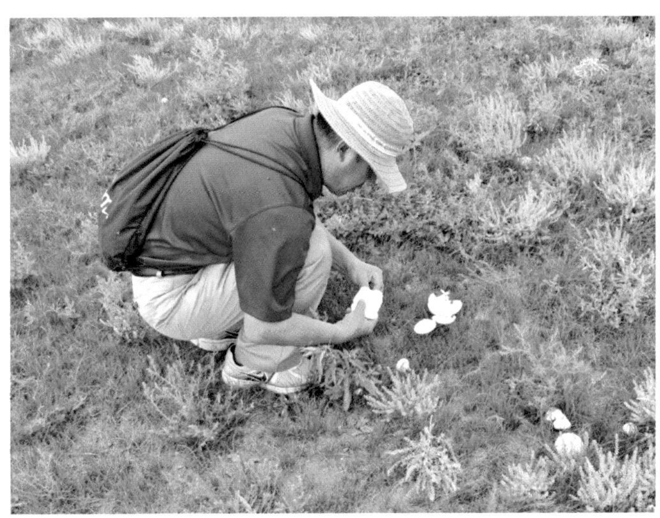

图3-15　草原上采蘑菇
（王明玖 摄）

图3-16　阿坝县民居群与种植的青稞（千友民 摄）

图3-17　草原上放牧的鸡群
（王明玖 摄）

图5-1　菊科蜜源植物之一（千友民 摄）

图5-2　风毛菊属蜜源植物之一（千友民 摄）

图5-3　草地养蜂（千友民 摄）

图5-4　中国芒（黄琳凯 摄）

图5-5　杂交狼尾草（黄琳凯 摄）

图5-6　柳枝稷（黄琳凯 摄）

[illegible]

[illegible] [illegible][1]

[illegible] [illegible][1] [illegible][1] [illegible][1] [illegible][1]

[illegible] [illegible][1] [illegible][1] [illegible] [illegible][4] [illegible][1] [illegible][1]

[illegible][1] [illegible][2] [illegible][1] [illegible][5] [illegible][1]

[illegible][1] [illegible] [illegible][3] [illegible][1]

[illegible]

1 [illegible]

2 [illegible]

3 [illegible]

4 [illegible]

5 [illegible]

编写委员会

主　　编　周寿荣[1]

副 主 编　干友民[1]　彭　燕[1]　刘　伟[1]　刘　琳[1]

编　　委　（以姓氏笔画为序）

干友民[1]　马　啸[1]　兰　剑[4]　刘　伟[1]

刘　琳[1]　孙飞达[1]　李丽霞[2]　杨明显[1]

杨智明[5]　周寿荣[1]　黄琳凯[1]　曹　毅[3]

彭　燕[1]

编委所在单位　1 四川农业大学动物科技学院

2 四川农业大学动物医学院

3 四川大学生命科学学院

4 宁夏大学农学院

5 黑龙江八一农垦大学动物科技学院

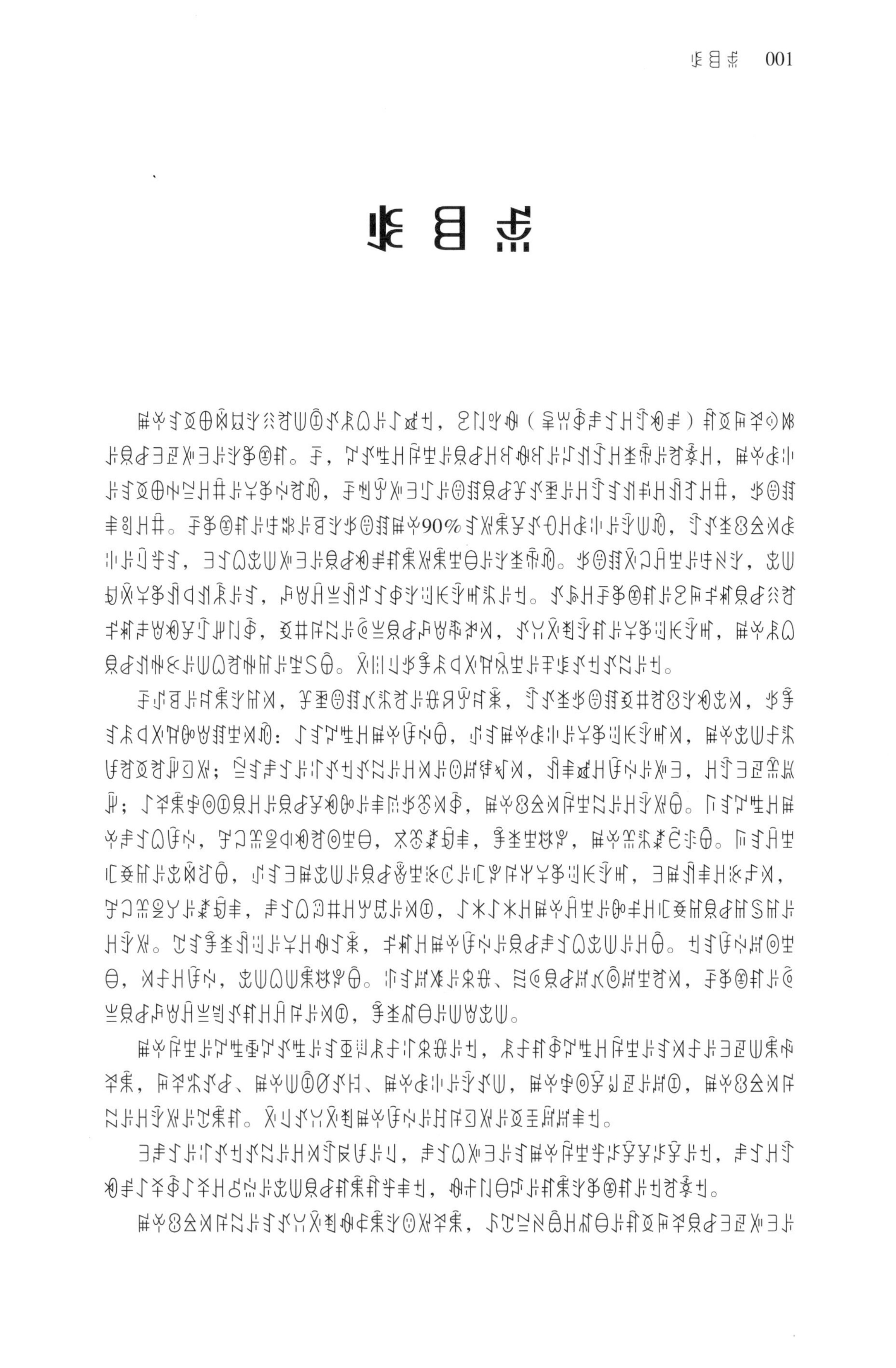

[illegible]

[illegible]

[illegible]

[illegible]

[illegible]

[illegible]

[illegible]

[illegible]

[illegible]:

[illegible]

[illegible]

[illegible]

[illegible] “[illegible] X－X” [illegible], [illegible] “[illegible] 1－1” [illegible] “[illegible]” [illegible], [illegible]。[illegible] “[illegible] 1－1” [illegible] “[illegible]” [illegible]。[illegible], [illegible] “[illegible] X－1” [illegible] “[illegible] X－1” [illegible]。

[illegible]

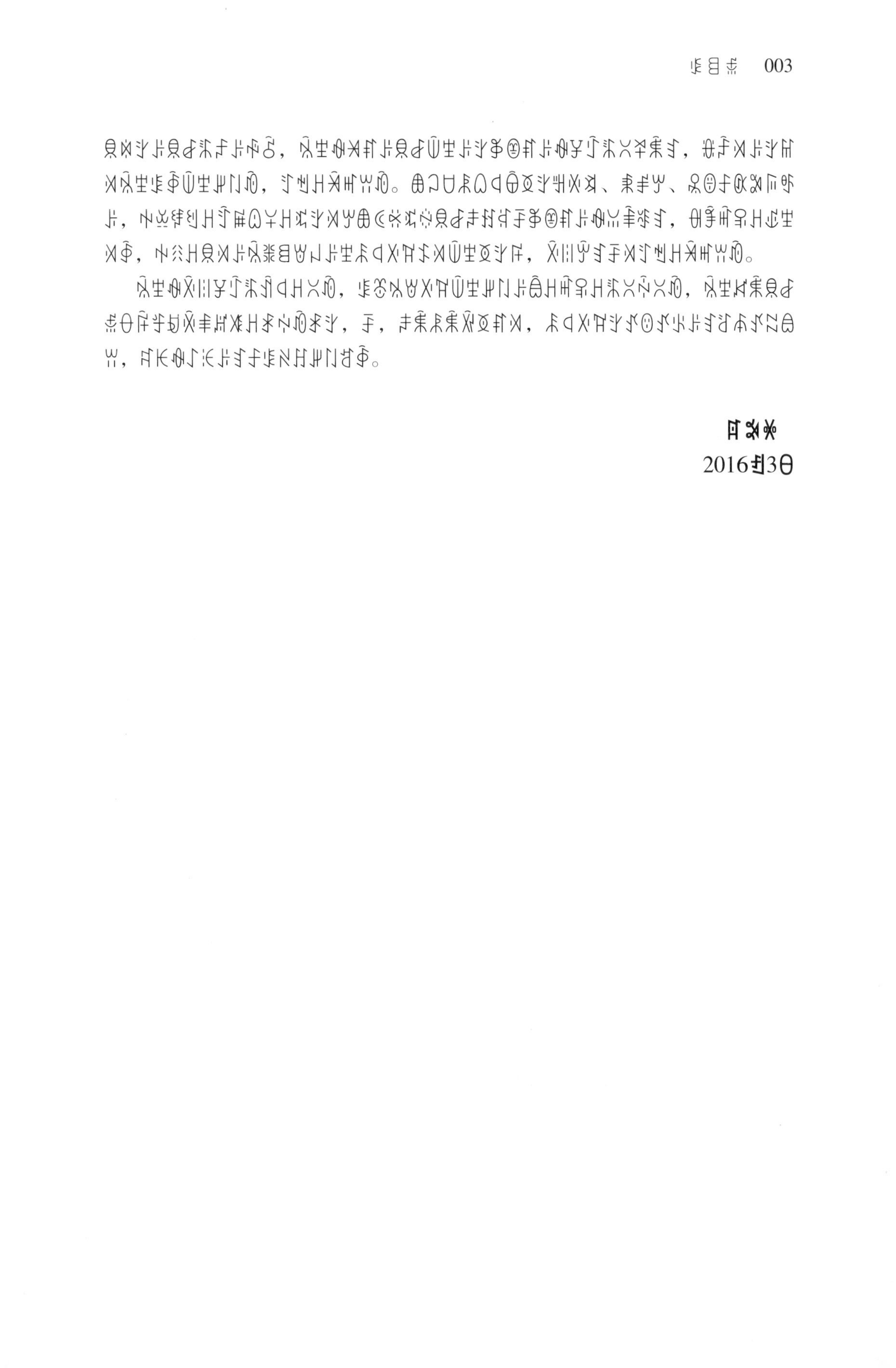

[illegible]

2016[illegible]3[illegible]

前　言

草地是地球表面重要自然资源之一，关系人类（特别是牧区人民）生存环境的稳定和经济的发展。但是，由于长期不合理的利用和天灾人祸的影响，草地退化已成为全球性的问题，其中发展中国家和欠发达地区更为严重，我国也不例外。有关报道称我国90%的草地已出现不同程度的退化，并且有继续退化的趋势，这已经影响到了牧业生产的发展和人民生活水平的改善。我国过去的实践表明，生产上的重大问题，单靠技术措施是难以解决的。必须将有关的社会科学和自然科学知识结合起来，探索切实可行的政策和技术，以解决当前存在的问题，推动草地农业和新型产业的现代化。这就是我们编写本书的主要目的。

基于上述认识，参考发达国家的成功经验，并结合我国实际，我们确定了本书的内容：一要合理经营草地，首先应解决草地退化问题，恢复草地的生产能力；其次应在以牧为主的前提下，发展多种经营，活跃地方经济；同时还要注意与生态保护相结合，实现草地的可持续利用。二要合理经营草地牧业，改善畜群结构，减少数量，提高质量，减轻草地的压力。三要抓好作业机械化，首先解决草料生产和收贮机具问题，储备丰富草料，减少牲畜死亡，保证牧业正常运行，逐步实现草地作业的全面机械化和信息化。四要培养高素质的从业人员，科学经营草地和进行牧业生产。五要改善经营体制，适度规模经营，提高生产效率。六要建立严格的检验、监管和法律机制，确保有关政策和技术措施顺利执行，生产优质产品。

草地利用是否合理是以效果来检验的，有效而合理的利用要求在获得适度经济效益的同时，不污染环境、不破坏草地资源、不导致草地退化，保持草地生态平衡，实现草地的可持续利用。这也是现代草地经营应该遵循的基本原则。

强调以牧为主是因为发展牧业是草地最简捷的利用方式，也是牧区人民世世代代习惯的生产和生活方式，关系到千家万户的生计。

草地可持续利用是在满足当代人需要的同时，给子孙后代留下一个良好的生存环境和发展经济的条件。强调草地多种用途与草地可持续利用同步发展，是从草地利用的历史中总结出来的宝贵经验，其目的是防止因草地利用对草地带来的负面影响所导致的草地退化。

为了完成此项编写任务，我们组成了老、中、青三代研究者结合的编委会，提出了需要共同遵循的编写原则和理念：一是既要重视发展草地的多种用途，也要重视草地的生态保护；二是既要重视影响草地利用的自然因素，也要重视影响草地利用的社会因素；三是既要重视草地利用的现状，也要重视草地利用的历史和未来的发展趋势；四是要理论联系实际，深入浅出，通俗易懂。在共同遵循上述原则和理念的基础上，根据各部分的特点和需要，尽量发挥每个人的特长和智慧，以认真负责的精神，编写一部既具特色而又有实用价值的草学专著，为我国民族地区经济发展、社会进步和生态文明建设服务，也为推动草学科技进步和草业生产发展尽绵薄之力。

这部草地学专著的内容主要有以下几个特点：

一、草地多种用途与可持续利用综述，即对草地多种用途与可持续利用同步发展需要解决的共同性问题做了综合论述。在此基础上，分别对草地牧业利用，草地生态旅游，天然草地野生优良饲用植物，天然草地某些植物资源等开发利用的有关知识、技术和经营管理方法等做了较为详细的叙述。此外，概括介绍了我国草地养蜂业的现状和广阔的发展前景。总之，草地资源的开发利用必须在现代科技指导下进行，在发展草地多种用途的同时，保持草地的可持续利用。

二、作者根据我国的自然和社会经济条件，特别是农牧业生产的地域差异，结合草地类型和区域特点，将我国草地农业分为三个大区，即北方温带、暖温带草地农业区，青藏高原高寒草地农业区，南方热带、亚热带草地农业区。区以下再根据上述原则，分为若干亚区和小区。在对区和亚区的自然和经济特点做概括介绍的基础上，对各区或亚区草地的多种用途和可持续利用的途径和方法做了探讨，供当地制定规划参考。为了突出针对性，本书仅介绍青藏高原高寒草地农业区的情况。

本书彩图全部集中放在正文之前，黑白图随文。彩图图示顺序用“图×−×”的形式标示，如“图1−1”表示“第一章第一幅图”，以此类推。随文表格顺序也按照图的顺序标示，如“表1-1”表示“第一章第一张表”。为了便于叙述，在某章中若只有一幅黑白图或一张表格的，仍用“图×-1”或“表×-1”的形式标示。

本书在编写出版过程中曾受到编委所在院校、四川民族出版社及有关单位领导的关心和支持，经全体编者和出版有关人员的共同努力，终于按计划完成编写和出版，深表感谢。对内蒙古农业大学的李青丰、王明玖、韩国栋三位教授，西藏那曲地区草原工作站的旦久罗布副站长和四川省几位有关人士，将他们辛勤拍摄，精选的珍贵照片提供给本书出版应用，在此一并致以深切的谢意。

虽然全体编写人员都做了很大的努力，为完成出版这部专著付出了辛劳，在写作态度和文风上也严格自律，但是，由于水平所限，本书缺憾在所难免，诚望广大读者不吝指正。

周寿荣

2016年3月

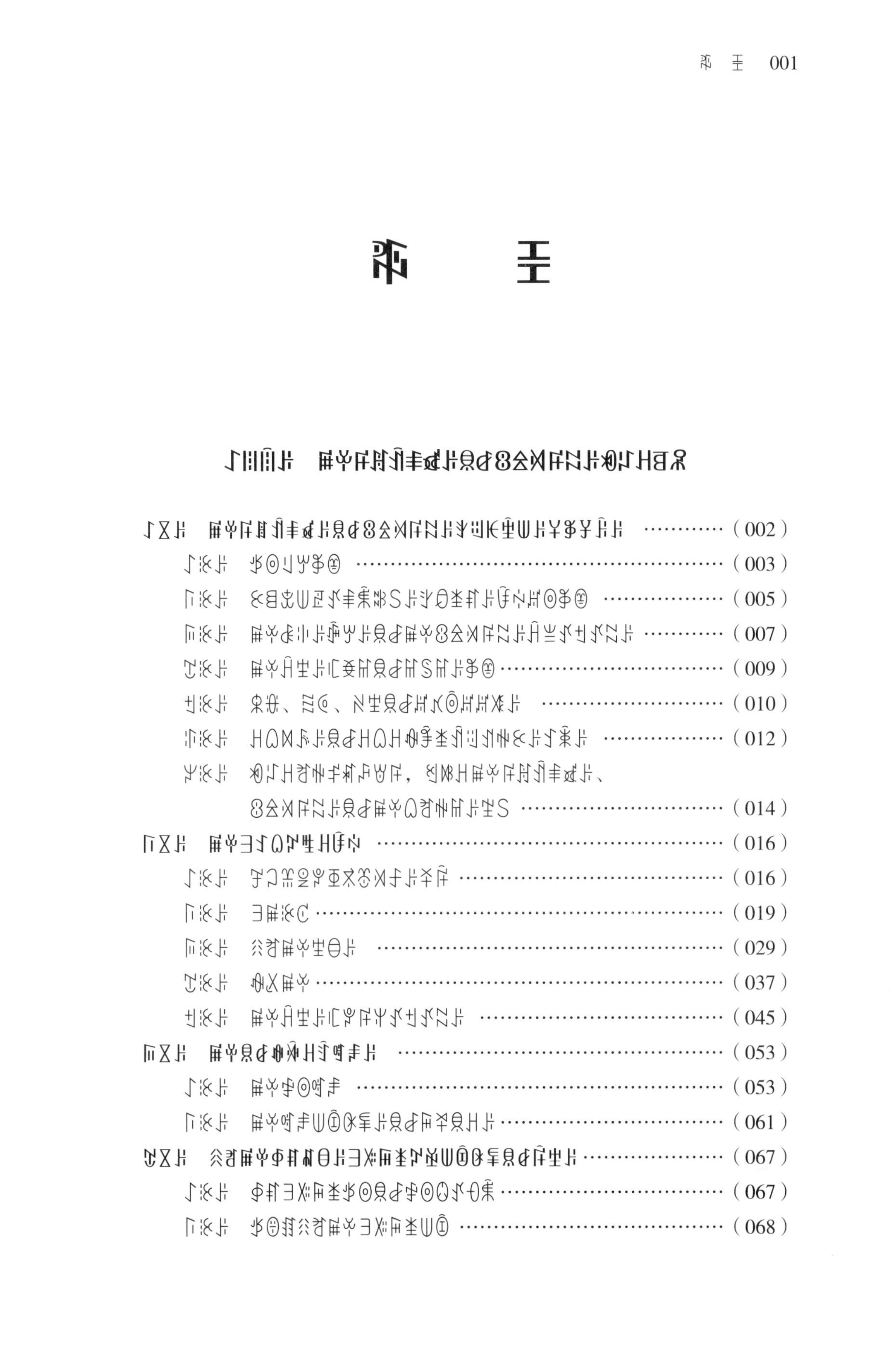

[illegible]

[illegible]

[illegible]

目 录

第一编 草地的多种用途与可持续利用综述

第二编　青藏高原高寒草地农业区实现草地多种用途与可持续利用的途径和方法

[illegible]

[illegible]

[illegible]

[illegible]

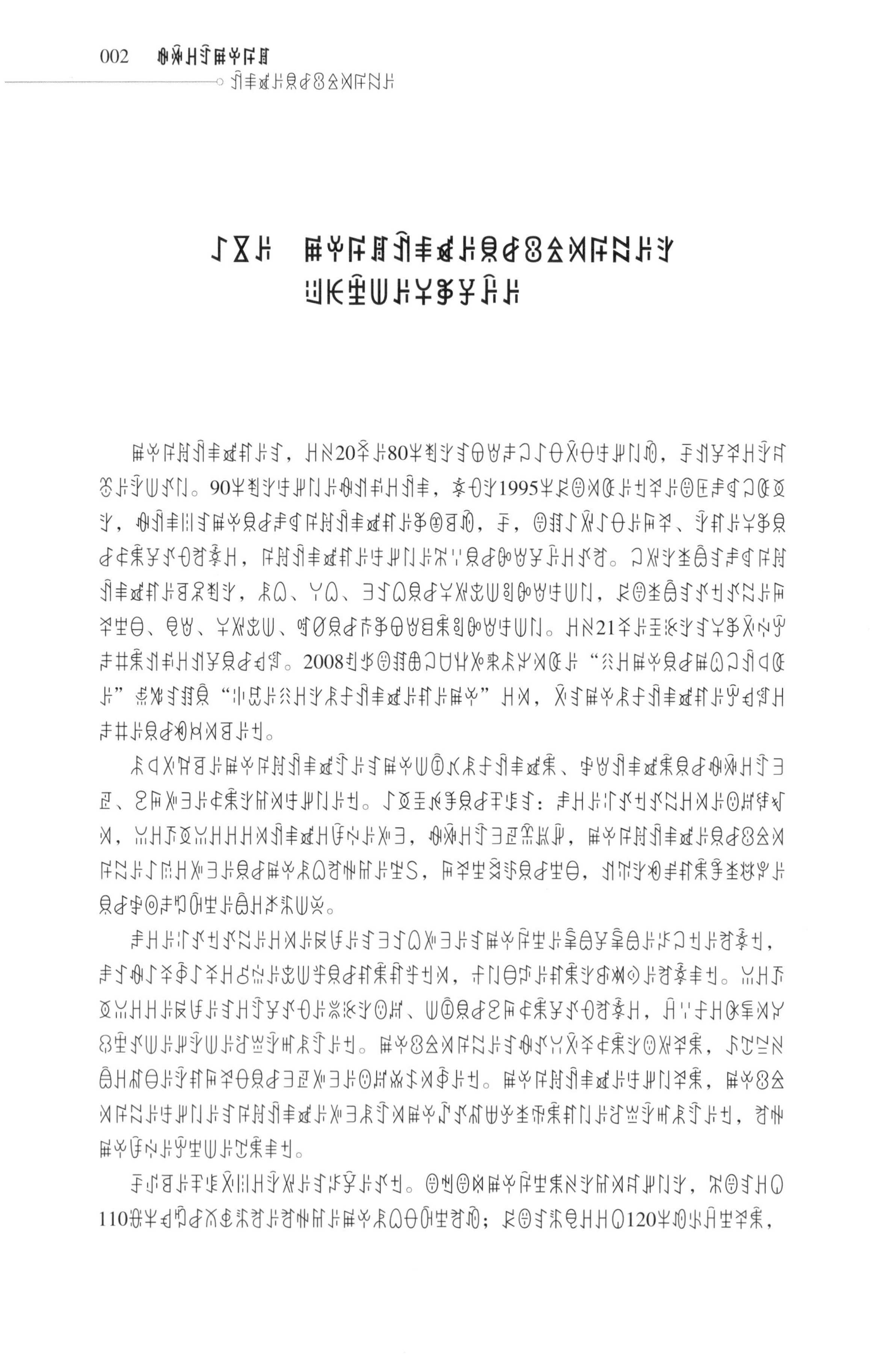

[illegible]

[illegible]，[illegible]20[illegible]80[illegible]，[illegible]。90[illegible]，[illegible]1995[illegible]，[illegible]，[illegible]、[illegible]，[illegible]。[illegible]，[illegible]、[illegible]、[illegible]，[illegible]、[illegible]、[illegible]、[illegible]。[illegible]21[illegible]。2008[illegible]“[illegible]”[illegible]“[illegible]”[illegible]，[illegible]。

[illegible]、[illegible]、[illegible]。[illegible]：[illegible]，[illegible]，[illegible]，[illegible]，[illegible]，[illegible]。

[illegible]，[illegible]，[illegible]。[illegible]、[illegible]，[illegible]。[illegible]，[illegible]。[illegible]，[illegible]，[illegible]。

[illegible]。[illegible]，[illegible]110[illegible]；[illegible]120[illegible]，

[illegible]，1993[illegible]“[illegible]”[illegible]，[illegible]80[illegible]。[illegible]，[illegible]。[illegible]，[illegible]，[illegible]，90%[illegible]？[illegible]，[illegible]。

[illegible]，[illegible]，[illegible]。

[illegible]

[illegible]，[illegible]，[illegible]，[illegible]，[illegible]。

[illegible]、[illegible]

[illegible]，[illegible]，[illegible]，[illegible]，[illegible]。[illegible]，[illegible]。[illegible]，[illegible]，[illegible]，[illegible]。[illegible]“[illegible]、[illegible]、[illegible]”[illegible]。[illegible]，[illegible]，[illegible]。[illegible]，[illegible]。[illegible]60%[illegible]，[illegible]，[illegible]200[illegible]，[illegible]。[illegible]，[illegible]。[illegible]，[illegible]，[illegible]，[illegible]。[illegible]，[illegible]。[illegible]，[illegible]。[illegible]，[illegible]，[illegible]。[illegible]，[illegible]，[illegible]、[illegible]、[illegible]，[illegible]，[illegible]。[illegible]，[illegible]。[illegible]？[illegible]，[illegible]。[illegible]，[illegible]，[illegible]、[illegible]、[illegible]，[illegible]。[illegible]。[illegible]，[illegible]，[illegible]

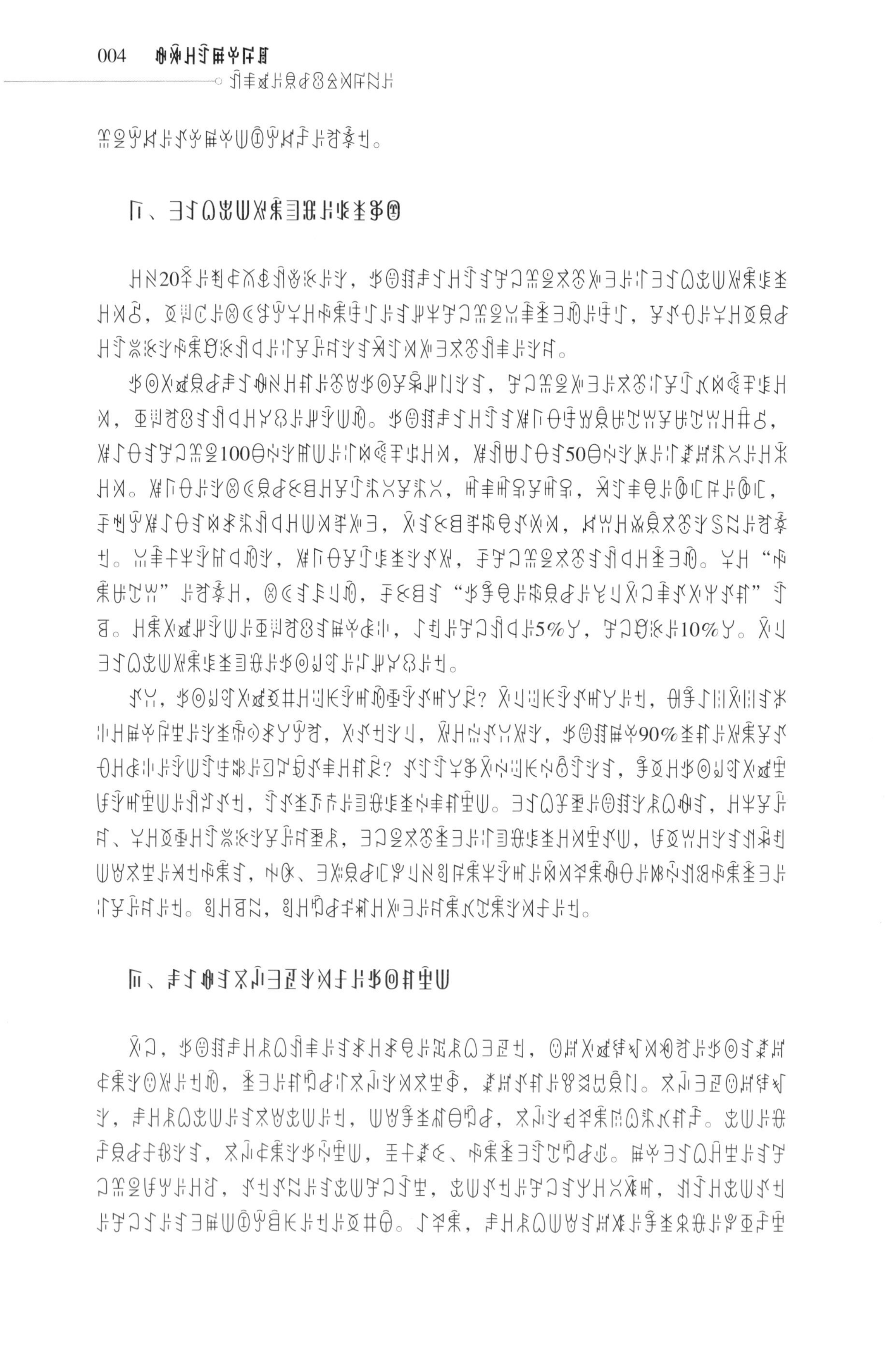

[illegible]。

一、[illegible]

[illegible] 20 [illegible] 100 [illegible] 50 [illegible] 5% [illegible] 10% [illegible]。

[illegible] 90% [illegible]。

二、[illegible]

[illegible]

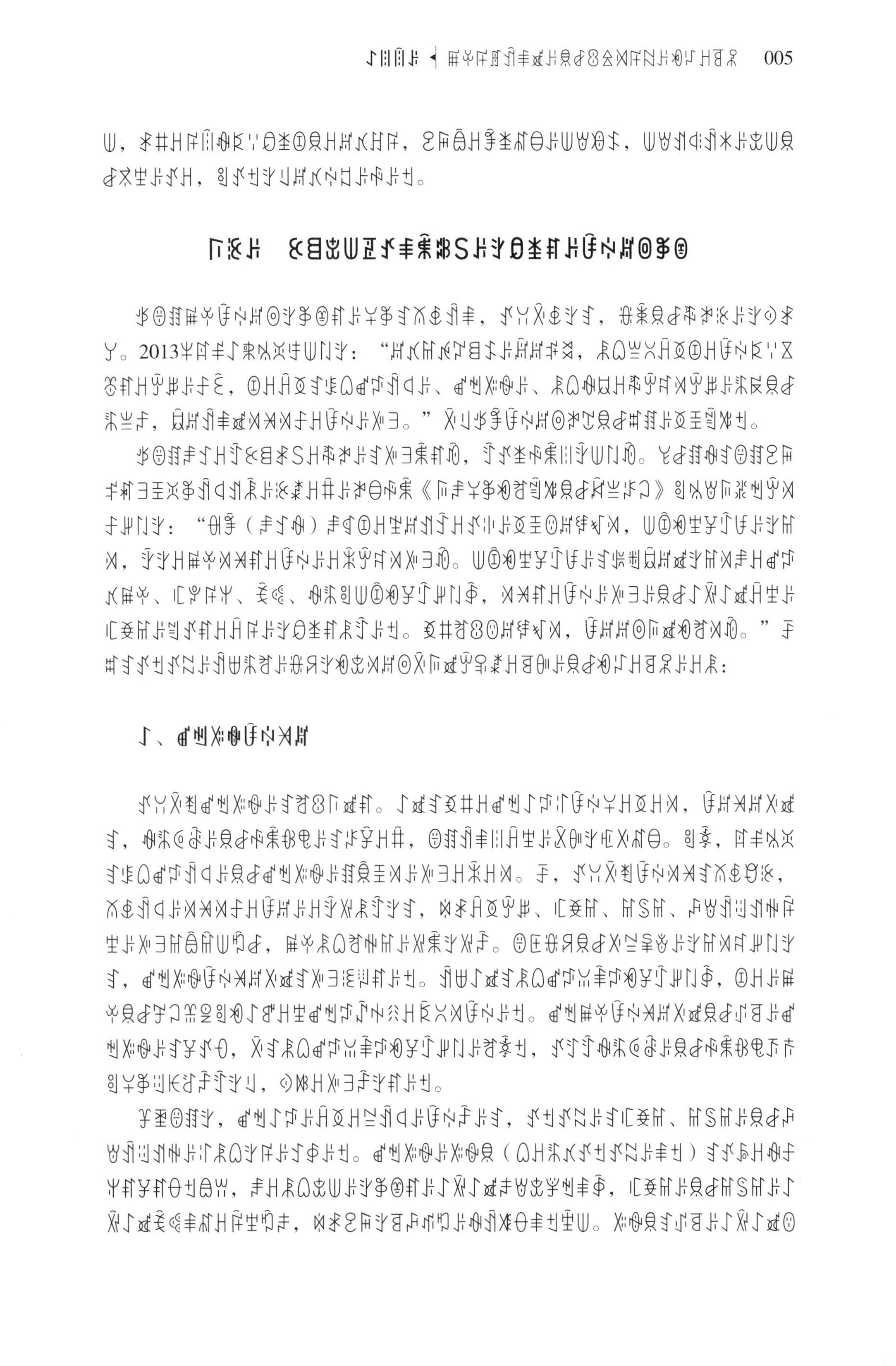

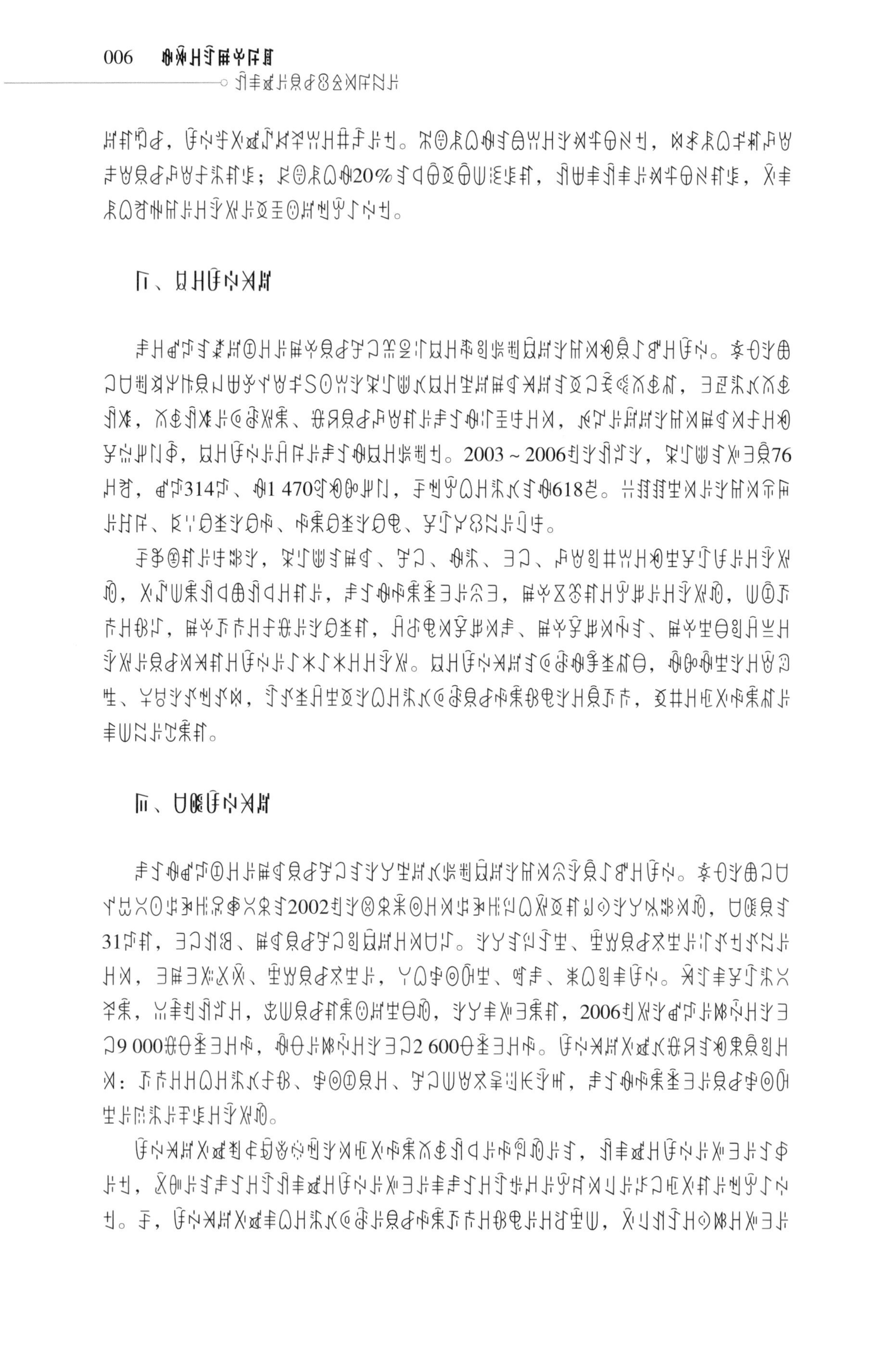

[illegible] 20% [illegible]

一、[illegible]

[illegible] 2003 ~ 2006 [illegible] 76 [illegible] 314 [illegible] 1 470 [illegible] 618 [illegible]

[illegible]

二、[illegible]

[illegible] 2002 [illegible] 31 [illegible] 2006 [illegible] 9 000 [illegible] 2 600 [illegible]

[illegible]

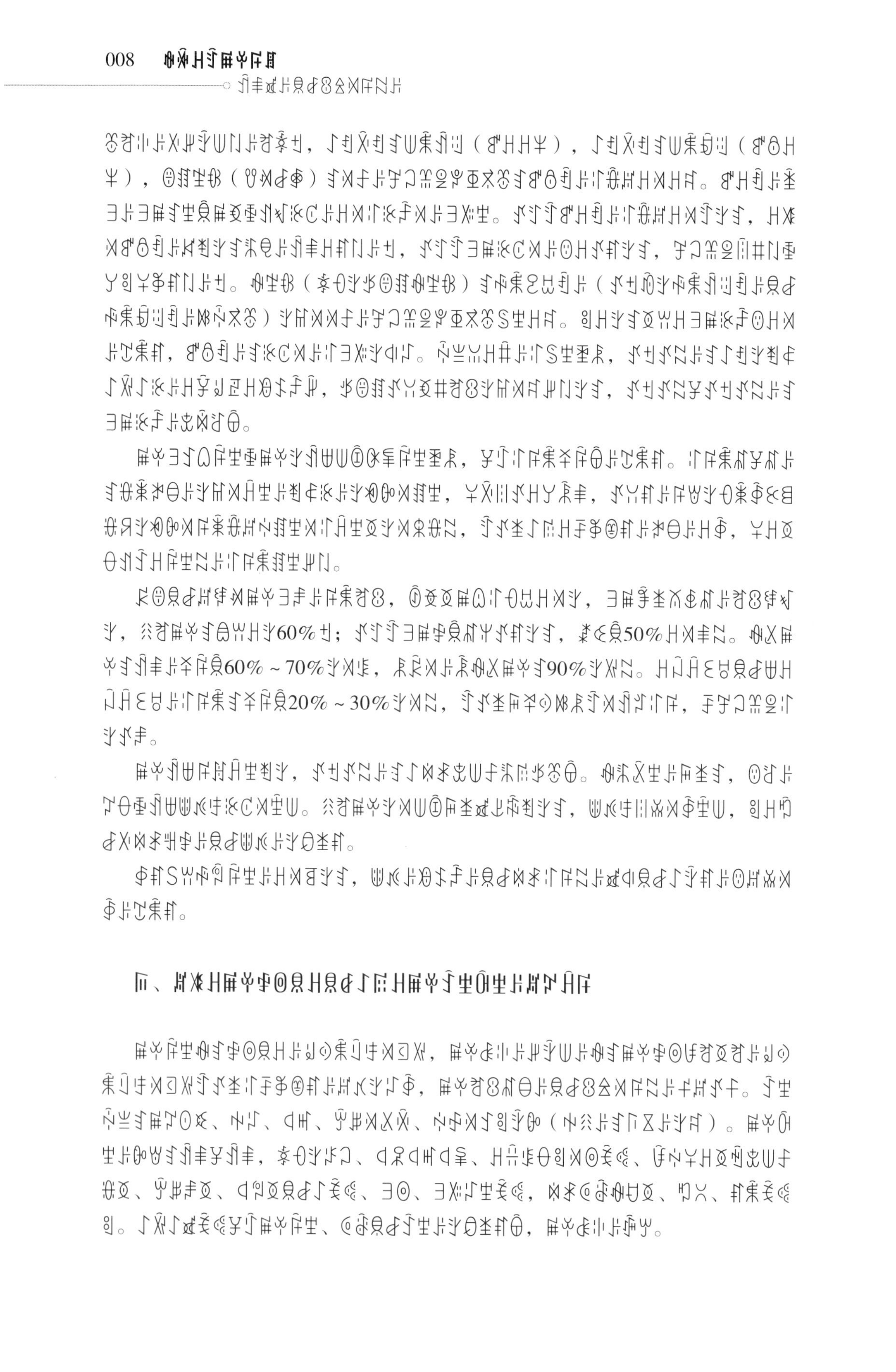

[illegible]

[illegible]

[illegible] 60% [illegible] 50% [illegible] 60% ~ 70% [illegible] 90% [illegible] 20% ~ 30% [illegible]

[illegible]

[illegible]

[illegible]

[illegible]

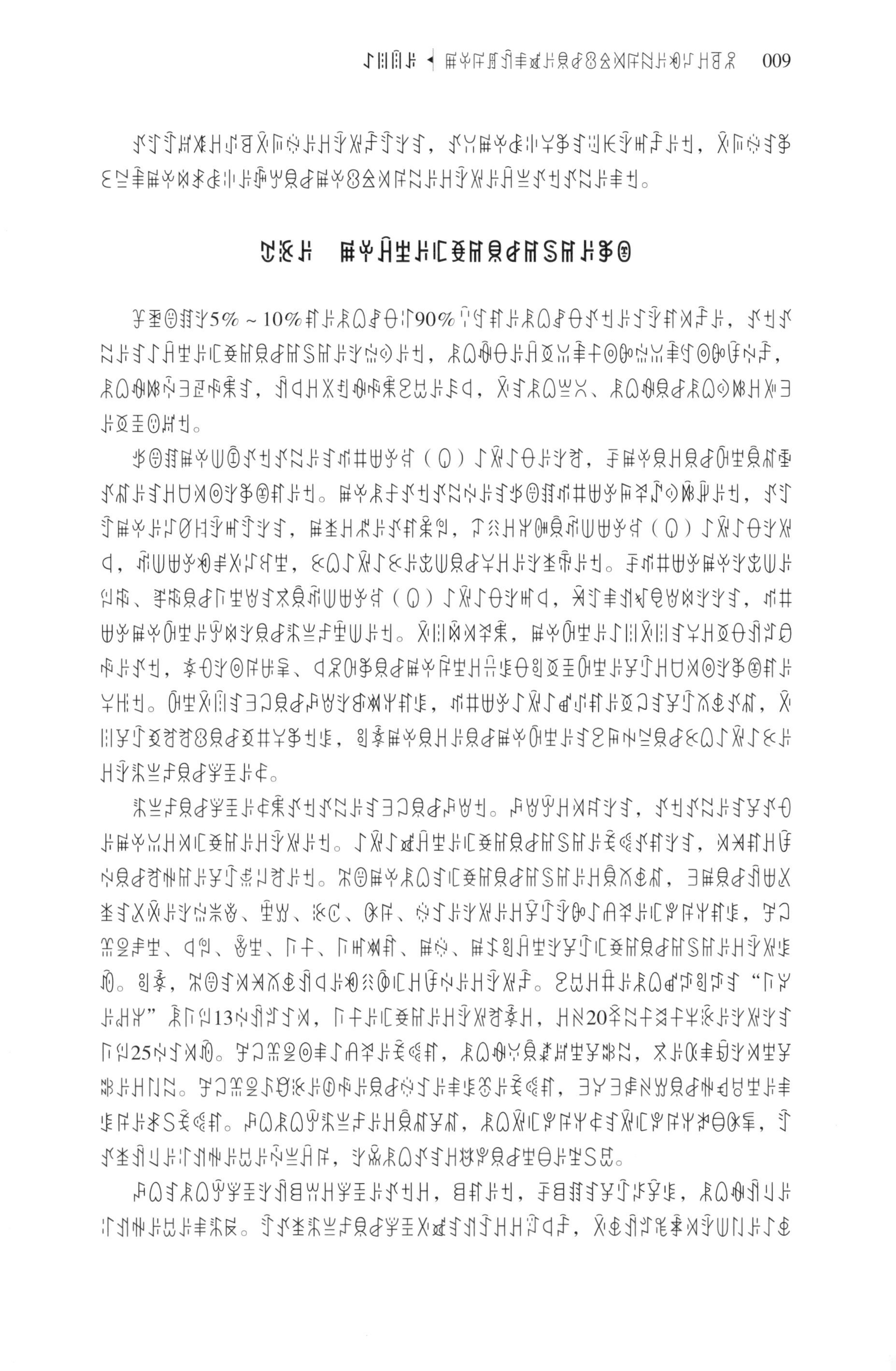

[illegible]，[illegible]，[illegible]。

[illegible]

[illegible]5% ~ 10%[illegible]90%[illegible]，[illegible]，[illegible]，[illegible]，[illegible]、[illegible]。

[illegible]（[illegible]）[illegible]，[illegible]。[illegible]，[illegible]，[illegible]，[illegible]（[illegible]）[illegible]，[illegible]，[illegible]。[illegible]、[illegible]（[illegible]）[illegible]，[illegible]，[illegible]。[illegible]，[illegible]，[illegible]、[illegible]。[illegible]，[illegible]，[illegible]，[illegible]。

[illegible]。[illegible]，[illegible]。[illegible]，[illegible]。[illegible]，[illegible]、[illegible]、[illegible]、[illegible]，[illegible]、[illegible]、[illegible]、[illegible]、[illegible]、[illegible]。[illegible]，[illegible]。[illegible]“[illegible]”[illegible]13[illegible]，[illegible]，[illegible]20[illegible]25[illegible]。[illegible]，[illegible]，[illegible]。[illegible]，[illegible]。[illegible]，[illegible]，[illegible]，[illegible]。

[illegible]，[illegible]，[illegible]，[illegible]。[illegible]，[illegible]

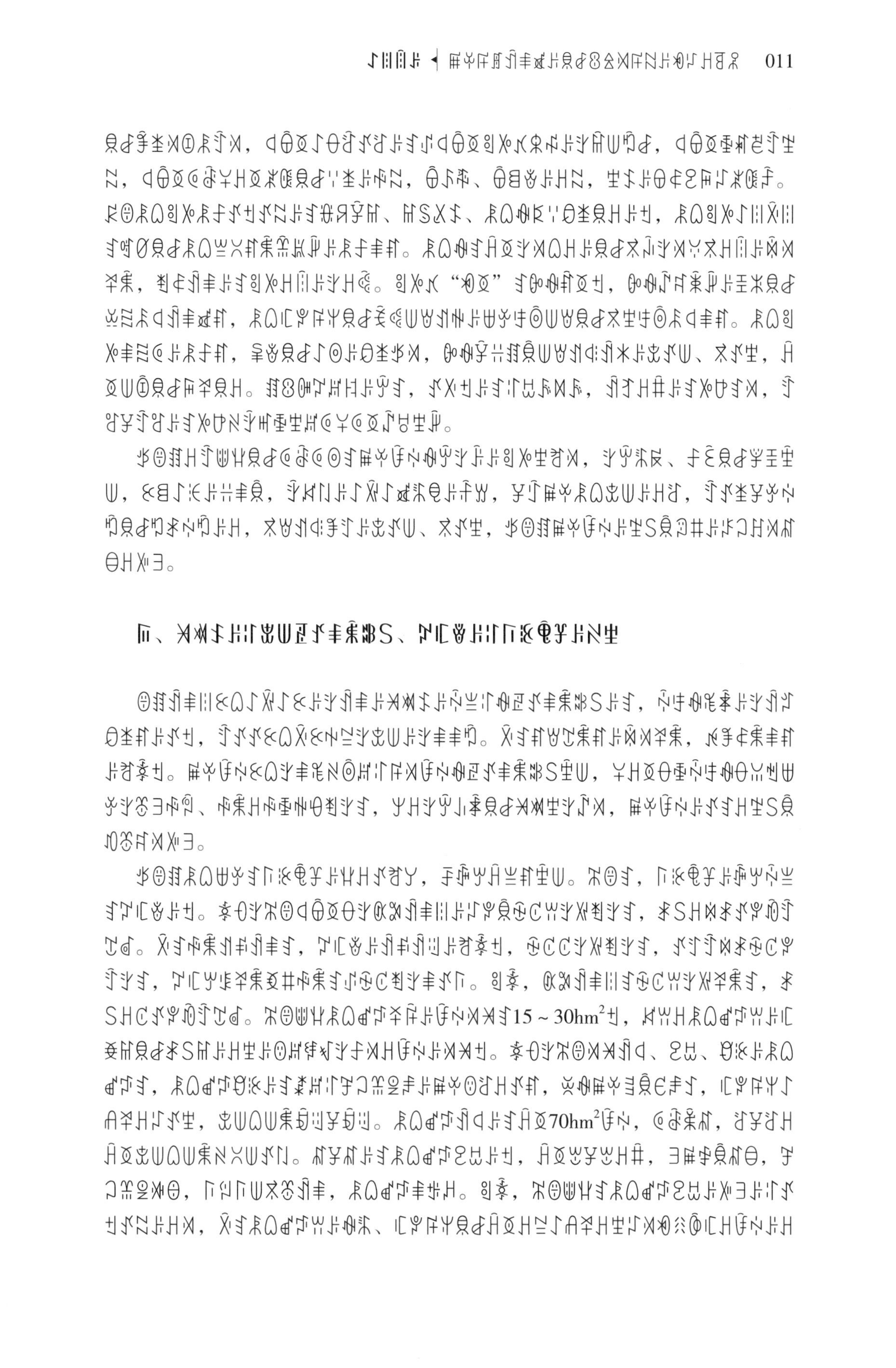

[illegible]

[illegible]

四、[illegible]

[illegible]

[illegible] 15 ~ 30hm^2 [illegible] 70hm^2 [illegible]

[illegible]

[illegible]

[illegible]

[illegible]

[illegible] (the People' Colleges) [illegible]

[illegible]

[illegible]

[illegible]

[illegible]

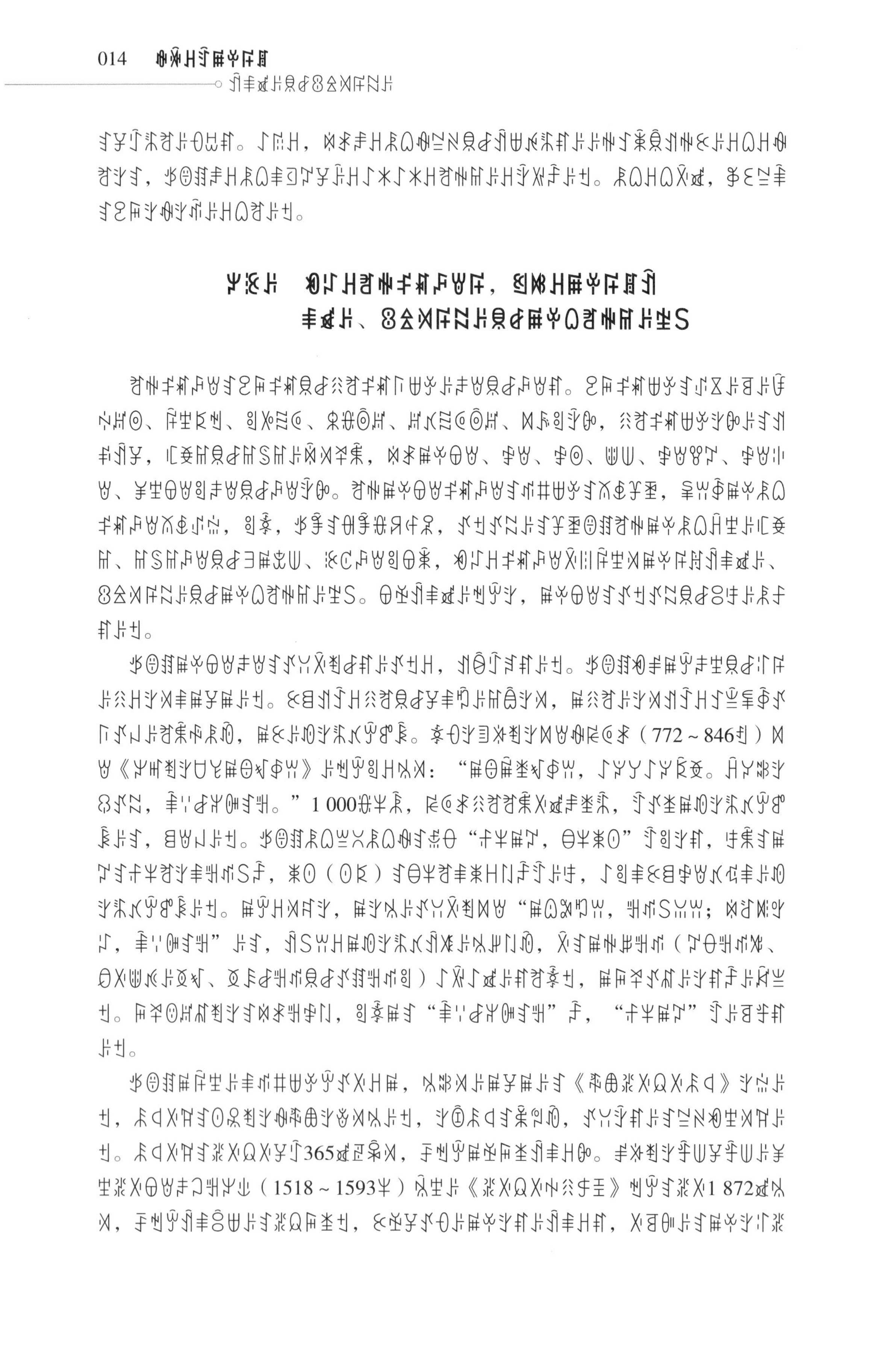

（772 ~ 846）

1 000

365

（1518 ~ 1593）

1 872

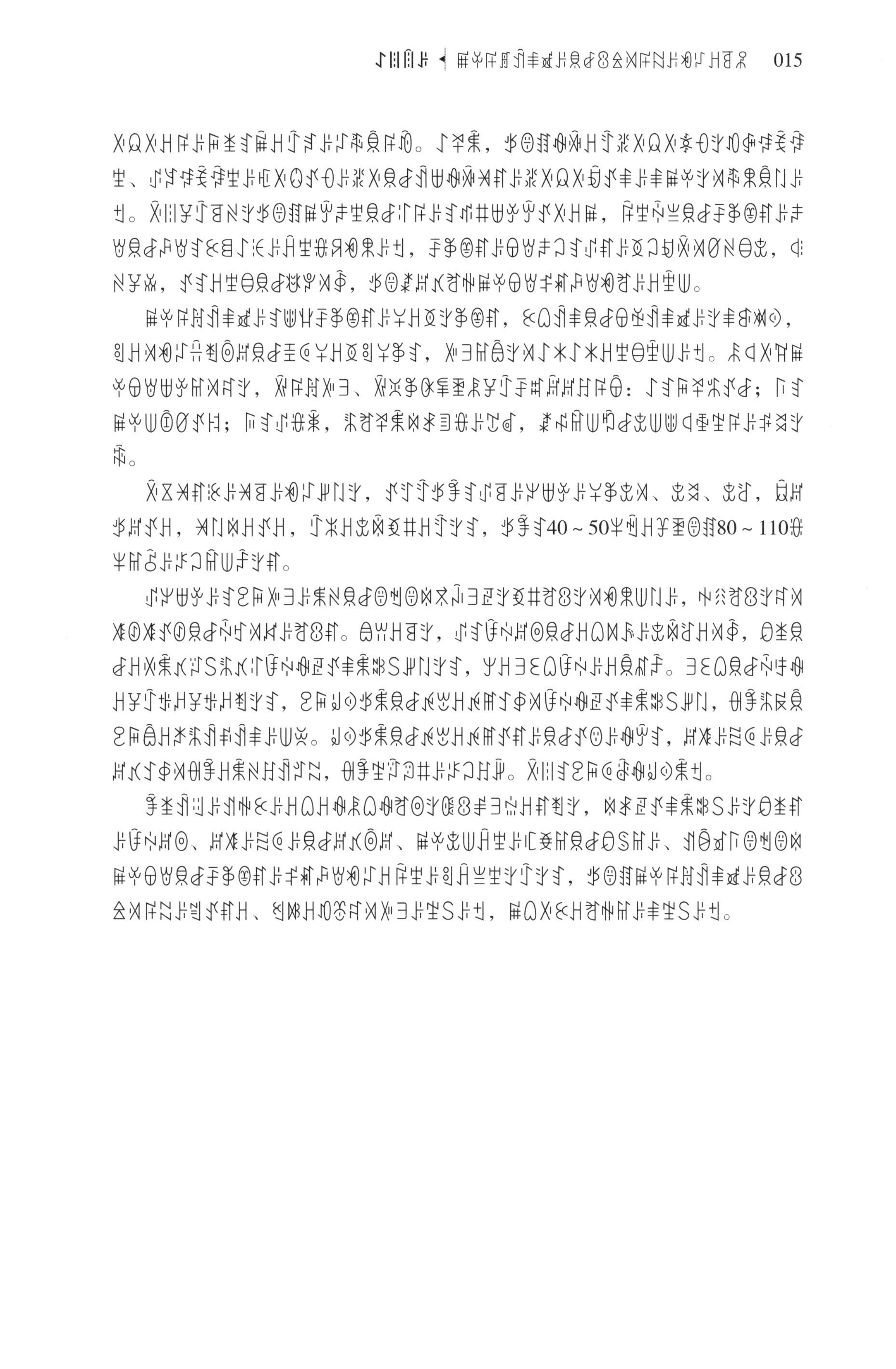

[illegible]

[illegible]

[illegible] 40 ~ 50 [illegible] 80 ~ 110 [illegible]

[illegible]

[illegible]

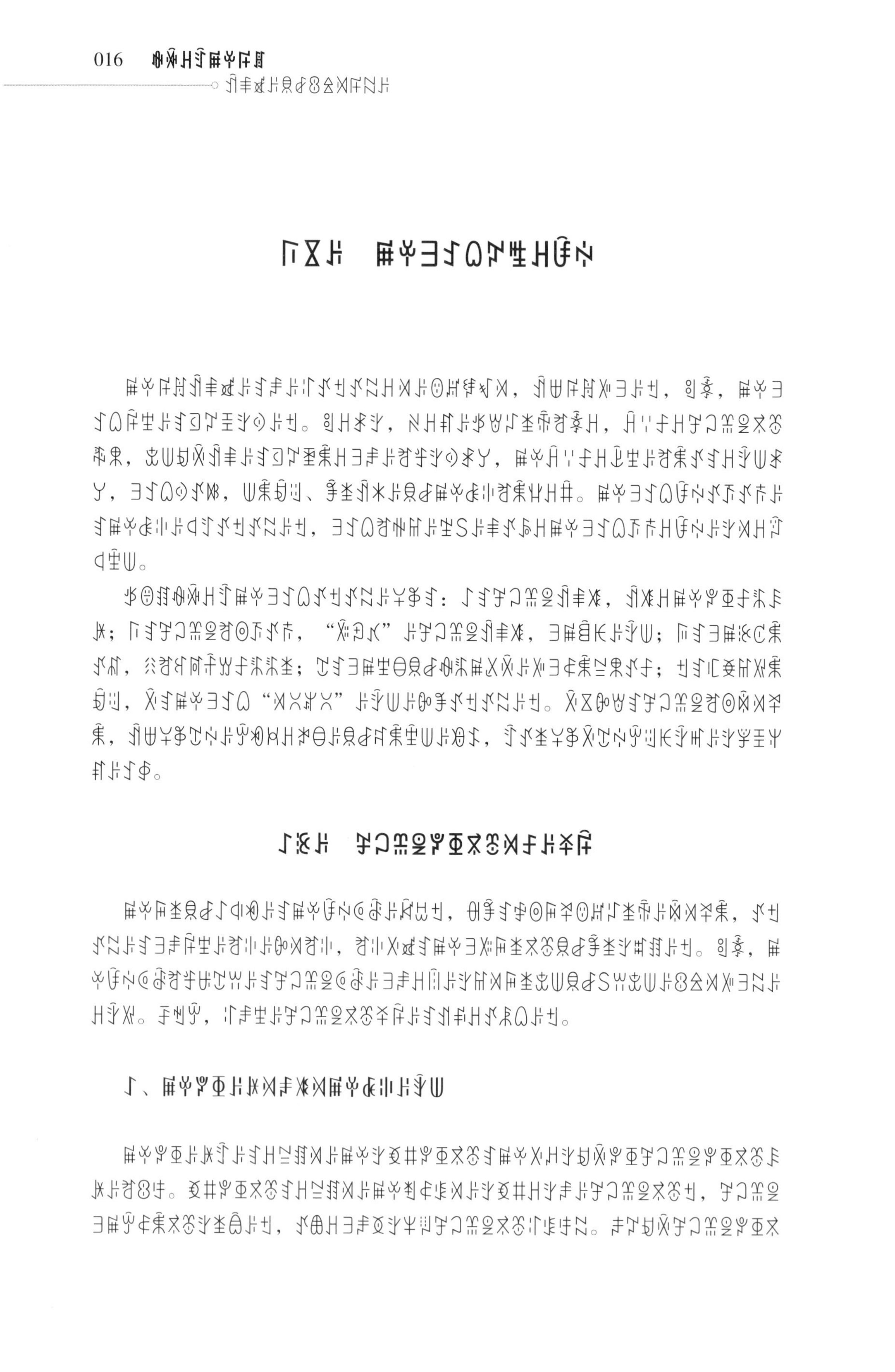

[illegible]，[illegible]。[illegible]、[illegible]、[illegible]。

[illegible]，[illegible]，[illegible]，[illegible]。[illegible]，[illegible]，[illegible]。[illegible]，2011[illegible]（[illegible]、[illegible]）[illegible]42%[illegible]，[illegible]90%[illegible]，[illegible]、[illegible]（[illegible]）[illegible]。[illegible]，[illegible]、[illegible]，[illegible]、[illegible]。

[illegible]、[illegible]

[illegible]，[illegible]。[illegible]，[illegible]，[illegible]：[illegible]＝[illegible] × [illegible] ÷（[illegible] × [illegible]），[illegible]/hm²。

[illegible]，[illegible]（8[illegible]9[illegible]）[illegible]，[illegible]，[illegible]。[illegible]，[illegible]，[illegible]。[illegible]，[illegible]，[illegible]。[illegible]，[illegible]“[illegible]+30%[illegible]”[illegible]。[illegible]，[illegible]，[illegible]10～50[illegible]，[illegible]，[illegible]，[illegible]。

[illegible]、[illegible]、[illegible]、[illegible]、[illegible]，[illegible]。[illegible]，[illegible]，[illegible]。[illegible]200kg[illegible]，[illegible]26kg（[illegible]7kg）[illegible]。[illegible]：[illegible]1.3，[illegible]0.25，[illegible]0.22。[illegible]（[illegible]）[illegible]40kg[illegible]，[illegible]

[illegible]1.8kg[illegible]。[illegible]2–1[illegible]。

[illegible]2–1 [illegible]

[illegible]	[illegible]	[illegible]	[illegible]
[illegible]1[illegible]（[illegible]）	5	[illegible]1[illegible]	7
[illegible]1[illegible]（[illegible]）	4	[illegible]1[illegible]（[illegible]）	6
[illegible]1[illegible]	5.2	[illegible]1[illegible]（[illegible]）	5
[illegible]1[illegible]	4	[illegible]1[illegible]	5
[illegible]1[illegible]	3	[illegible]1[illegible]	0.8

[illegible]50%[illegible]，[illegible]70%～90%[illegible]，[illegible]20%～40%[illegible]。[illegible]，[illegible]（[illegible]2–2[illegible]）。[illegible]，[illegible]：[illegible]，[illegible]，[illegible]，[illegible]；[illegible]，[illegible]，[illegible]；[illegible]，[illegible]；[illegible]，[illegible]，[illegible]、[illegible]，[illegible]。

[illegible]2–2 [illegible]（%）

[illegible]	[illegible]	[illegible]	[illegible]	[illegible]
[illegible]、[illegible]	50～55	40～50	60～70	50～55
[illegible]	55～60	40～45	60～70	55～60
[illegible]	55～65	40～45	60～70	50～55
[illegible]	50～60	30～40	60～70	50～55
[illegible]、[illegible]	45～50	30～35	55～65	45～50
[illegible]、[illegible]	40～45	25～30	50～60	40～45
[illegible]	35～40	25～30	45～55	35～40
[illegible]	20～30	15～25	20～30	20～30
[illegible]、[illegible]	30～35	15～20	40～45	30～35
[illegible]	15～20	10～15	20～30	15～20
[illegible]	0～5	0	0	0～5
[illegible]、[illegible]	50～60	45～55	60～70	50～60
[illegible]、[illegible]	55～65	50～60	65～75	55～65
[illegible]	20～30	15～25	40～45	25～30

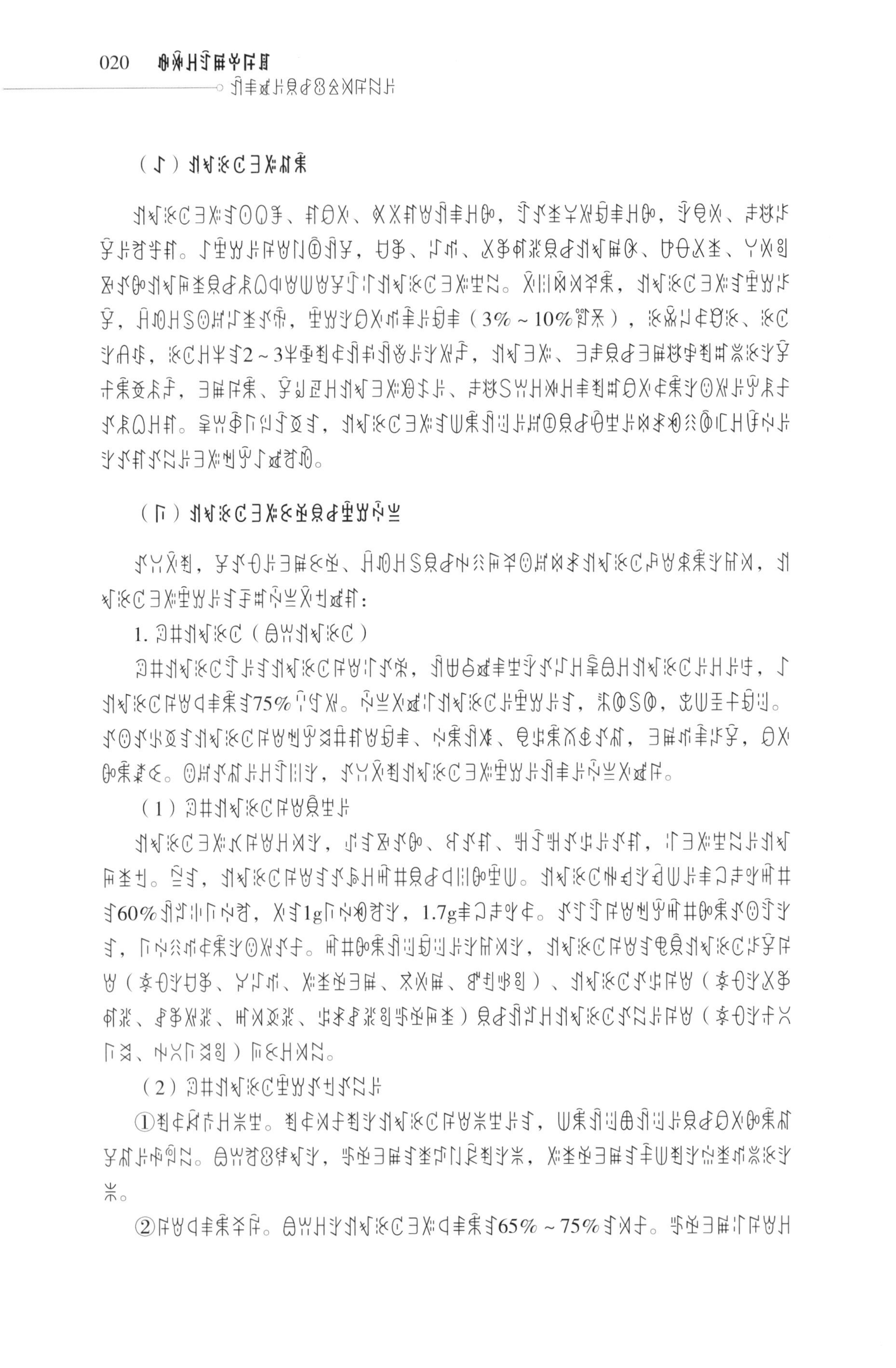

（[illegible]）[illegible]

[illegible]（3% ~ 10%[illegible]），[illegible]2 ~ 3[illegible]。

（[illegible]）[illegible]

[illegible]：

1. [illegible]（[illegible]）

[illegible]75%[illegible]。

（1）[illegible]

[illegible]60%[illegible]1g[illegible]，1.7g[illegible]。

（2）[illegible]

①[illegible]。

②[illegible]65% ~ 75%[illegible]。

[illegible]，[illegible]60%～70%[illegible]。[illegible]，[illegible]；[illegible]，[illegible]，[illegible]，[illegible]，[illegible]，[illegible]。[illegible]，[illegible]，[illegible]，[illegible]，[illegible]，[illegible]。[illegible]，[illegible]。

③[illegible]。[illegible]，[illegible]，[illegible]，[illegible]，[illegible]，[illegible]，[illegible]。[illegible]，[illegible]，[illegible]。

[illegible]、[illegible]、[illegible]、[illegible]。[illegible]、[illegible]，[illegible]2～3cm[illegible]，[illegible]0.5～2cm[illegible]。

④[illegible]。[illegible]，[illegible]，[illegible]。[illegible]，[illegible]15～20cm[illegible]，[illegible]，[illegible]，[illegible]，[illegible]40～60cm[illegible]，[illegible]。

[illegible]，[illegible]，[illegible]，[illegible]；[illegible]，[illegible]。[illegible]，[illegible]，[illegible]，[illegible]。

⑤[illegible]。[illegible]，[illegible]。[illegible]，[illegible]，[illegible]。[illegible]。

[illegible]，[illegible]，[illegible]，[illegible]，[illegible]10～20cm[illegible]，[illegible]，[illegible]30～50cm[illegible]，[illegible]。[illegible]，[illegible]，[illegible]pH[illegible]，[illegible]，[illegible]。

（3）[illegible]

[illegible]：

①[illegible]。[illegible]、[illegible]，[illegible]。

②[illegible]。[illegible]，[illegible]。[illegible]，[illegible]，[illegible]，[illegible]

[illegible]60% ~ 75%[illegible]。

③[illegible]3%[illegible]（[illegible]）。

④[illegible]20℃[illegible]37℃[illegible]。

2. [illegible]（[illegible]）

[illegible]20[illegible]60[illegible]，60[illegible]。

[illegible]45% ~ 65%[illegible]50%[illegible]2cm[illegible]。

3. [illegible]

[illegible]。

4. [illegible]

[illegible]70%[illegible]。

5. TMR[illegible]

TMR[illegible]Total Mixed Rations（[illegible]）[illegible]，TMR[illegible]，[illegible]。TMR[illegible]TMR[illegible]，[illegible]、[illegible]、[illegible]。

（[illegible]）[illegible]

[illegible]，[illegible]、[illegible]、[illegible]、[illegible]。[illegible]：[illegible]、[illegible]、[illegible]、[illegible]。[illegible]，[illegible]，[illegible]、[illegible]，[illegible]，[illegible]，[illegible]（[illegible]1.0：1.5[illegible]1：2）。[illegible]，[illegible]。

1. [illegible]、[illegible]

[illegible]（[illegible]）[illegible]。[illegible]，[illegible]。[illegible]，[illegible]，[illegible]。[illegible]，[illegible]，[illegible]，[illegible]；[illegible]，[illegible]，[illegible]。

[illegible]、[illegible]、[illegible]。[illegible]、[illegible]、[illegible]，[illegible]。[illegible]，[illegible]。[illegible]。[illegible]，[illegible]，[illegible]，[illegible]。[illegible]。

2. [illegible]

[illegible]，[illegible]：

（1）[illegible]

[illegible]。[illegible]60%[illegible]，[illegible]。

（2）[illegible]

[illegible]，[illegible]。[illegible]

65%[illegible]。[illegible]。

（3）[illegible]

[illegible]，[illegible]。[illegible]，[illegible]2 ~ 3m[illegible]，[illegible]，[illegible]。[illegible]，[illegible]，[illegible]，[illegible]。[illegible]，[illegible]，[illegible]。[illegible]、[illegible]，[illegible]，[illegible]，[illegible]。

[illegible]，[illegible]，[illegible]。[illegible]、[illegible]、[illegible]。[illegible]，[illegible]，[illegible]，[illegible]。

（[illegible]）[illegible]

[illegible]40 ~ 50[illegible]（[illegible]100[illegible]），[illegible]，[illegible]。[illegible]，[illegible]。[illegible]，[illegible]。[illegible]，[illegible]，[illegible]。[illegible]，[illegible]。

[illegible]，[illegible]、[illegible]，[illegible]：

（1）[illegible]

[illegible]，[illegible]。[illegible]，[illegible]。

（2）[illegible]

[illegible]、[illegible]，[illegible]，[illegible]。[illegible]、[illegible]、[illegible]，[illegible]。

（3）[illegible]

[illegible]，[illegible]。[illegible]，[illegible]。[illegible]，[illegible]，[illegible]。

[illegible]、[illegible]

[illegible]，[illegible]15%~18%[illegible]、[illegible]。

（[illegible]）[illegible]

[illegible]，[illegible]、[illegible]、[illegible]。[illegible]，[illegible]，[illegible]，[illegible]，[illegible]、[illegible]。[illegible]，[illegible]，[illegible]，[illegible]、[illegible]、[illegible]、[illegible]。

1. [illegible]

[illegible]：[illegible]，[illegible]。[illegible]、[illegible]。[illegible]，[illegible]，[illegible]。[illegible]，[illegible]，[illegible]。

2. [illegible]

[illegible]，[illegible]。

（1）[illegible]

[illegible]，[illegible]。[illegible]，[illegible]2~3[illegible]。[illegible]，[illegible]，[illegible]。[illegible]，[illegible]，[illegible]。[illegible]200~250kg[illegible]。[illegible]、[illegible]，[illegible]、[illegible]。[illegible]，[illegible]：

①[illegible]。[illegible]，[illegible]。[illegible]2~3[illegible]，[illegible]40%~45%[illegible]。

②[illegible]。[illegible]，[illegible]，[illegible]。[illegible]，[illegible]

[illegible]，[illegible]，[illegible]。[illegible]，[illegible]1/2～1/3[illegible]。

③[illegible]。[illegible]，[illegible]，[illegible]，[illegible]。[illegible]、[illegible]、[illegible]、[illegible]、[illegible]、[illegible]。[illegible]，[illegible]。

[illegible]，[illegible]，[illegible]，[illegible]。[illegible]1[illegible]，[illegible]，[illegible]50%[illegible]。[illegible]，[illegible]。[illegible]，[illegible]，[illegible]70～80cm[illegible]，[illegible]30cm[illegible]，[illegible]。[illegible]，[illegible]，[illegible]，[illegible]。

（2）[illegible]

①[illegible]。[illegible]、[illegible]。[illegible]75%[illegible]15℃[illegible]，[illegible]，[illegible]。

②[illegible]。[illegible]，[illegible]，[illegible]5%～10%[illegible]。[illegible]，[illegible]，[illegible]。

（[illegible]）[illegible]

[illegible]，[illegible]，[illegible]。[illegible]。

（1）[illegible]

[illegible]，[illegible]。[illegible]，[illegible]。

（2）[illegible]

[illegible]15%～18%[illegible]。[illegible]，[illegible]。[illegible]，[illegible]，[illegible]。[illegible]，[illegible]、[illegible]。[illegible]，[illegible]，[illegible]，[illegible]，[illegible]

[illegible]

（[illegible]）[illegible]

[illegible] 15%～18% [illegible]

[illegible]

[illegible]

（1）[illegible]

[illegible] 30% [illegible] 4% [illegible]（0.24%～0.28%）[illegible]

（2）[illegible]

[illegible]

（3）[illegible]

[illegible]45～60t/hm² [illegible] 75t [illegible]

（4）[illegible]

[illegible] 12% [illegible]

[illegible]

1. [illegible]

[illegible]（[illegible]）[illegible]（[illegible]）[illegible] 18% [illegible] 20% [illegible]（[illegible]）[illegible] 67%～80% [illegible] 90% [illegible]（[illegible] 0.1% [illegible]）[illegible]（0.31%～0.45%）[illegible]

2. [illegible]

[illegible]（[illegible]）[illegible] 20% [illegible] 18% [illegible]（18% [illegible]）[illegible]（[illegible]）[illegible]

[illegible]

[illegible]

[illegible]

[illegible]

（[illegible]）[illegible]

[illegible]

（[illegible]）[illegible]

1. [illegible]

[illegible]

2. [illegible]

[illegible]

3. [illegible]

[illegible]，[illegible]，[illegible]。[illegible]2～3[illegible]，[illegible]1[illegible]。[illegible]，[illegible]，[illegible]，[illegible]、[illegible]；[illegible]2[illegible]，[illegible]、[illegible]，[illegible]、[illegible]。[illegible]。

4. [illegible]

[illegible]，[illegible]，[illegible]。[illegible]，[illegible]、[illegible]、[illegible]。[illegible]，[illegible]，[illegible]、[illegible]、[illegible]，[illegible]、[illegible]，[illegible]。

5. [illegible]

[illegible]，[illegible]，[illegible]，[illegible]，[illegible]。

[illegible]、[illegible]

（[illegible]）[illegible]

[illegible]，[illegible]、[illegible]，[illegible]，[illegible]。[illegible]，[illegible]、[illegible]。

（[illegible]）[illegible]

1. [illegible]

[illegible]、[illegible]、[illegible]、[illegible]。[illegible]，[illegible]300cm[illegible]。[illegible]，[illegible]，[illegible]，[illegible]、[illegible]、[illegible]。[illegible]，[illegible]，[illegible]，[illegible]。[illegible]，[illegible]，[illegible]。

[illegible]，[illegible]。[illegible]，[illegible]；[illegible]

[illegible]，[illegible]，[illegible]。

2. [illegible]

[illegible]

①[illegible]

②[illegible]

③[illegible]

④[illegible]（[illegible]）、[illegible]

[illegible]

3. [illegible]

（1）[illegible]

[illegible] 10cm [illegible]，[illegible] 15 ~ 25cm [illegible]。[illegible]

（2）[illegible]

①[illegible]

②[illegible]

[illegible] 200 [illegible] 5km [illegible] 12hm² [illegible]

[illegible]

③ [illegible] 100% [illegible] 15～22.5kg/hm² [illegible] 7.5～15kg/hm² [illegible] 50% [illegible] 3～4cm [illegible]

[illegible]

[illegible]

（[illegible]）[illegible]

1. [illegible]

[illegible]

2. [illegible]

[illegible]

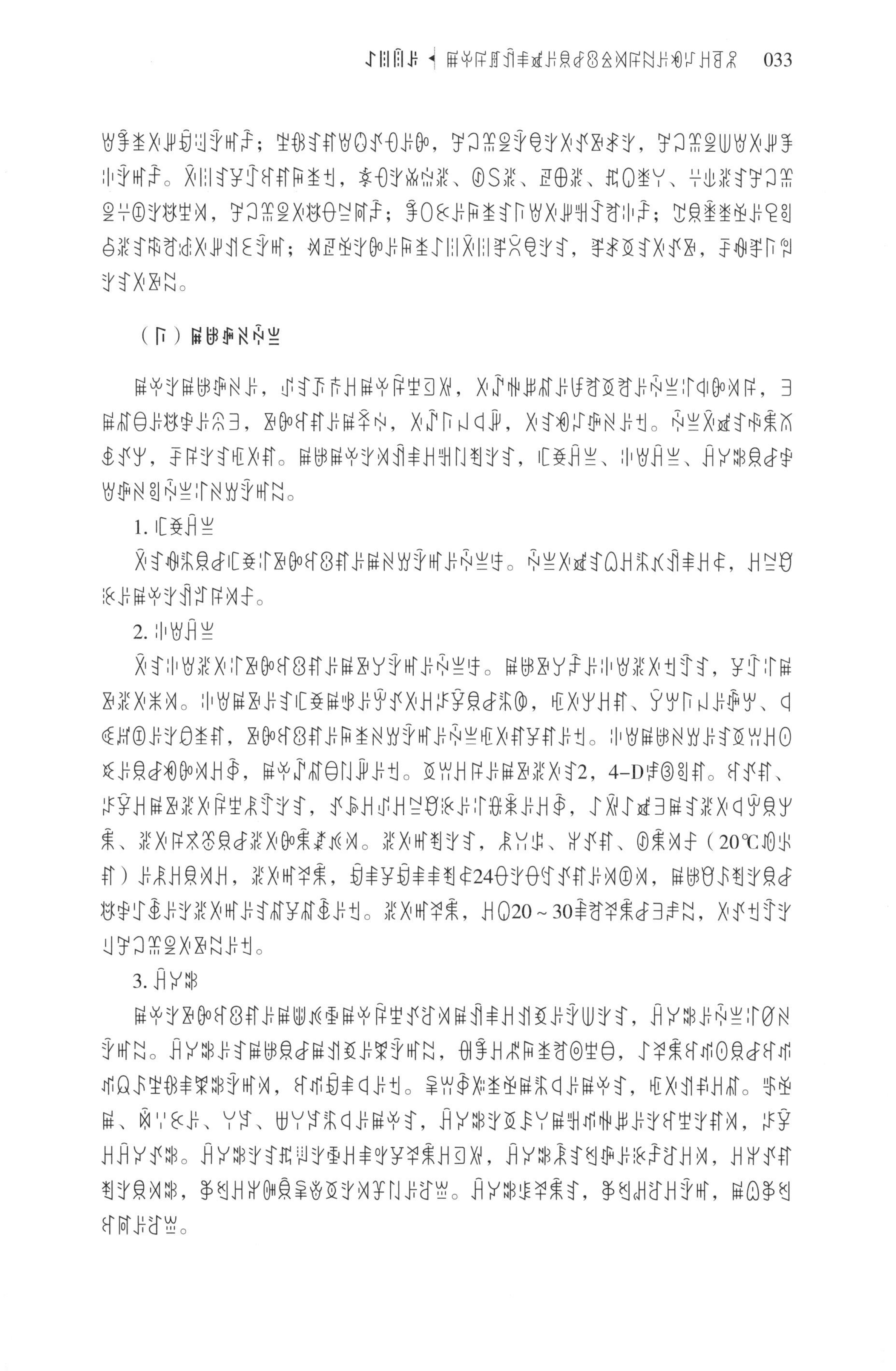

[illegible]；[illegible]，[illegible]，[illegible]。[illegible]，[illegible]、[illegible]、[illegible]、[illegible]、[illegible]，[illegible]；[illegible]；[illegible]；[illegible]，[illegible]，[illegible]。

（[illegible]）[illegible]

[illegible]，[illegible]，[illegible]，[illegible]，[illegible]，[illegible]，[illegible]。[illegible]，[illegible]。[illegible]，[illegible]、[illegible]、[illegible]。

1. [illegible]

[illegible]。[illegible]，[illegible]。

2. [illegible]

[illegible]。[illegible]，[illegible]。[illegible]，[illegible]、[illegible]、[illegible]，[illegible]。[illegible]，[illegible]。[illegible]2，4-D[illegible]。[illegible]、[illegible]，[illegible]，[illegible]、[illegible]。[illegible]，[illegible]、[illegible]、[illegible]（20℃[illegible]）[illegible]，[illegible]，[illegible]24[illegible]，[illegible]。[illegible]，[illegible]20～30[illegible]，[illegible]。

3. [illegible]

[illegible]，[illegible]。[illegible]，[illegible]，[illegible]，[illegible]。[illegible]，[illegible]。[illegible]、[illegible]、[illegible]、[illegible]，[illegible]，[illegible]。[illegible]，[illegible]，[illegible]，[illegible]。[illegible]，[illegible]，[illegible]。

4. [illegible]

[illegible]“[illegible]”[illegible]，[illegible]，[illegible]、[illegible]、[illegible]。[illegible]1946[illegible]，[illegible]。[illegible]，[illegible]，[illegible]。[illegible]，[illegible]。

[illegible]、[illegible]

[illegible]，[illegible]，[illegible]。[illegible]，[illegible]，[illegible]，[illegible]，[illegible]、[illegible]。

（[illegible]）[illegible]

1. [illegible]

[illegible]，[illegible]。[illegible]、[illegible]，[illegible]，[illegible]，[illegible]。

2. [illegible]

[illegible]。[illegible]，[illegible]。[illegible]，[illegible]，[illegible]。[illegible]，[illegible]。[illegible]，[illegible]，[illegible]。[illegible]，[illegible]10 ~ 20cm[illegible]，[illegible]30 ~ 60cm[illegible]。[illegible]，[illegible]。[illegible]，[illegible]，[illegible]。[illegible]，[illegible]。[illegible]，[illegible]，[illegible]，[illegible]。

（[illegible]）[illegible]

1. [illegible]

[illegible]，[illegible]、[illegible]。[illegible]，[illegible]。[illegible]，[illegible]，[illegible]，[illegible]。[illegible]，[illegible]、[illegible]。[illegible]，[illegible]，[illegible]。

[illegible]，[illegible]，[illegible]，[illegible]。[illegible]，[illegible]，[illegible]，[illegible]。

2. [illegible]

（1）[illegible]

[illegible]2～3cm[illegible]，[illegible]，[illegible]；[illegible]，[illegible]，[illegible]。[illegible]，[illegible]，[illegible]，[illegible]。[illegible]、[illegible]，[illegible]。

（2）[illegible]

[illegible]，[illegible]。[illegible]，[illegible]，[illegible]。[illegible]（6～8cm），[illegible]，[illegible]，[illegible]。[illegible]，[illegible]，[illegible]，[illegible]，[illegible]，[illegible]。

（3）[illegible]

[illegible]，[illegible]。[illegible]，[illegible]，[illegible]，[illegible]。[illegible]、[illegible]，[illegible]。

[illegible]、[illegible]

[illegible]

（[illegible]）[illegible]

[illegible]：N，45 ~ 60kg/hm²；K_2O，30 ~ 45kg/hm²；P_2O_5，30 ~ 40kg/hm²。[illegible]：P_2O_5，25 ~ 30kg/hm²；K_2O，30 ~ 45kg/hm²，[illegible]。[illegible]

（[illegible]）[illegible]

[illegible]（N）30 ~ 45kg/hm²、[illegible]（P_2O_5）30 ~ 45kg/hm²、[illegible]（K_2O）30 ~ 45kg/hm²[illegible]；[illegible]，[illegible]30 ~ 45kg/hm²[illegible]。

[illegible]

[illegible]、[illegible]

[illegible]

[illegible]

[illegible]，[illegible]。[illegible]，[illegible]，[illegible]、[illegible]、[illegible]，[illegible]、[illegible]，[illegible]。[illegible]。[illegible]，[illegible] 2～3 [illegible]。[illegible]，[illegible]，[illegible]，[illegible]。[illegible]，[illegible]。

[illegible]、[illegible]、[illegible]、[illegible]。[illegible]，[illegible] 3 000～4 500m^3/hm^2，[illegible] 4 500～6 000m^3/hm^2 [illegible]。[illegible]：[illegible]，[illegible]，[illegible]，[illegible]，[illegible]。[illegible]，[illegible] 5g/L [illegible]，[illegible]。

[illegible]

[illegible]（Tame Grassland，Artificial Grassland）[illegible]，[illegible]，[illegible]；[illegible]，[illegible]。

[illegible]。[illegible]，[illegible]，[illegible]，[illegible]、[illegible]、[illegible]、[illegible]，[illegible]。

[illegible]、[illegible]

（[illegible]）[illegible]

1. [illegible]

[illegible]，[illegible]，[illegible]；[illegible]，[illegible]、[illegible]。

2. [illegible]

[illegible]，[illegible]，[illegible]，[illegible]。[illegible]，[illegible]

[illegible]（[illegible]、[illegible]、[illegible]）[illegible]，[illegible]，[illegible]。[illegible]，[illegible]。[illegible]，[illegible]、[illegible]，[illegible]，[illegible]，[illegible]。

3. [illegible]

[illegible]。[illegible]，[illegible]，[illegible]，[illegible]。[illegible]，[illegible]。[illegible]、[illegible]。[illegible]，[illegible]；[illegible]，[illegible]。[illegible] 30 ~ 40cm [illegible]。

4. [illegible]

[illegible]，[illegible]。[illegible]、[illegible]、[illegible]。[illegible] 10cm [illegible]。[illegible]，[illegible]。[illegible]、[illegible]，[illegible]，[illegible]、[illegible]。[illegible]，[illegible]，[illegible]，[illegible]。[illegible]，[illegible]。[illegible]，[illegible]，[illegible]。

（1）[illegible]

[illegible]、[illegible]、[illegible]、[illegible]。[illegible]，[illegible]，[illegible]。

[illegible]、[illegible]，[illegible]，[illegible]，[illegible]，[illegible]，[illegible]，[illegible]，[illegible]。[illegible]。[illegible]，[illegible]。[illegible]，[illegible]，[illegible]。[illegible]，[illegible]，[illegible]，[illegible]。[illegible]、[illegible]。

（2）[illegible]

[illegible]，[illegible]、[illegible]、[illegible]

[illegible]，[illegible]。[illegible]、[illegible]，[illegible]；[illegible]，[illegible]。[illegible]，[illegible]。

（3）[illegible]

[illegible]，[illegible]，[illegible]。[illegible]：

①[illegible]，[illegible]，[illegible]。

②[illegible]，[illegible]。

③[illegible]，[illegible]；[illegible]，[illegible]。

④[illegible]，[illegible]，[illegible]，[illegible]，“[illegible]”[illegible]，[illegible]。[illegible]，[illegible]，[illegible]，[illegible]。

5. [illegible]

[illegible]，[illegible]，[illegible]。[illegible]，[illegible]。[illegible] 15 000 ~ 22 500kg/hm^2 [illegible]，[illegible]（[illegible] 300 ~ 600kg/hm^2）[illegible]。

（二）[illegible]

1. [illegible]

[illegible]，[illegible]，[illegible]、[illegible]、[illegible]、[illegible]、[illegible]；[illegible]、[illegible]、[illegible]。

2. [illegible]

（1）[illegible]

[illegible]，[illegible]，[illegible]、[illegible]、[illegible]、[illegible]、[illegible]、[illegible]，[illegible]。

（2）[illegible]

[illegible]、[illegible]，[illegible]

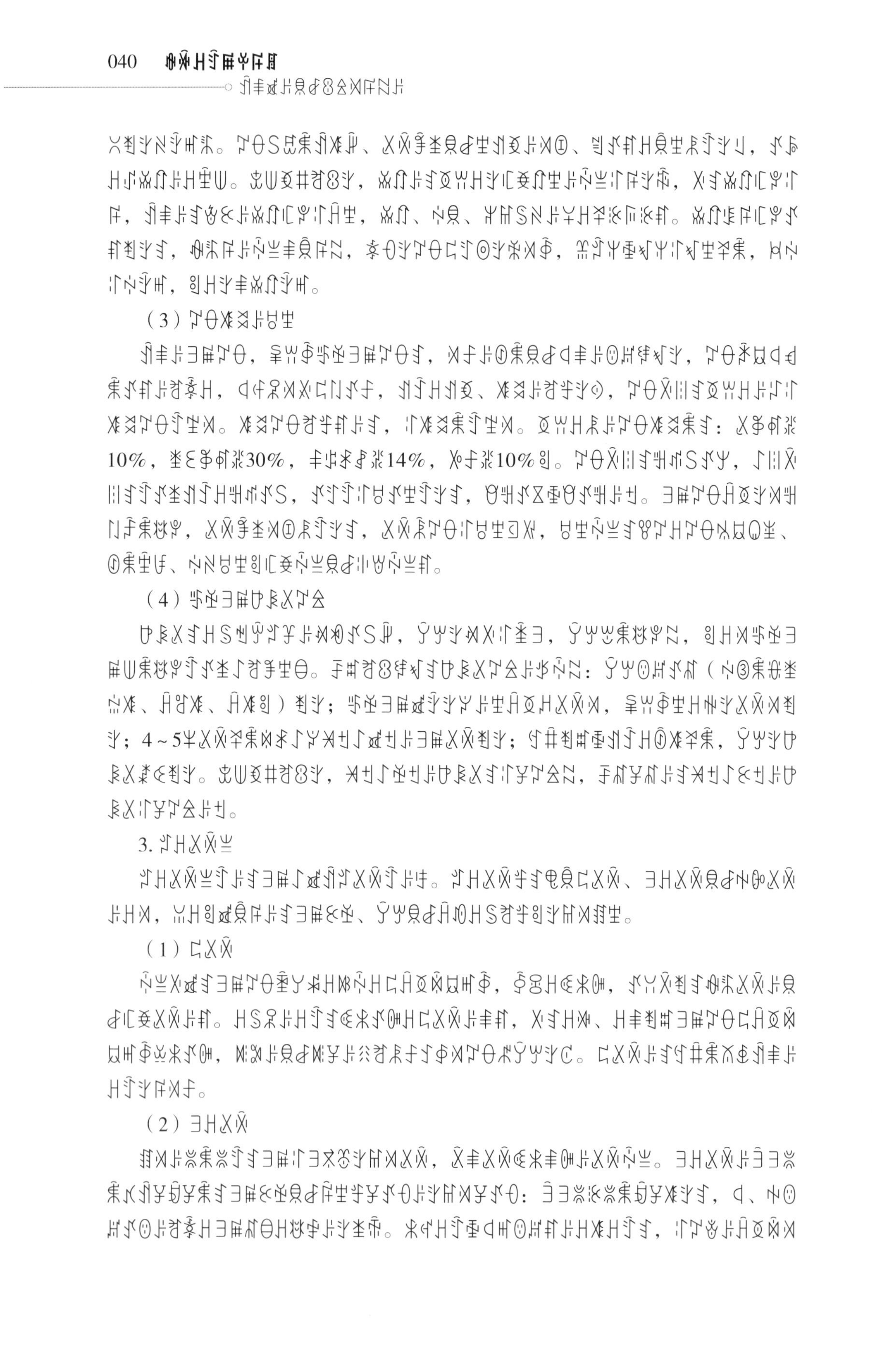

[illegible]。[illegible]，[illegible]。

（3）[illegible]

[illegible]：[illegible]10%，[illegible]30%，[illegible]14%，[illegible]10%[illegible]。[illegible]。

（4）[illegible]

[illegible]：[illegible]（[illegible]、[illegible]、[illegible]）[illegible]；[illegible]；4～5[illegible]；[illegible]。[illegible]。

3. [illegible]

[illegible]。[illegible]。

（1）[illegible]

[illegible]。[illegible]。[illegible]。

（2）[illegible]

[illegible]。[illegible]：[illegible]，[illegible]、[illegible]。[illegible]，[illegible]

ꀊꏂꏦ，ꀑꃅꃅꐯꐯꃅꃅꀋꀋ，ꀉꀉꌠꌠꌠꏂꏦꃚꃅꃅꐯꇬ15～20cmꃅꀋ；ꃅꃅꃅꃚꃅꐥꏦꏦ，ꃚꃅꃅꐯꀉꀉꌠꌠꌠꏂꏦꇬ30cmꃅꀋ；ꀉꊈꃀꃅꃅꃅꀑꏦꀉꀉꌠꌠꌠꏂꀑꃅꃅꐯꇬ45～60cmꃅꀋꐯꃅꃅꀋꀋ。

（3）ꀊꃚꀋꀋ

ꀋꀋꇬꌠꇬꀉꊈꃀꃚꃅꀊꃅꃅꃅꃅꃅꃅꌠꏂꃅꃅꃚꃅꐯꐯꐯꇬ，ꀊꃚꏦꃅꃀꃚꐥꏦ4～6cmꐥꀑꐯꇬ。ꀊꃅꀋꃅꏦꀋꃅꌠꃅꃅꃅꃅꃅꀋꀋꀊꃅꃅꃅ。

4. ꃅꇬꀋꀋꃅ

ꃅꇬꀋꀋꀑꐯꀑꃅꃅꃅꃅꃅꌠꀉꊈꏦꀋꃅꃅꌠ、ꀋꃅꌠ、ꃅꃅꃅꌠ、ꃅꏦꇬꌠ、ꃅꀋꀑꌠꌠꃅ，ꀑꃅꃅꃅꃅꀋꃅꌠꀉꊈꏦꌠꀋꌠꃅꊈ、ꌠꇬꌠꊈ、ꃅꀉꊈ、ꃅꌠꊈ、ꃅꀊꊈ、ꃚꀋꊈꌠꃅ。ꃅꇬꀋꀋꀉꊈꐯꃚꃅꃅꃅꏦ，ꀋꃅꃅꃅꇬꀉꊈꀋꃅꃅꃅꃅꃅꃅꃅꐯꃅꀋꃅꃅꃚ。ꃅꇬꀉꊈꃅꃅꃅꃅꐯꌠꃅꌠꃅꀋꃚ，ꌠꏂꀋꃅꃅꃅꃅꌠꀉꊈꀋꃅꏦꃅꀋꃚ，ꃚꃅꃅꐯꃅꃅꃅꃅꃅꌠꃅꐯ ꏦ，ꌠꃅꀉꊈꀋꃅꃅꀉꃅꇬꌠ；ꃅꃅꃅꃅꐯꌠꃅꐯꏦ，ꀋꃅꃅꀉꊈꃅꇬꀋꃅꐯꀋꀋꀋ。

（1）ꃅꇬꀉꊈꀋꀋꀋꌠ

①ꐯꃅꀋꀋꃅꐯꀋꀋꀋꌠꐯꃅꀋꌠ（ꀑꃅꃅꃅꃅꀉꊈꐯꃅꀋꀋꃅꐯꀋꀋꀋꌠꏦꃅꀑ2–3ꐯꃅ）。ꀊꃅꀋꀊꏦꃅꃅꃅꃅꃅ，ꐯꃅꀋꀋꃅꀋꀋꀋꌠꇬꊈꀋꃅꃅꇬꀋꀋꀑꐯꃅꃅꃅꃅꃅꀋꃅꐯꃅ ꏦ，ꊈꀋꃅꀉꊈꃅꇬꀋꀋꃅꐯꀋꀋꀋꌠꌠꃅꇬꌠ，ꀉꊈꀋꃅꃅꃅꀋꀋꀋꌠꃅꃅꃅꃅꀋꌠꏦ，ꃅꇬꀉꊈꀋꀋꀋꌠꃅ。

ꀋꀋꀋꌠꌠꃅꃚꃅ：$K=hT/X$，ꃅꃅꃅꀋꇬꏦꐯꃅꃅꀋꃅꏦꃅꃅꃅ：

Kꏦꃅꇬꀋꀋꃅꐯꀉꊈꃅꃅꀋꀋꀋꌠꃅ；

hꏦꊈꀋꃅꐯꃅꀋꀋꃅꐯꃅꃚꃅꃅꏦ100%ꃅꀋꀋꀋꌠꃅꃅꃅ；

Tꏦꊈꀋꃅꃅꇬꀉꊈꃅꃅꐯꃅꃅꃅꀋꃅꌠ（%）ꃅ；

Xꏦꊈꀋꃅꀋꀑꃅꃅꃅꏂ（%，ꀋꏦꊈꀋꃅꃅꃅꏂ×ꃅꃅꌠꏂ）ꃅ。

ꃅꇬꀋꀋꃅꀉꊈꌠꌠꐯꃅꀋꃅꃅꃅꀉꊈꏦꃅꌠꌠꃅꃅꃅꃅ，ꃅꌠꀋꌠꐯꃅꐯꏦꏦꃅꃅꃅꐯꃅꃅꌠ。ꌠꏂ，ꐯꃅꀋꀋꃅꀋꀋꀋꌠꐯꃅꀋꌠꐯꏦ，ꃅꃅꀋꃅꏦꃅꏦꃅ，ꃅꏂꏦꊈꌠ3～4ꃅꇬꀋꃅꃅꃅꇬꊈꏦꀋꀋꀋꌠ25%ꃅꀉ，ꊈꌠ5～6ꃅꇬꀋꃅꃅꏦꀋꀋꀋꌠ50%ꃅꀉꀋꀋ。

②ꀉꊈꃚꀋꃅꃅꐯꃅꀋꌠ。ꀊꃅꀋꀊꏦꃅꃚꃅꃚꀋꃅꃅꃚꀋꃅꃅꐯꃅꀋꌠꃅꃅ。

ꃅꌠꃅꃚꃅꏦ：$K=100\ 000PT/MX$，ꃅꃅꃅꀋꇬꏦꐯꃅꃅꀋꃅꏦꃅꃅꃅ：

Kꏦꃅꇬꀋꀋꃅꐯꊈꀋꃅꃅꀋꀋꀋꌠꃅ（kg/hm^2）；

Pꏦꊈꀋꃅꃅꃚꃅꃅꃚꃅꐯꃅꀋꌠꃅ（g）；

Tꏦꊈꀋꃅꃅꇬꀉꊈꃅꃅꐯꃅꌠꃅ（%）；

Mꏦꊈꀋꃅꃅꃚꀋꃚꀋꃅꃅꃅ（cm^2）；

Xꏦꊈꀋꃅꀋꀑꃅꃅꃅꏂꃅ（%）；

[illegible]

[illegible]2-3 [illegible]（[illegible]100%[illegible]）

[illegible]	[illegible]100%[illegible]（kg/hm²）		[illegible]（cm）		
	[illegible]	[illegible]	[illegible]	[illegible]	[illegible]
[illegible]					
[illegible]	18.75 ~ 22.5	11.25 ~ 15	4.0	3.0	2.0
[illegible]	15 ~ 18.75	11.25 ~ 15	2.0	1.5	1.0
[illegible]	7.5 ~ 11.25	3.75 ~ 7.5	1.5	1.0	0.5
[illegible]	15 ~ 18.75	11.25 ~ 15	3.0	2.0	1.0
[illegible]	12.75 ~ 16.5	6 ~ 7.5	1.5	1.0	0.5
[illegible]	15 ~ 22.5	11.25 ~ 15	2.0	1.0	0.5
[illegible]	37.5 ~ 60	22.5 ~ 30	4.0	2.5	1.5
[illegible]	11.25 ~ 15	5.25 ~ 9	3.0	2.0	1.0
[illegible]	7.5 ~ 11.25	4.5 ~ 6	2.0	1.0	0.5
[illegible]	15 ~ 18.75	7.5 ~ 11.25	4.0	3.0	2.0
[illegible]	15 ~ 22.5	11.25 ~ 15	4.0	3.0	2.0
[illegible]	15 ~ 22.5	11.25 ~ 15	4.0	3.0	2.0
[illegible]	22.5 ~ 30	11.25 ~ 15	4.0	3.0	2.0
[illegible]	18.75 ~ 22.5	11.25 ~ 18.75	5.0	3.0	2.0
[illegible]	15 ~ 18.75	7.5 ~ 11.25	4.0	3.0	2.0
[illegible]	11.25 ~ 15	5.25 ~ 9	3.0	2.0	1.0
[illegible]	18.75 ~ 22.5	11.25 ~ 15	7.0	5.0	3.0
[illegible]	30 ~ 37.5	15 ~ 22.5	2.0	1.5	2.0
[illegible]					
[illegible]	15	7.5	2.0	1.5	1.0
[illegible]	15	7.5	2.0	1.0	1.0
[illegible]	7.5 ~ 11.25	3.75 ~ 7.5	1.0	0.5	0.5
[illegible]	15 ~ 22.5	7.5 ~ 11.25	2.0	1.0	1.0

[illegible]

[illegible]	[illegible] 100% [illegible] (kg/hm²)		[illegible] (cm)		
	[illegible]	[illegible]	[illegible]	[illegible]	[illegible]
[illegible]	15	7.5	3.0	2.0	1.0
[illegible]	15	7.5	2.0	1.5	1.0
[illegible]	75	30 ~ 45	4.0	3.0	2.0
[illegible]	11.25 ~ 15	5.25 ~ 7.5	1.0	0.5	0.5
[illegible]	75	30 ~ 45	8.0	6.0	4.0
[illegible]	90	22.5 ~ 37.5	5.0	4.0	3.0
[illegible]	150 ~ 187.5	112.5 ~ 150	6.0	5.0	4.0
[illegible]	187.5 ~ 225	150 ~ 187.5	4.0 ~ 5.0	3.0 ~ 4.0	2.0 ~ 3.0
[illegible]	105 ~ 135	75 ~ 97.5	5.0	5.0	2.0
[illegible]	22.5 ~ 37.5	15 ~ 22.5	5.0	3.0	2.0
[illegible]	15 ~ 22.5	7.5 ~ 11.25	3.0	2.0	1.5
[illegible]	112.5 ~ 150	75 ~ 112.5	6.0	4.0	3.0
[illegible]	30 ~ 37.5	15 ~ 22.5	3.0	2.0	1.5
[illegible]	22.5 ~ 52.5	15 ~ 22.5	6.0	5.0	4.0
[illegible]	22.5 ~ 30	15 ~ 22.5	3.0	2.0	1.5
[illegible]	150 ~ 187.5	75 ~ 112.5	7.0	5.0	3.0

（2）[illegible]

[illegible]，[illegible]，[illegible]：

①[illegible]。[illegible]，[illegible] 15cm。

②[illegible]，[illegible]。

③[illegible]。[illegible]，[illegible] 10cm [illegible]，[illegible] 30cm [illegible]。[illegible]，[illegible]，[illegible]，[illegible]。

④[illegible]。[illegible] 15cm [illegible] 30cm [illegible]

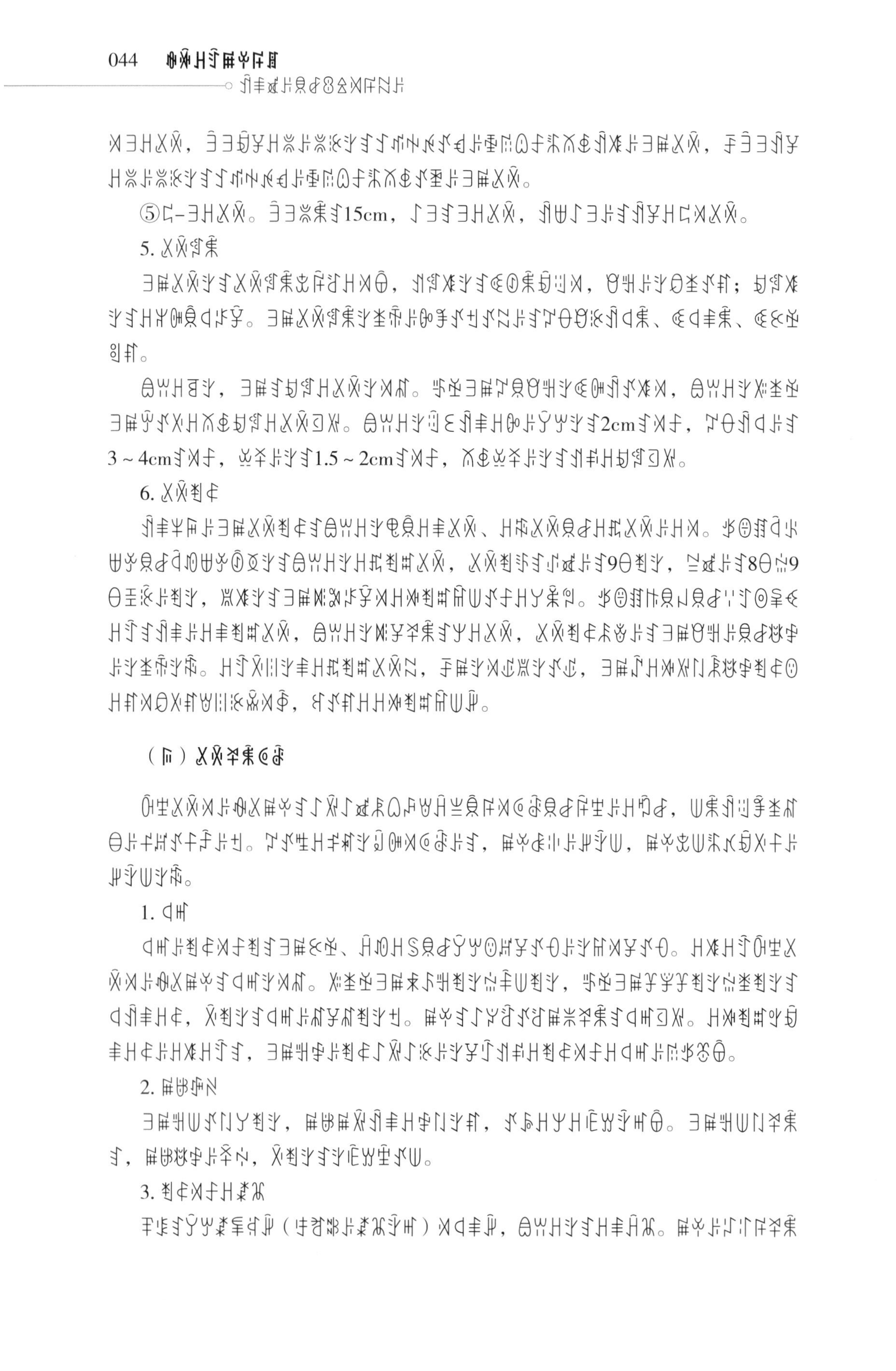

[illegible]

⑤[illegible] 15cm，[illegible]。

5. [illegible]

[illegible]

[illegible] 2cm [illegible] 3～4cm [illegible] 1.5～2cm [illegible]。

6. [illegible]

[illegible] 6 [illegible] 9 [illegible] 8 [illegible] 9 [illegible]

（[illegible]）[illegible]

[illegible]

1. [illegible]

[illegible]

2. [illegible]

[illegible]

3. [illegible]

[illegible]（[illegible]）[illegible]

[illegible]

4. [illegible]

[illegible]

5. [illegible]

[illegible] $30\sim45kg/hm^2$、[illegible] $30\sim45kg/hm^2$、[illegible] $38\sim75kg/hm^2$。[illegible]

6. [illegible]

[illegible]

[illegible]

[illegible]

[illegible]

[illegible]

[illegible]

[illegible]：[illegible]，[illegible]。[illegible]，[illegible]，[illegible]。[illegible]、[illegible]、[illegible]、[illegible]。

[illegible]、[illegible]

1. [illegible]

[illegible]，[illegible]、[illegible]、[illegible]。[illegible]，[illegible]。[illegible]、[illegible]，[illegible]。[illegible]，[illegible]，[illegible]，[illegible]、[illegible]。

2. [illegible]

[illegible]、[illegible]、[illegible]，[illegible]、[illegible]、[illegible]、[illegible]、[illegible]。[illegible]，[illegible]，[illegible]。

[illegible]、[illegible]，[illegible]，[illegible]，[illegible]；[illegible]、[illegible]，[illegible]，[illegible]；[illegible]，[illegible]、[illegible]，[illegible]、[illegible]。

[illegible]、[illegible]

[illegible]，[illegible]，[illegible]。

1. [illegible]

[illegible]，[illegible]。[illegible]、[illegible]、[illegible]、[illegible]、[illegible]、[illegible]、[illegible]。[illegible]，[illegible]，[illegible]，[illegible]。[illegible]，[illegible]。[illegible]、[illegible]、[illegible]，[illegible]。[illegible]

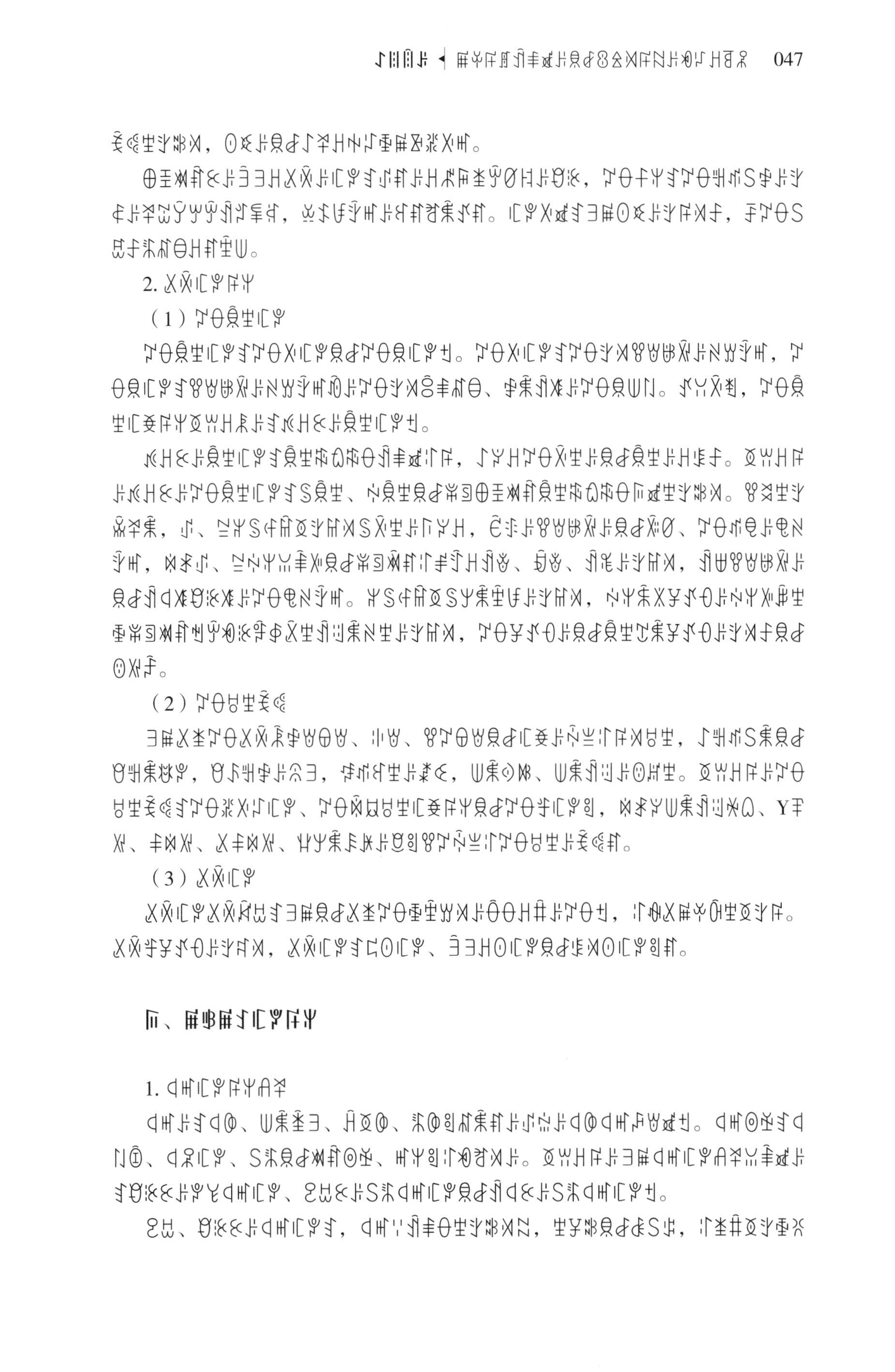

[illegible]，[illegible]。

[illegible]，[illegible]，[illegible]。[illegible]，[illegible][illegible]。

2. [illegible]

（1）[illegible]

[illegible]。[illegible]，[illegible]、[illegible]。[illegible]，[illegible]。

[illegible]，[illegible]。[illegible]、[illegible]。[illegible]，[illegible]、[illegible]，[illegible]、[illegible]、[illegible]，[illegible]、[illegible]、[illegible]、[illegible]，[illegible]。[illegible]，[illegible]，[illegible]。

（2）[illegible]

[illegible]、[illegible]、[illegible]，[illegible]，[illegible]，[illegible]，[illegible]、[illegible]。[illegible]、[illegible]，[illegible]、Y[illegible]、[illegible]、[illegible]、[illegible]。

（3）[illegible]

[illegible]，[illegible]。[illegible]，[illegible]、[illegible]。

三、[illegible]

1. [illegible]

[illegible]、[illegible]、[illegible]、[illegible]。[illegible]、[illegible]、[illegible]、[illegible]。[illegible]、[illegible]。

[illegible]、[illegible]，[illegible]，[illegible]，[illegible]

[illegible]

2. [illegible]

[illegible]

（1）[illegible]

[illegible]

（2）[illegible]

[illegible]

3. [illegible]

（1）[illegible]

[illegible]

（2）[illegible]

[illegible] 75 ~ 100 μm [illegible]

[illegible]

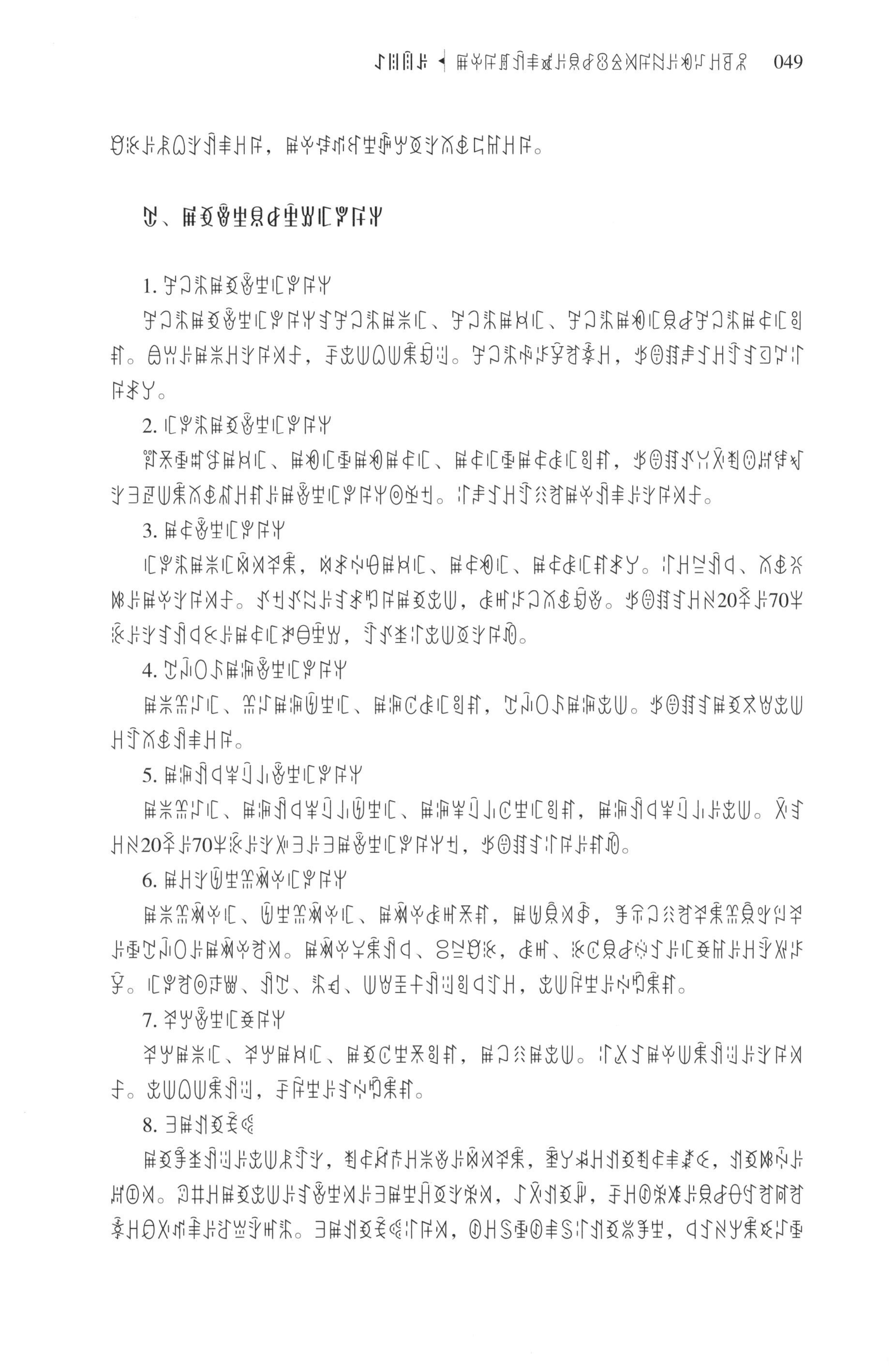

[illegible]，[illegible]。

[illegible]、[illegible]

1. [illegible]

[illegible]、[illegible]、[illegible]。[illegible]，[illegible]。[illegible]，[illegible]。

2. [illegible]

[illegible]、[illegible]、[illegible]，[illegible]。[illegible]。

3. [illegible]

[illegible]，[illegible]、[illegible]、[illegible]。[illegible]、[illegible]。[illegible]，[illegible]。[illegible]20[illegible]70[illegible]，[illegible]。

4. [illegible]

[illegible]、[illegible]、[illegible]，[illegible]。[illegible]。

5. [illegible]

[illegible]、[illegible]、[illegible]，[illegible]。[illegible]20[illegible]70[illegible]，[illegible]。

6. [illegible]

[illegible]、[illegible]、[illegible]，[illegible]，[illegible]。[illegible]、[illegible]，[illegible]、[illegible]。[illegible]、[illegible]、[illegible]、[illegible]，[illegible]。

7. [illegible]

[illegible]、[illegible]、[illegible]，[illegible]。[illegible]。[illegible]，[illegible]。

8. [illegible]

[illegible]，[illegible]，[illegible]，[illegible]。[illegible]，[illegible]，[illegible]。[illegible]，[illegible]，[illegible]

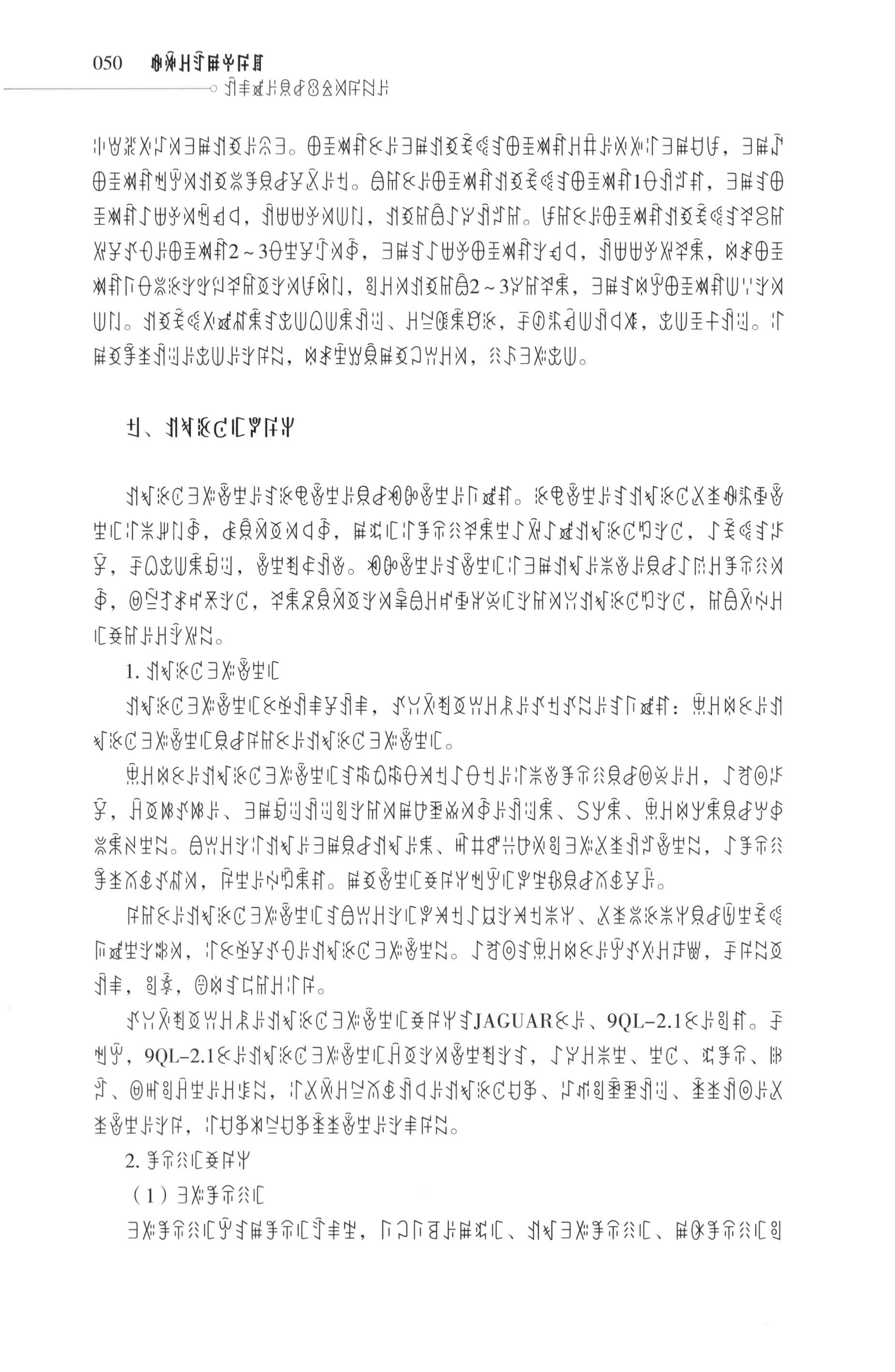

[illegible]。[illegible]1[illegible]，[illegible]2～3[illegible]，[illegible]2～3[illegible]。[illegible]。

[illegible]、[illegible]

[illegible]。

1. [illegible]

[illegible]。

[illegible]。

[illegible]。

[illegible]JAGUAR[illegible]、9QL–2.1[illegible]。[illegible]，9QL–2.1[illegible]。

2. [illegible]

（1）[illegible]

[illegible]

[illegible]

[illegible]

(2) [illegible]

[illegible] 15% [illegible]

(3) [illegible]

[illegible] 9ZC [illegible]、9QS1300 [illegible]、9Q-60 [illegible]、9FC [illegible]、9SC-360 [illegible]、9SC-400 [illegible]、9ZPR [illegible]

3. [illegible]

[illegible]

(1) [illegible]

[illegible]

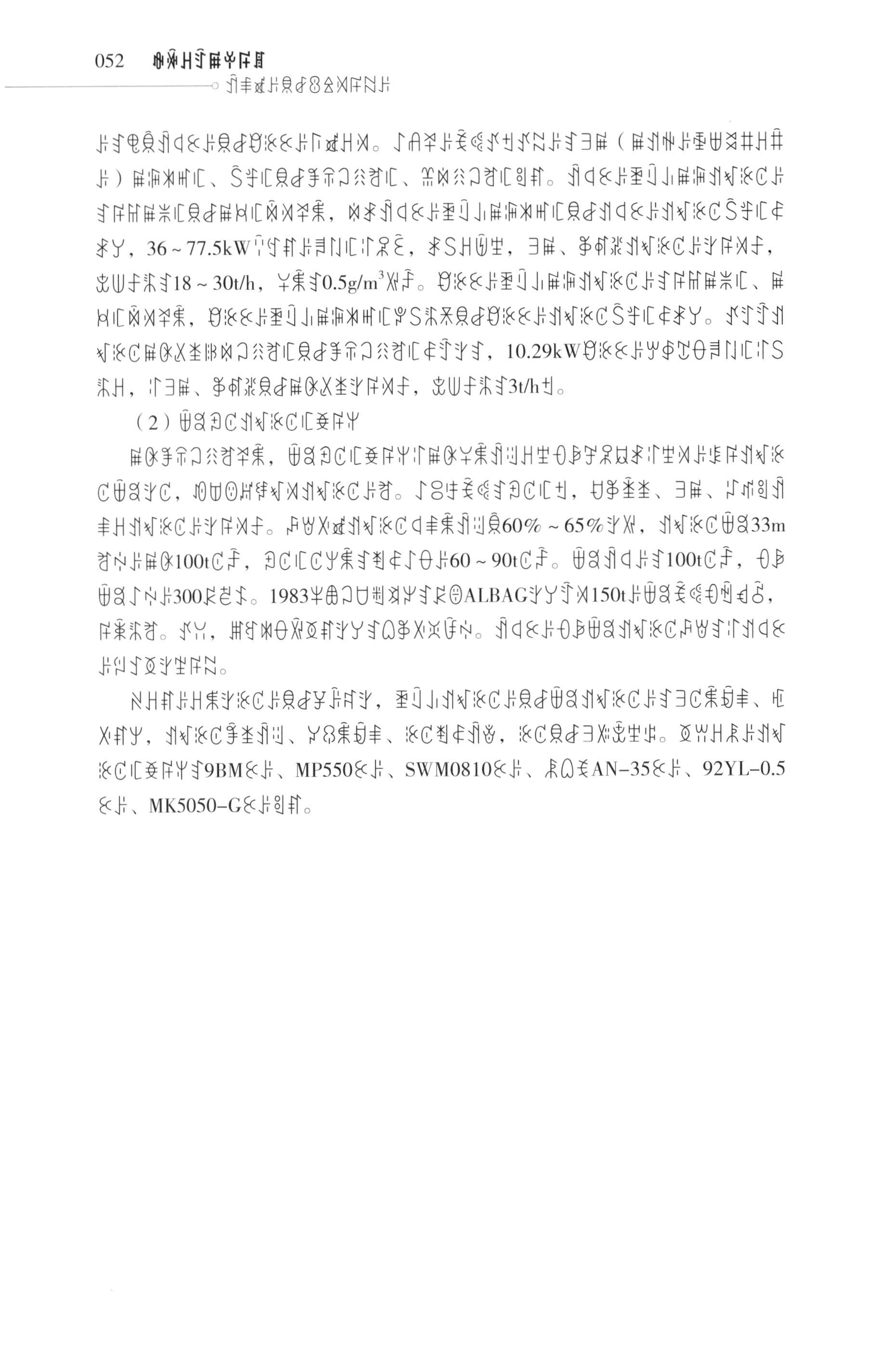

[illegible]，36 ~ 77.5kW [illegible]，[illegible]18 ~ 30t/h，[illegible]0.5g/m^3[illegible]。[illegible]，10.29kW[illegible]，[illegible]3t/h[illegible]。

（2）[illegible]

[illegible]60% ~ 65%[illegible]，[illegible]33m [illegible]100t[illegible]，[illegible]60 ~ 90t[illegible]。[illegible]100t[illegible]，[illegible]300[illegible]。1983[illegible]ALBAG[illegible]150t[illegible]，[illegible]。[illegible]。

[illegible]9BM[illegible]、MP550[illegible]、SWM0810[illegible]、[illegible]AN–35[illegible]、92YL–0.5 [illegible]、MK5050–G[illegible]。

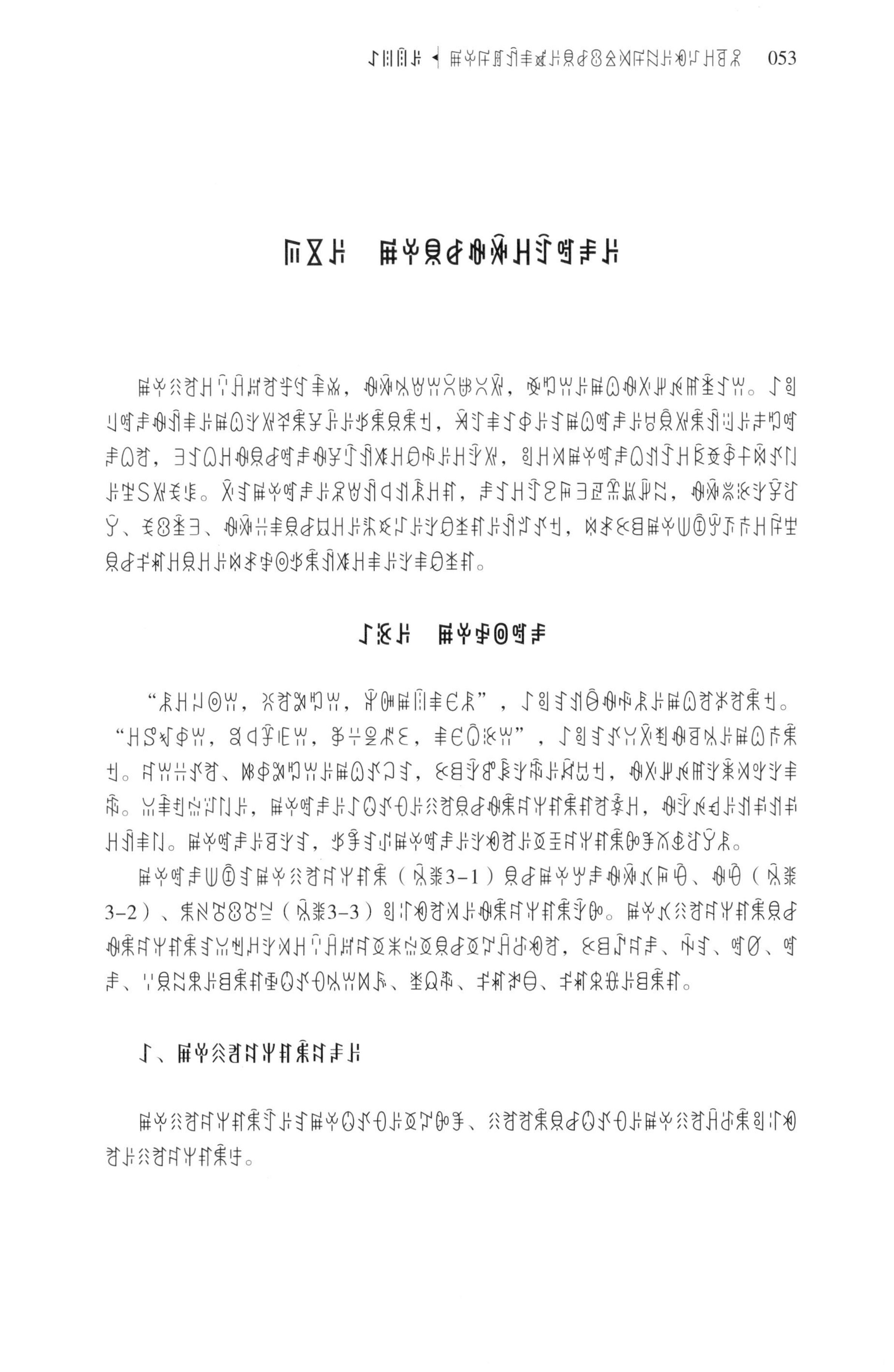

（3-1）

（3-2）

（3-3）

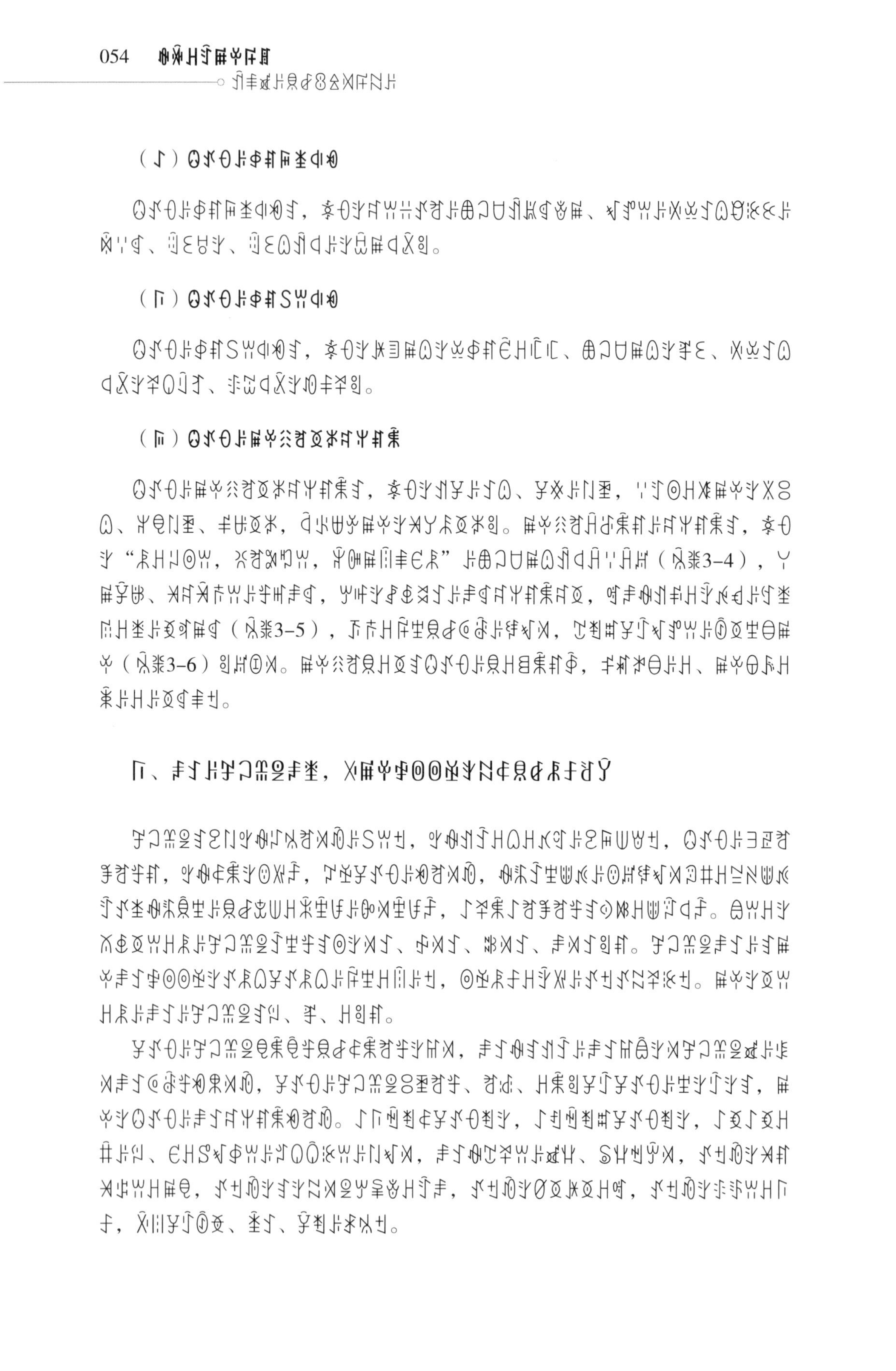

（[illegible]）[illegible]

[illegible]，[illegible]、[illegible]、[illegible]、[illegible]、[illegible]。

（[illegible]）[illegible]

[illegible]，[illegible]、[illegible]、[illegible]、[illegible]、[illegible]。

（[illegible]）[illegible]

[illegible]，[illegible]、[illegible]，[illegible]、[illegible]、[illegible]，[illegible]。[illegible]，[illegible]“[illegible]，[illegible]，[illegible]”[illegible]（[illegible]3–4），[illegible]、[illegible]，[illegible]，[illegible]（[illegible]3–5），[illegible]，[illegible]（[illegible]3–6）[illegible]。[illegible]，[illegible]、[illegible]。

[illegible]、[illegible]，[illegible]

[illegible]，[illegible]，[illegible]，[illegible]，[illegible]，[illegible]，[illegible]。[illegible]、[illegible]、[illegible]、[illegible]。[illegible]，[illegible]。[illegible]、[illegible]、[illegible]。

[illegible]，[illegible]，[illegible]、[illegible]、[illegible]，[illegible]。[illegible]，[illegible]，[illegible]、[illegible]，[illegible]、[illegible]，[illegible]，[illegible]，[illegible]，[illegible]，[illegible]、[illegible]、[illegible]。

（[illegible]）[illegible]

1. [illegible]

[illegible]，[illegible]。[illegible]、[illegible]、[illegible]、[illegible]（[illegible]）[illegible]。[illegible]，[illegible]3 000m[illegible]。[illegible]、[illegible]、[illegible]，[illegible]，[illegible]，[illegible]。[illegible]，[illegible]，“[illegible]”[illegible]。[illegible]，[illegible]、[illegible]、[illegible]、[illegible]，[illegible]、[illegible]、[illegible]、[illegible]、[illegible]，[illegible]、[illegible]。[illegible]，[illegible]，[illegible]。[illegible]，[illegible]。[illegible]，[illegible]。[illegible]，[illegible]，[illegible]，[illegible]。

2. [illegible]

[illegible]，[illegible]。[illegible]，[illegible]，[illegible]，[illegible]。[illegible]，[illegible]、[illegible]，[illegible]、[illegible]。[illegible]90%[illegible]，[illegible]，[illegible]。[illegible]、[illegible]、[illegible]、[illegible]，[illegible]，[illegible]，[illegible]、[illegible]，[illegible]、[illegible]，[illegible]。

3. [illegible]

[illegible]，[illegible]。[illegible]，[illegible]1.2～1.35m[illegible]，[illegible]267～370kg[illegible]，[illegible]，[illegible]，[illegible]，[illegible]，[illegible]，[illegible]、[illegible]，[illegible]，[illegible]。[illegible]，[illegible]，[illegible]，[illegible]，[illegible]8[illegible]60km[illegible]。[illegible]，[illegible]，[illegible]。

[illegible]，[illegible]，[illegible]：[illegible]，[illegible]，[illegible]，[illegible]、[illegible]，[illegible]。[illegible]，[illegible]。[illegible]。[illegible]，[illegible]

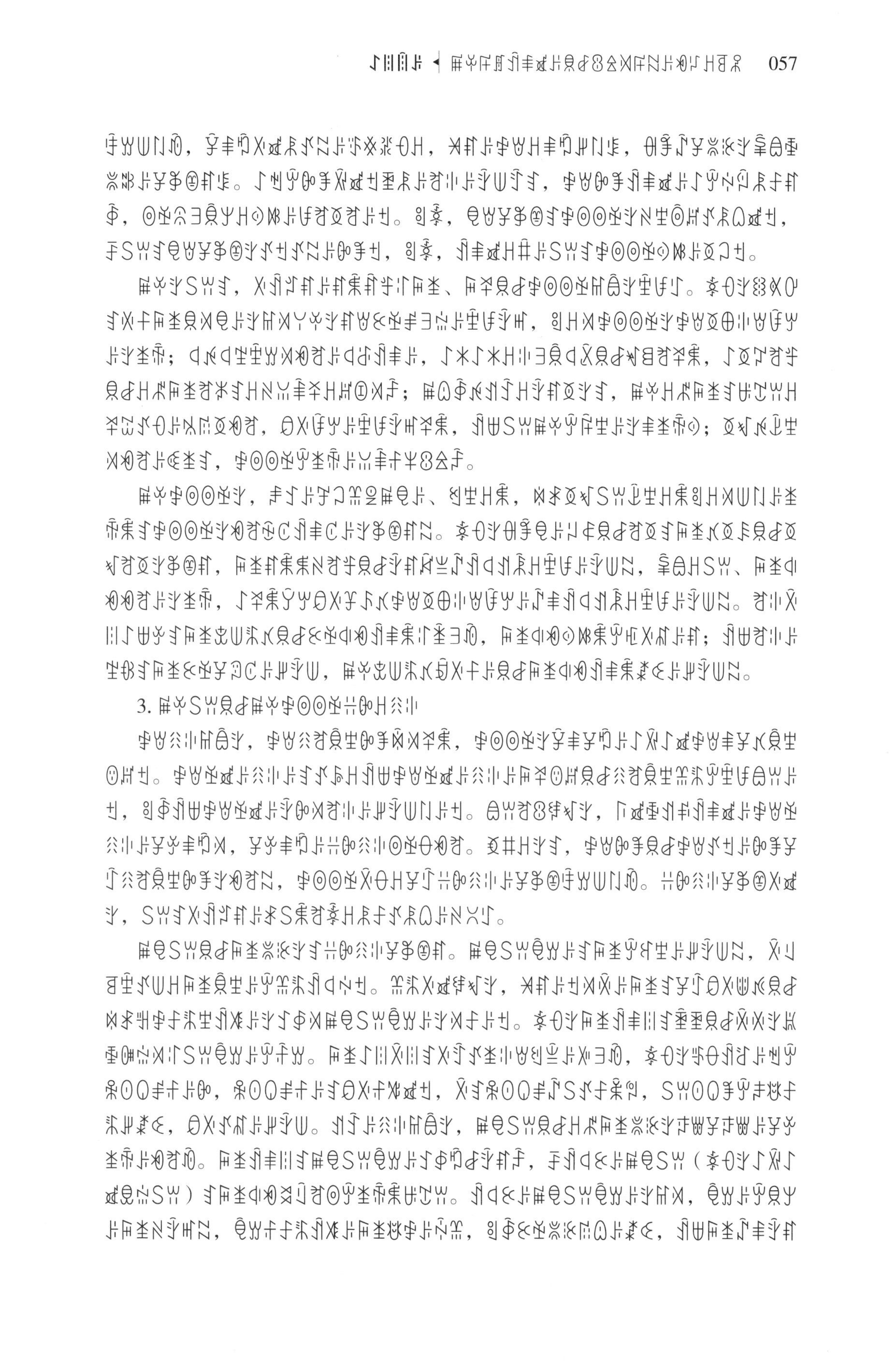

[illegible]

[illegible]

[illegible]

3. [illegible]

[illegible]

[illegible]

[illegible]，[illegible]。[illegible]，[illegible]，[illegible]。

[illegible]，[illegible]，[illegible]、[illegible]、[illegible]。[illegible]，[illegible]。[illegible]、[illegible]，[illegible]、[illegible]、[illegible]、[illegible]，[illegible]、[illegible]，[illegible]，[illegible]、[illegible]。

[illegible]，[illegible]，[illegible]，[illegible]，[illegible]。

[illegible]、[illegible]

[illegible]，[illegible]。[illegible]，[illegible]、[illegible]、[illegible]。[illegible]、[illegible]、[illegible]、[illegible]、[illegible]。[illegible]，[illegible]，[illegible]——[illegible]、[illegible]、[illegible]、[illegible]。[illegible]，[illegible]，[illegible]（[illegible]、[illegible]、[illegible]、[illegible]），[illegible]（[illegible]），[illegible]、[illegible]。

（[illegible]）[illegible]

[illegible]：

1. [illegible]

[illegible]，[illegible]，[illegible]、[illegible]、[illegible]。[illegible]，[illegible]，[illegible]。[illegible]，[illegible]，[illegible]，[illegible]

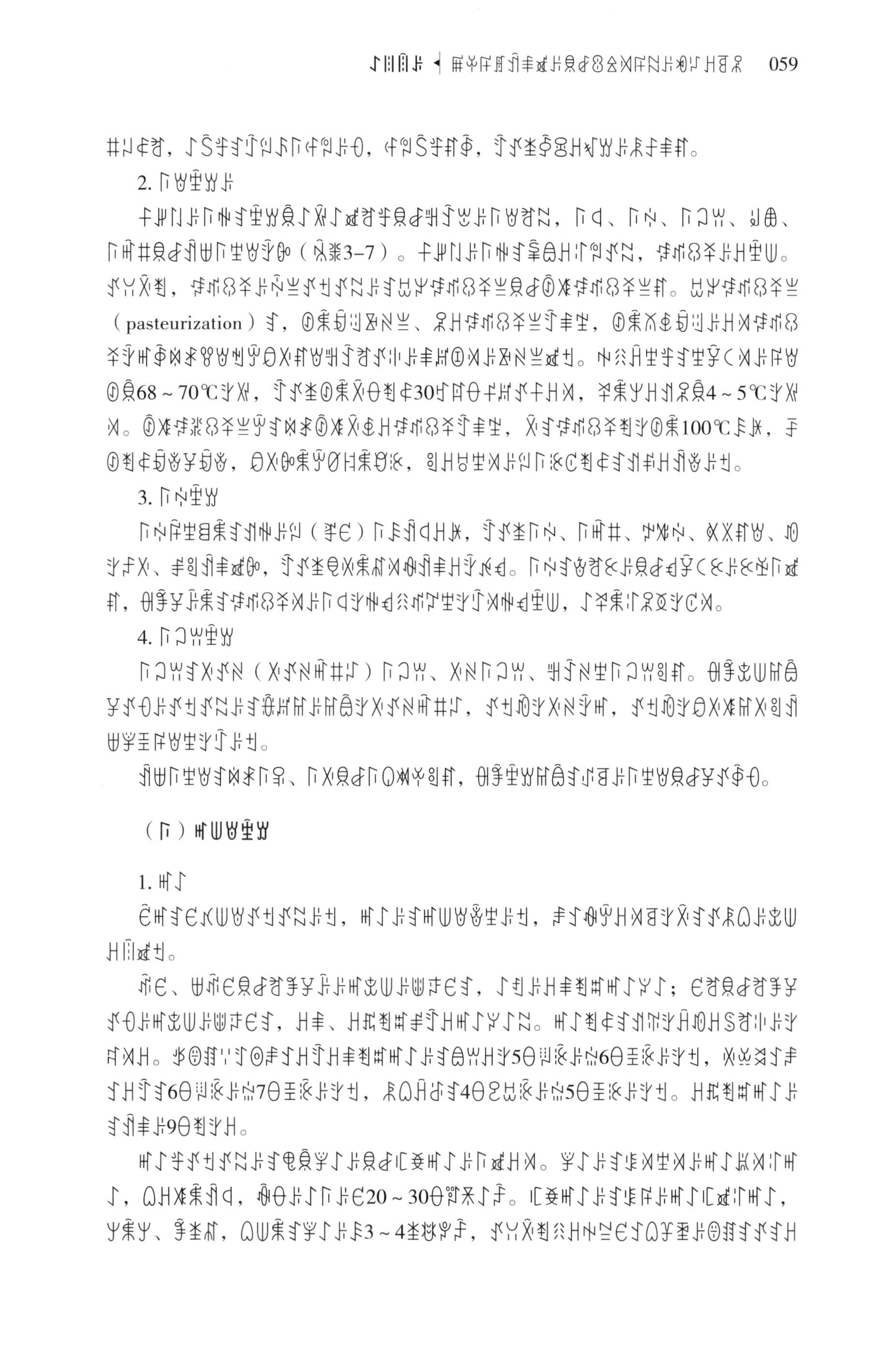

[illegible]，[illegible]，[illegible]，[illegible]。

2. [illegible]

[illegible]，[illegible]、[illegible]、[illegible]、[illegible]、[illegible]（[illegible]3–7）。[illegible]，[illegible]。[illegible]，[illegible]。[illegible]（pasteurization）[illegible]，[illegible]、[illegible]，[illegible]。[illegible]68 ~ 70℃[illegible]，[illegible]30[illegible]，[illegible]4 ~ 5℃[illegible]。[illegible]，[illegible]100℃[illegible]，[illegible]，[illegible]，[illegible]。

3. [illegible]

[illegible]（[illegible]）[illegible]，[illegible]、[illegible]、[illegible]、[illegible]、[illegible]、[illegible]，[illegible]。[illegible]，[illegible]，[illegible]。

4. [illegible]

[illegible]（[illegible]）[illegible]、[illegible]、[illegible]。[illegible]，[illegible]，[illegible]。

[illegible]、[illegible]，[illegible]。

（[illegible]）[illegible]

1. [illegible]

[illegible]，[illegible]，[illegible]。

[illegible]、[illegible]，[illegible]；[illegible]，[illegible]、[illegible]。[illegible]。[illegible]5[illegible]6[illegible]，[illegible]6[illegible]7[illegible]，[illegible]4[illegible]5[illegible]。[illegible]9[illegible]。

[illegible]。[illegible]，[illegible]，[illegible]20 ~ 30[illegible]。[illegible]，[illegible]、[illegible]，[illegible]3 ~ 4[illegible]，[illegible]

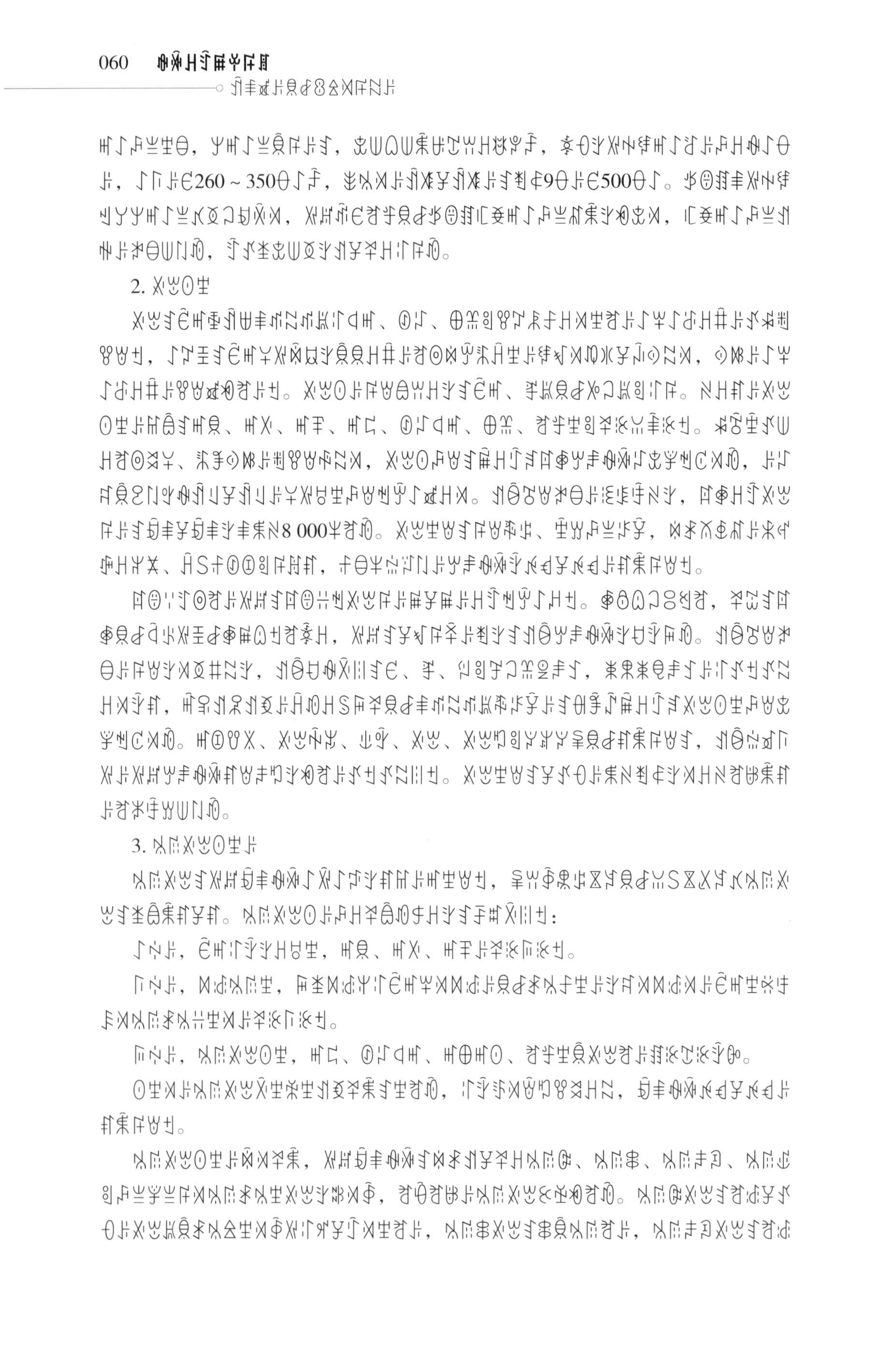

[illegible]，[illegible]，[illegible]，[illegible]260～350[illegible]，[illegible]9[illegible]500[illegible]。[illegible]，[illegible]，[illegible]，[illegible]。

2. [illegible]

[illegible]、[illegible]、[illegible]，[illegible]，[illegible]。[illegible]、[illegible]、[illegible]、[illegible]、[illegible]、[illegible]。[illegible]、[illegible]，[illegible]，[illegible]。[illegible]，[illegible]8 000[illegible]。[illegible]、[illegible]，[illegible]、[illegible]，[illegible]。

[illegible]。[illegible]，[illegible]，[illegible]。[illegible]，[illegible]、[illegible]、[illegible]，[illegible]，[illegible]，[illegible]。[illegible]、[illegible]、[illegible]、[illegible]、[illegible]，[illegible]。[illegible]。

3. [illegible]

[illegible]，[illegible]。[illegible]：

[illegible]，[illegible]，[illegible]、[illegible]、[illegible]。

[illegible]，[illegible]，[illegible]。

[illegible]，[illegible]，[illegible]、[illegible]、[illegible]、[illegible]。

[illegible]，[illegible]，[illegible]。

[illegible]，[illegible]、[illegible]、[illegible]、[illegible]，[illegible]。[illegible]，[illegible]，[illegible]

[illegible]（[illegible]3–8）。

[illegible]，[illegible]，[illegible]、[illegible]，[illegible]。

[illegible]

[illegible]、[illegible]、[illegible]、[illegible]。[illegible]，《[illegible]》[illegible]18[illegible]，[illegible]37[illegible]、[illegible]1 000[illegible]，[illegible]1 600 × $10^4 hm^2$[illegible]，[illegible]。[illegible]，[illegible]。

[illegible]、[illegible]

（[illegible]）[illegible]

[illegible]，[illegible]（[illegible]3–9）、[illegible]（[illegible]3–10）、[illegible]。[illegible]、[illegible]、[illegible]、[illegible]、[illegible]，[illegible]、[illegible]、[illegible]、[illegible]、[illegible]。[illegible]，[illegible]、[illegible]、[illegible]、[illegible]、[illegible]、[illegible]、[illegible]、[illegible]。

（[illegible]）[illegible]

[illegible]、[illegible]，[illegible]，[illegible]、[illegible]、[illegible]，[illegible]，[illegible]，[illegible]、[illegible]，[illegible]，[illegible]、[illegible]、[illegible]、[illegible]（[illegible]3–11）、[illegible]（[illegible]3–12）

[illegible]，[illegible]，[illegible]，[illegible]、[illegible]、[illegible]，[illegible]、[illegible]、[illegible]

[illegible] 20℃ [illegible] 10℃ [illegible]（[illegible]3–9）[illegible]。

[illegible]（[illegible]3–13）。

[illegible]

[illegible]，[illegible]（[illegible]3–16，[illegible]3–17）。

（[illegible]）[illegible]

[illegible]（[illegible]）[illegible]、[illegible]、[illegible]。[illegible]，[illegible]。[illegible]，[illegible]，[illegible]。[illegible]，[illegible]，[illegible]。

（[illegible]）[illegible]，[illegible]，[illegible]

[illegible]，[illegible]、[illegible]，[illegible]。[illegible]，[illegible]，[illegible]。

1. [illegible]

[illegible]，[illegible]、[illegible]，[illegible]。[illegible]、[illegible]、[illegible]。

2. [illegible]

[illegible]，[illegible]。[illegible]，[illegible]、[illegible]、[illegible]。[illegible]，[illegible]。[illegible]，[illegible]。[illegible]，[illegible]

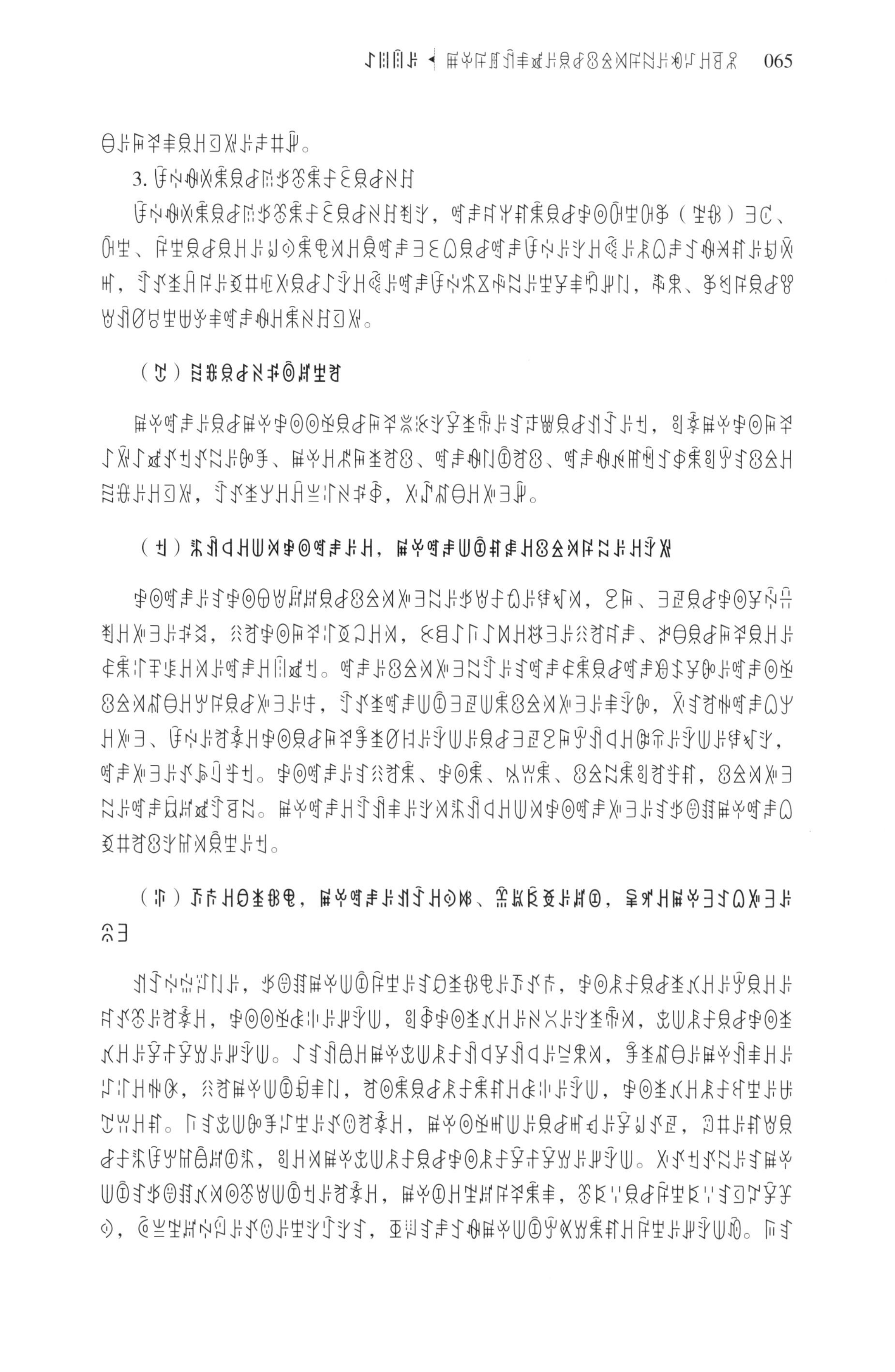

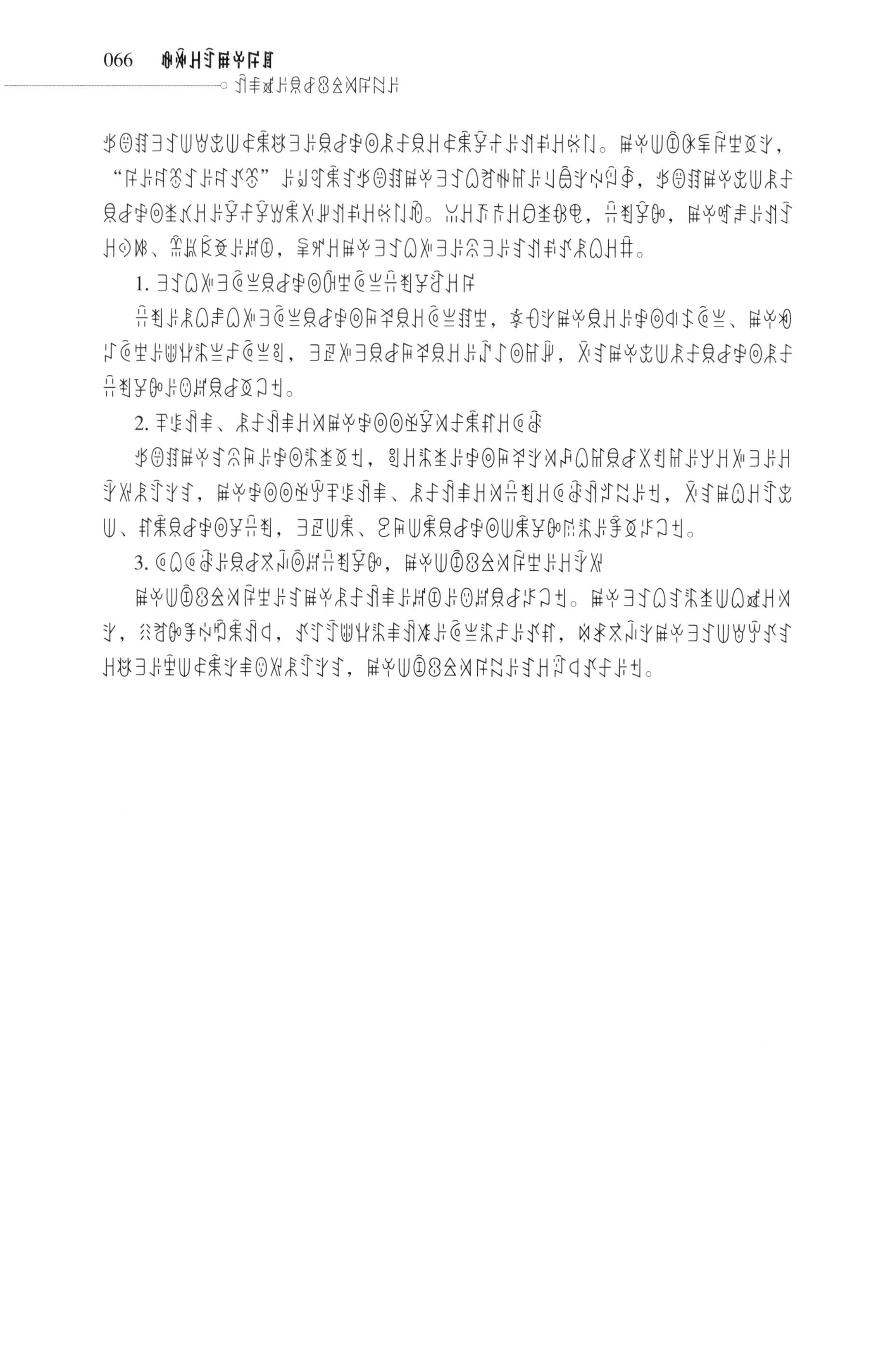

[illegible]，“[illegible]”[illegible]，[illegible]。[illegible]，[illegible]，[illegible]、[illegible]，[illegible]。

1. [illegible]

[illegible]，[illegible]、[illegible]，[illegible]，[illegible]。

2. [illegible]、[illegible]

[illegible]，[illegible]，[illegible]、[illegible]，[illegible]，[illegible]、[illegible]，[illegible]、[illegible]。

3. [illegible]，[illegible]

[illegible]。[illegible]，[illegible]，[illegible]，[illegible]，[illegible]，[illegible]。

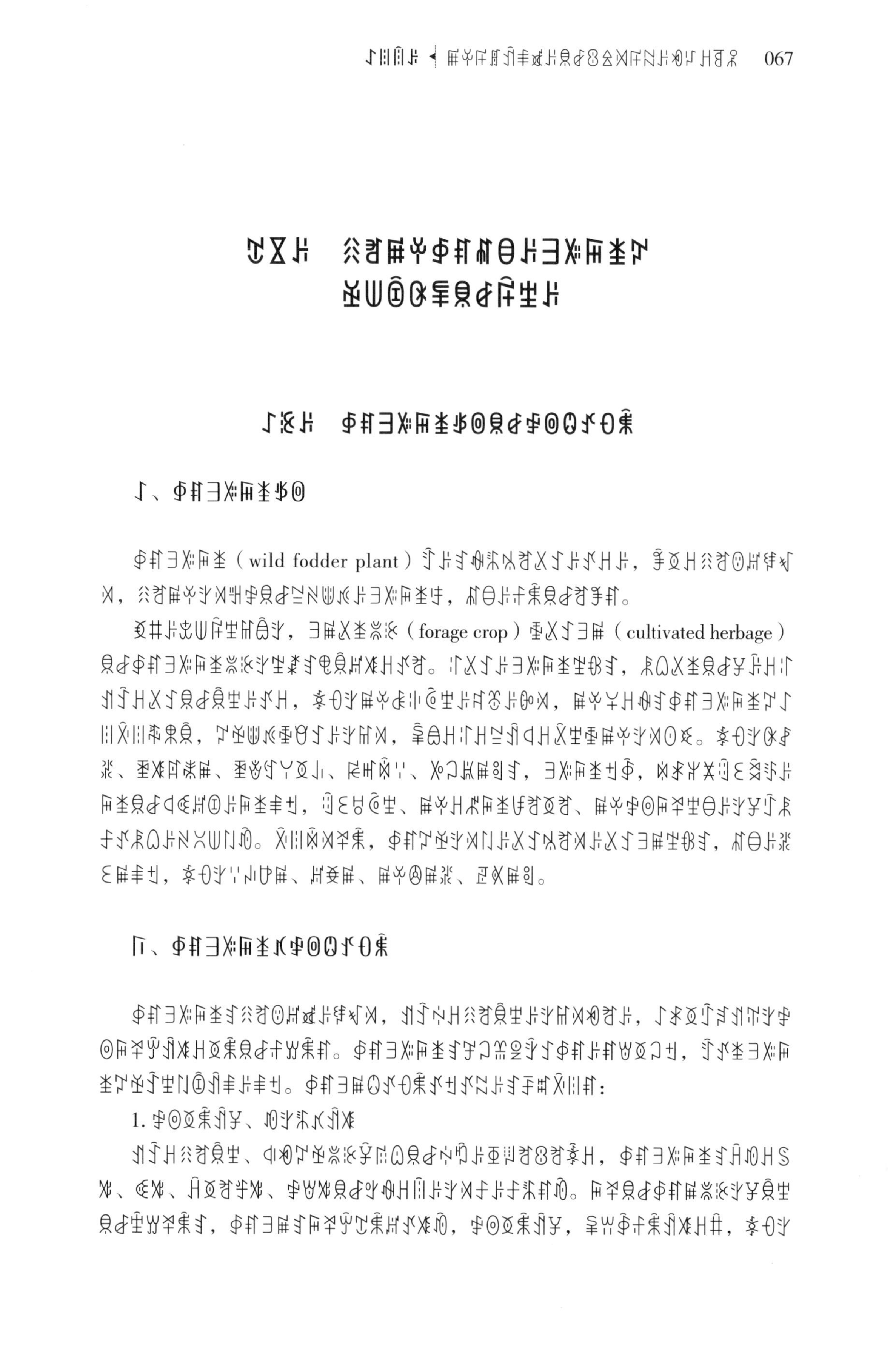

[illegible]
[illegible]

[illegible]

[illegible]、[illegible]

[illegible]（wild fodder plant）[illegible]，[illegible]。

[illegible]，[illegible]（forage crop）[illegible]（cultivated herbage）[illegible]。[illegible]，[illegible]，[illegible]，[illegible]。[illegible]、[illegible]、[illegible]、[illegible]、[illegible]，[illegible]，[illegible]、[illegible]、[illegible]。[illegible]，[illegible]，[illegible]，[illegible]、[illegible]、[illegible]、[illegible]。

[illegible]、[illegible]

[illegible]，[illegible]，[illegible]。[illegible]，[illegible]。[illegible]：

1. [illegible]、[illegible]

[illegible]、[illegible]，[illegible]、[illegible]、[illegible]、[illegible]。[illegible]，[illegible]，[illegible]，[illegible]，[illegible]

[illegible]、[illegible]、[illegible]。

2. [illegible]、[illegible]

[illegible]，[illegible]、[illegible]、[illegible]，[illegible]。[illegible]，[illegible]，[illegible]，[illegible]，[illegible]。[illegible]，[illegible]、[illegible]，[illegible]，[illegible]。

3. [illegible]、[illegible]

[illegible]，[illegible]，[illegible]，[illegible]，[illegible]，[illegible]。

4. [illegible]

[illegible]，[illegible]、[illegible]，[illegible]，[illegible]，[illegible]。

[illegible] [illegible]

[illegible]，[illegible]，[illegible]，[illegible]。

[illegible]、[illegible]

[illegible]，[illegible]、[illegible]，[illegible]，[illegible]、[illegible]、[illegible]，[illegible]、[illegible]、[illegible]，[illegible]，[illegible]，[illegible]39 276 × 10^4hm^2[illegible]，[illegible]40.9%[illegible]，[illegible]，[illegible]。[illegible]，[illegible]。[illegible]20[illegible]80[illegible]，[illegible]6 352[illegible]、[illegible]29[illegible]、[illegible]303[illegible]，[illegible]246[illegible]1 545[illegible]，[illegible]。[illegible]125[illegible]1 157[illegible]、[illegible]6[illegible]、[illegible]69[illegible]，[illegible]210[illegible]1 028[illegible]、[illegible]15[illegible]、[illegible]

[illegible]98[illegible]，[illegible]35.5%[illegible]。

[illegible]、[illegible]

[illegible]，[illegible]，[illegible]：

1. [illegible]

[illegible]、[illegible]、[illegible]、[illegible]，[illegible]“[illegible]”“[illegible]”“[illegible]”“[illegible]”“[illegible]”[illegible]。[illegible]，[illegible]，1 165[illegible]，[illegible]，[illegible]295[illegible]，[illegible]870[illegible]。[illegible]（[illegible]）[illegible]18.6%[illegible]。[illegible]，[illegible]；[illegible]，[illegible]10%[illegible]1.5%[illegible]，[illegible]35%[illegible]；[illegible]。[illegible]，[illegible]，[illegible]，[illegible]，[illegible]。

2. [illegible]

[illegible]，[illegible]，[illegible]、[illegible]、[illegible]。[illegible]，[illegible]，[illegible]。[illegible]、[illegible]，[illegible]，[illegible]、[illegible]、[illegible]，[illegible]，[illegible]、[illegible]。[illegible]，[illegible]，[illegible]，[illegible]、[illegible]、[illegible]；[illegible]，[illegible]、[illegible]、[illegible]。[illegible]、[illegible]。

3. [illegible]

[illegible]（[illegible]、[illegible]、[illegible]）。[illegible]，[illegible]，[illegible]、[illegible]。[illegible]，[illegible]、[illegible]，[illegible]118[illegible]，[illegible]、[illegible]、[illegible]、[illegible]、[illegible]、[illegible]、[illegible]、[illegible]、[illegible]；[illegible]44[illegible]，[illegible]、[illegible]、[illegible]、[illegible]；[illegible]13[illegible]；[illegible]14[illegible]；[illegible]3[illegible]；[illegible]5[illegible]。

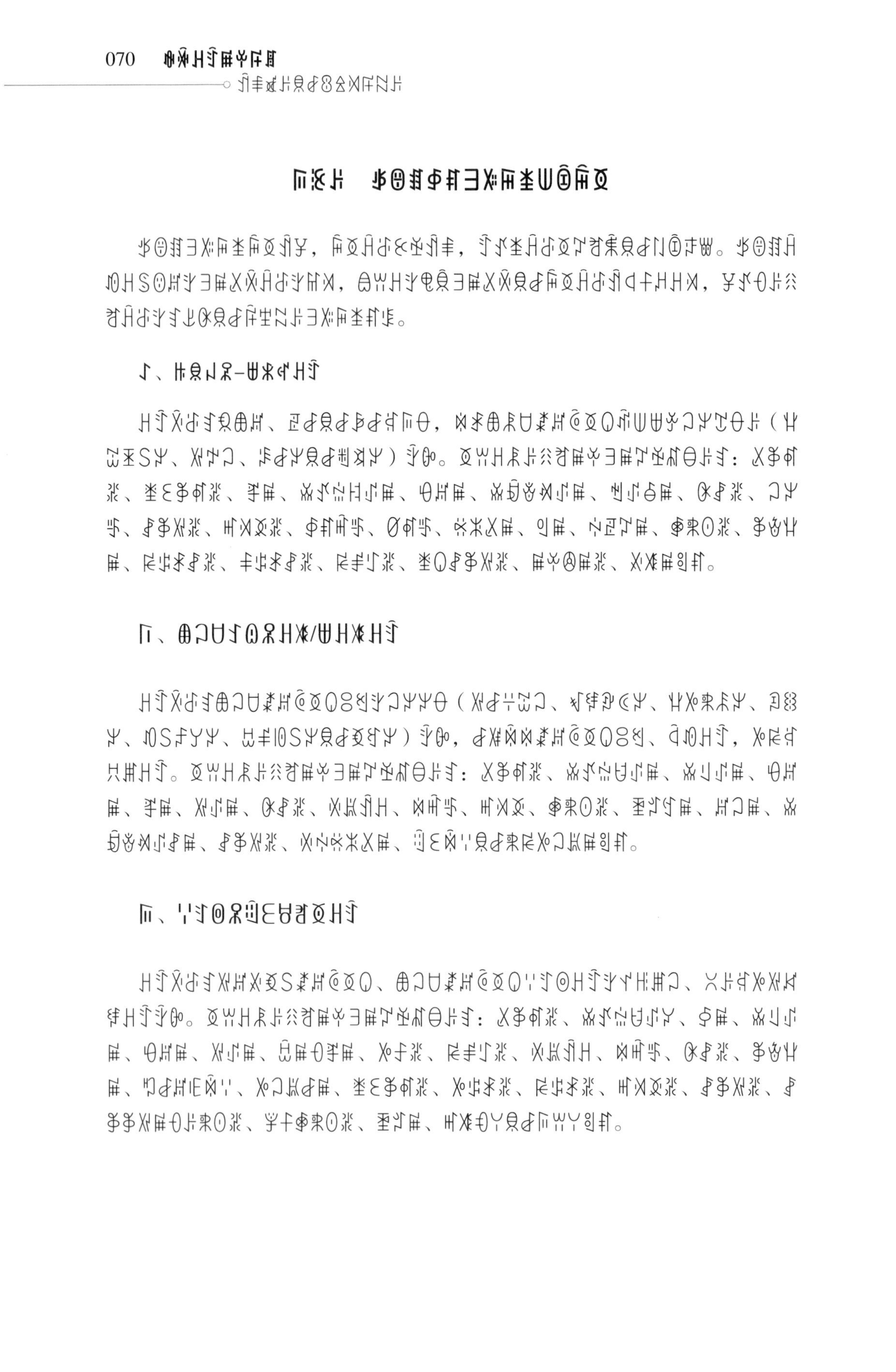

[illegible]

[illegible]

[illegible]

[illegible]

[illegible]

[illegible]

[illegible]

[illegible]

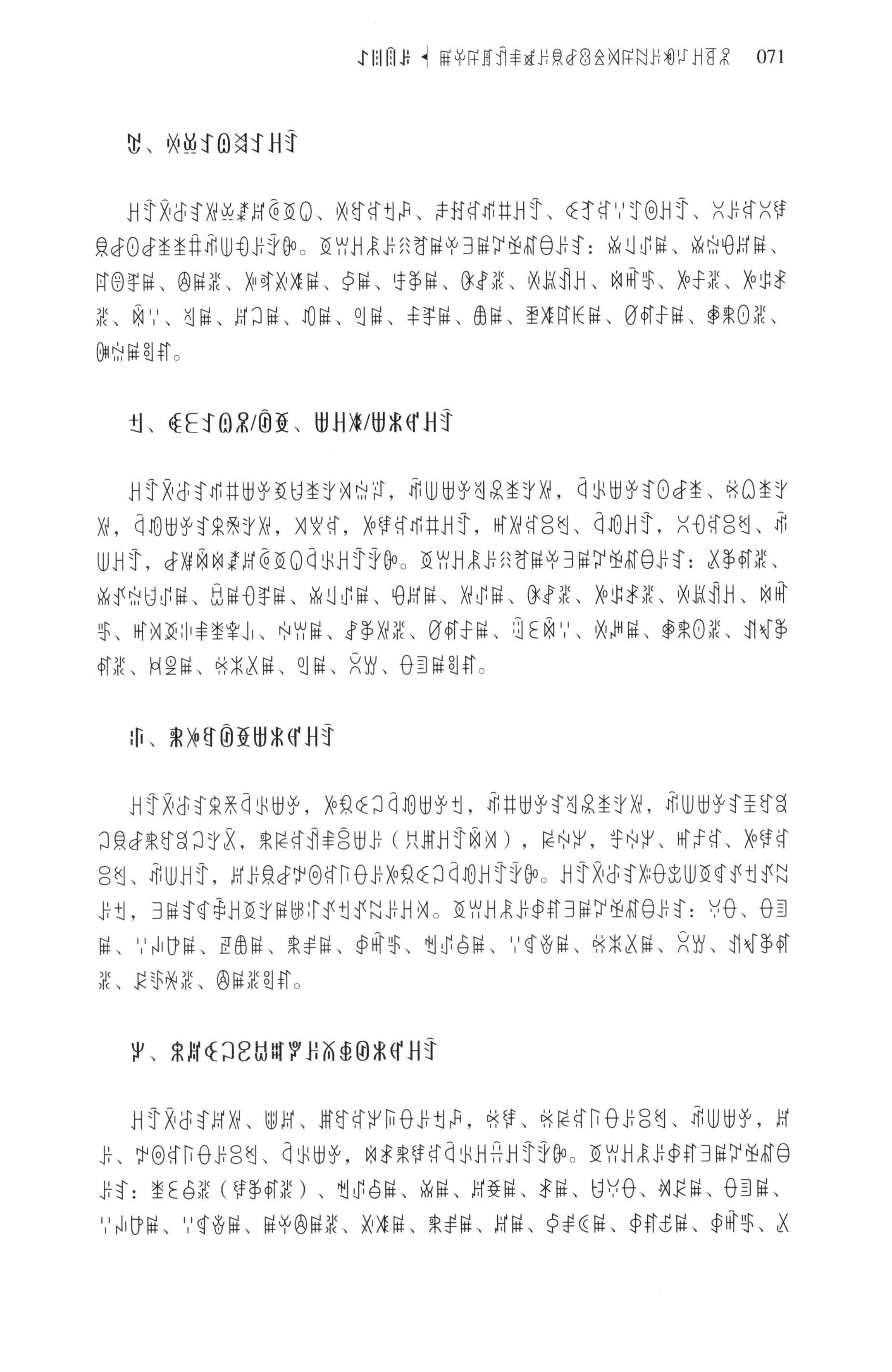

[illegible]

[illegible]

[illegible]

[illegible]

[illegible]

[illegible]

[illegible]

[illegible]

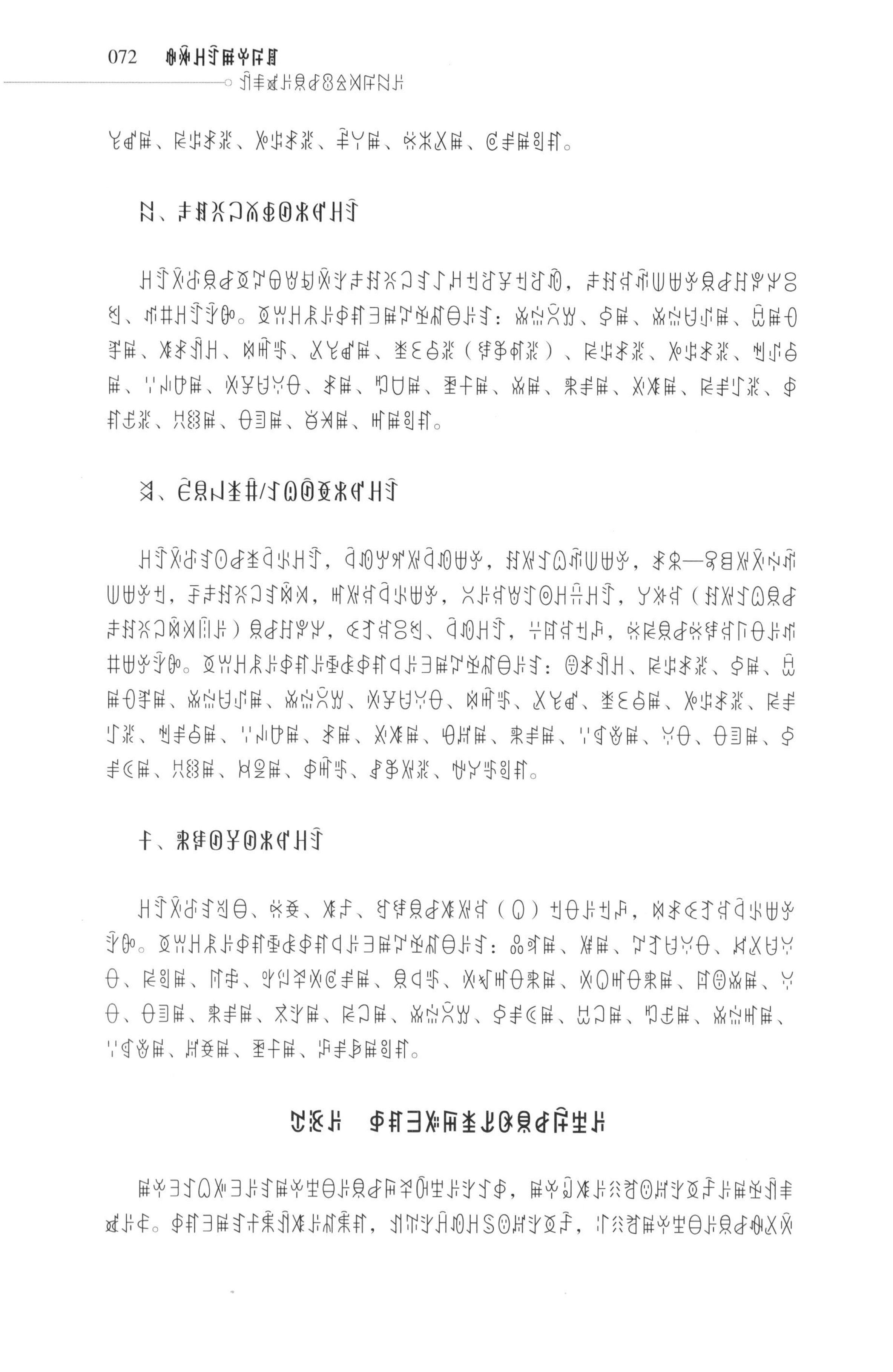

[illegible]

[illegible]

[illegible]

[illegible]

[illegible]

[illegible]

[illegible]

[illegible]

[illegible]

[illegible]。[illegible]、[illegible]、[illegible]、[illegible]。[illegible]、[illegible]，[illegible]。[illegible]，[illegible]《[illegible]》[illegible]184[illegible]，[illegible]82[illegible]，[illegible]72[illegible]，[illegible]30[illegible]。[illegible]1935[illegible]，[illegible]，[illegible]，[illegible]，[illegible]。

[illegible]、[illegible]

[illegible]，[illegible]，[illegible]。[illegible]，[illegible]，[illegible]（[illegible]）[illegible]，[illegible]3 000[illegible]。

[illegible]20[illegible]80[illegible]，[illegible]，[illegible]，[illegible]，[illegible]。[illegible]，[illegible]，[illegible]、[illegible]，[illegible]，[illegible]：“[illegible]，[illegible]100[illegible]，[illegible]，[illegible]。[illegible]，[illegible]，[illegible]。[illegible]、[illegible]、[illegible]，[illegible]，[illegible]，[illegible]，[illegible]，[illegible]，[illegible]。”2014[illegible]80[illegible]，[illegible]1/3[illegible]。[illegible]、[illegible]、[illegible]、[illegible]、[illegible]，[illegible]、[illegible]，[illegible]、[illegible]。

二、[illegible]

1. [illegible]

[illegible]

2. [illegible]

[illegible]

3. [illegible]

[illegible]

[illegible]

三、[illegible]

1. [illegible]

[illegible]

[illegible]2%~2.5%、[illegible]pH9.4[illegible]10℃[illegible]

2. [illegible]

[illegible]15%[illegible]

3. [illegible]

[illegible]

[illegible]

1. [illegible]

[illegible]

[illegible]“[illegible]”[illegible]

[illegible]，[illegible]。[illegible]，[illegible]，[illegible]。[illegible]，[illegible]。[illegible]，[illegible]、[illegible]，[illegible]，[illegible]，[illegible]，[illegible]、[illegible]、[illegible]。[illegible]，[illegible]，[illegible]。[illegible]，[illegible]，[illegible]，[illegible]，[illegible]，[illegible]50%～60%[illegible]。[illegible]，[illegible]、[illegible]，[illegible]。[illegible]，[illegible]，[illegible]，[illegible]，[illegible]。[illegible]、[illegible]、[illegible]、[illegible]、[illegible]、[illegible]。

2. [illegible]

[illegible]，[illegible]，[illegible]。[illegible]，[illegible]。

（1）[illegible]

[illegible]，[illegible]，[illegible]、[illegible]，[illegible]、[illegible]，[illegible]。[illegible]，[illegible]，[illegible]，[illegible]，[illegible]，[illegible]。[illegible]，[illegible]，[illegible]，[illegible]1～2[illegible]，[illegible]，[illegible]。[illegible]，[illegible]，[illegible]，[illegible]。

（2）[illegible]

[illegible]，[illegible]，[illegible]。[illegible]，[illegible]，[illegible]，[illegible]，[illegible]。[illegible]50%～80%[illegible]。[illegible]，[illegible]、[illegible]，[illegible]。[illegible]，[illegible]，[illegible]。

（3）[illegible]

[illegible]，[illegible]，[illegible]、[illegible]、[illegible]。[illegible]

[illegible]（30～60cm）[illegible]。[illegible]1cm[illegible]。

（4）[illegible]

[illegible]。

（5）[illegible]

[illegible]。

[illegible]、[illegible]

[illegible]。

1. [illegible]

[illegible]14[illegible]，[illegible]$137.8 \times 10^4 hm^2$[illegible]；[illegible]2[illegible]，[illegible]$4.4 \times 10^4 hm^2$[illegible]。[illegible]$142.2 \times 10^4 hm^2$[illegible]，[illegible]0.82%[illegible]，[illegible]2 000[illegible]。[illegible]

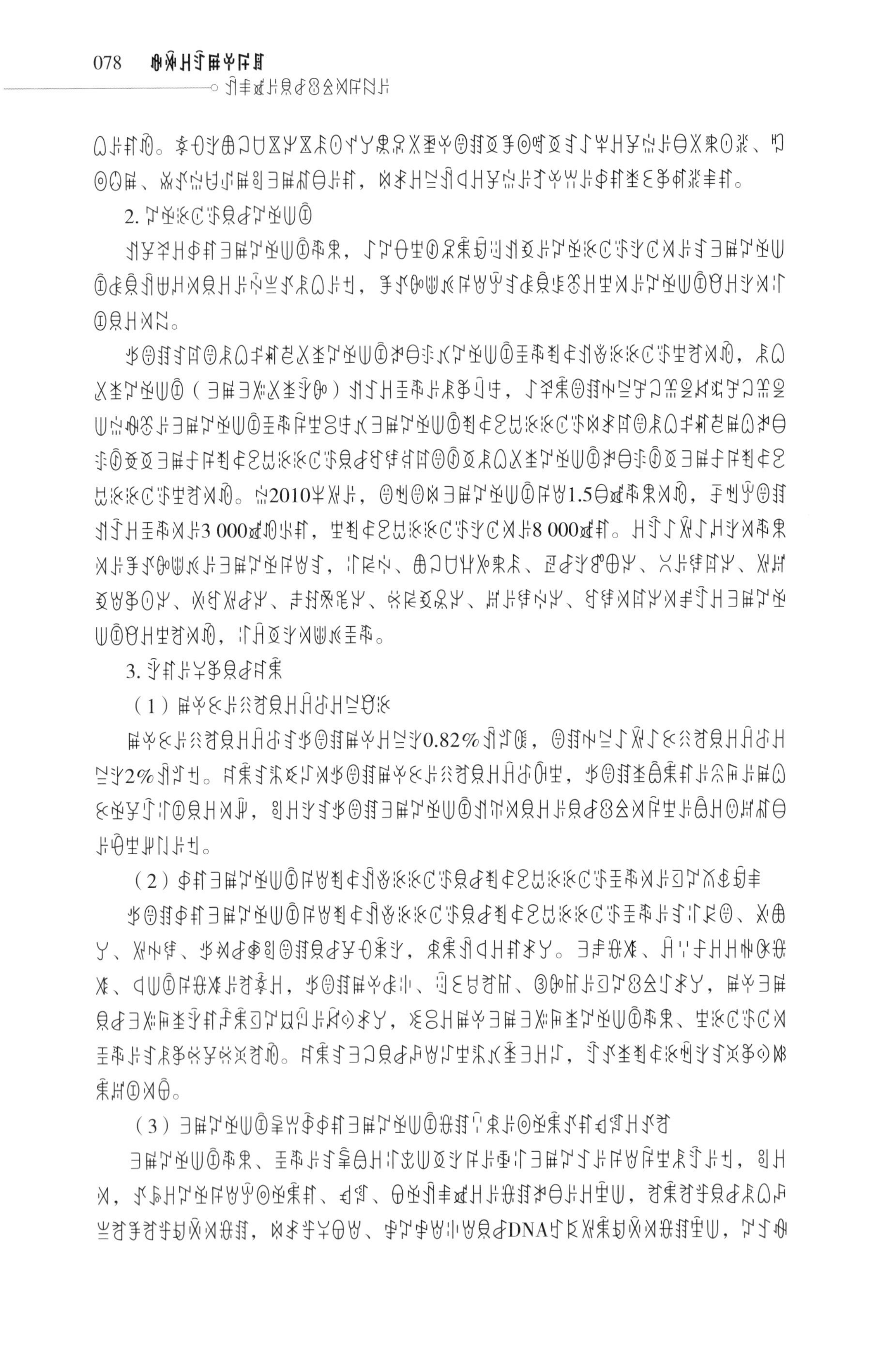

[illegible]

2. [illegible]

[illegible]

[illegible]（[illegible]）[illegible]2010[illegible]1.5[illegible]3 000[illegible]8 000[illegible]

3. [illegible]

（1）[illegible]

[illegible]0.82%[illegible]2%[illegible]

（2）[illegible]

[illegible]

（3）[illegible]

[illegible]DNA[illegible]

[illegible]，[illegible]。

（4）[illegible]

[illegible]、[illegible]、[illegible]。

[illegible]，[illegible]NPGS[illegible]，[illegible]、[illegible]、[illegible]、[illegible]。

[illegible]

[illegible]，[illegible]、[illegible]、[illegible]。[illegible]，[illegible]，[illegible]、[illegible]、[illegible]，[illegible]，[illegible]、[illegible]。[illegible]、[illegible]、[illegible]，[illegible]，[illegible]，[illegible]。[illegible]、[illegible]、[illegible]，[illegible]、[illegible]，[illegible]。[illegible]，[illegible]，[illegible]，[illegible]。[illegible]、[illegible]，[illegible]。[illegible]、[illegible]，[illegible]，[illegible]，[illegible]，[illegible]、[illegible]。[illegible]，[illegible]（[illegible]）。

[illegible]、[illegible]

1. [illegible]（*Elymus nutans*）

（1）[illegible]

[illegible]。[illegible]。[illegible]。[illegible]，[illegible]60～120cm[illegible]。[illegible]，[illegible]6～10cm。[illegible]，[illegible]，[illegible]，[illegible]；[illegible]2[illegible]，[illegible]1[illegible]，[illegible]，[illegible]。[illegible]3～4[illegible]，[illegible]2～3[illegible]；[illegible]2～4g[illegible]。

（2）[illegible]

[illegible]（[illegible]）[illegible]。[illegible]，[illegible]。

（3）[illegible]

[illegible]，[illegible]。[illegible]、[illegible]，[illegible]，[illegible]。[illegible]，[illegible]，[illegible]，[illegible]。[illegible]，[illegible]。

[illegible]4-1 [illegible]（%）

[illegible]	[illegible]	[illegible]	[illegible]					[illegible]	[illegible]
			[illegible]	[illegible]	[illegible]	[illegible]	[illegible]		
[illegible]	[illegible]	—	10.10	2.20	27.70	52.70	7.30	0.28	0.51

2. [illegible]（*Elymus sibiricus*）

（1）[illegible]

[illegible]。[illegible]。[illegible]，[illegible]90 ~ 150cm[illegible]，[illegible]3 ~ 5[illegible]。[illegible]，[illegible]15 ~ 25cm，[illegible]0.6 ~ 1.5cm[illegible]。[illegible]，[illegible]，[illegible]，[illegible]15 ~ 20cm[illegible]；[illegible]2[illegible]，[illegible]4 ~ 5[illegible]。[illegible]，[illegible]4.9g[illegible]。

（2）[illegible]

[illegible]、[illegible]、[illegible]、[illegible]、[illegible]（[illegible]）[illegible]。

（3）[illegible]

[illegible]，[illegible]。[illegible]、[illegible]，[illegible]，[illegible]，[illegible]。

[illegible]4-2 [illegible]（%）

[illegible]	[illegible]	[illegible]				
		[illegible]	[illegible]	[illegible]	[illegible]	[illegible]
[illegible]	[illegible]	10.20	2.90	28.70	51.20	5.00

3. [illegible]（*Elymus dahuricus*）

（1）[illegible]

[illegible]100cm[illegible]，[illegible]70～160cm[illegible]。[illegible]8～32cm[illegible]，[illegible]0.5～1.4cm[illegible]，[illegible]23～28[illegible]；[illegible]2[illegible]，[illegible]1[illegible]，[illegible]3～6[illegible]。[illegible]，[illegible]0.6cm[illegible]。

（2）[illegible]

[illegible]、[illegible]、[illegible]、[illegible]、[illegible]（[illegible]）[illegible]。[illegible]。

（3）[illegible]

[illegible]，[illegible]，[illegible]，[illegible]。

[illegible]4–3 [illegible]（%）

[illegible]	[illegible]	[illegible]				
		[illegible]	[illegible]	[illegible]	[illegible]	[illegible]
[illegible]	[illegible]	15.75	1.27	36.30	38.31	8.37

4. [illegible]（*Agropyron cristatum*）

（1）[illegible]

[illegible]，[illegible]30～50cm[illegible]，2～3[illegible]。[illegible]5～10cm[illegible]，[illegible]0.2～0.5cm[illegible]，[illegible]，[illegible]2.5～5.5cm[illegible]，[illegible]0.8～1.5cm[illegible]，[illegible]，[illegible]4～7[illegible]，[illegible]1～1.3cm[illegible]。

（2）[illegible]

[illegible]、[illegible]、[illegible]、[illegible]、[illegible]、[illegible]（[illegible]）[illegible]。[illegible]、[illegible]、[illegible]。

（3）[illegible]

[illegible]，[illegible]，[illegible]，[illegible]，[illegible]，[illegible]，[illegible]。

表4-4 [illegible]（%）

[illegible]	[illegible]	[illegible]					[illegible]	[illegible]
		[illegible]	[illegible]	[illegible]	[illegible]	[illegible]		
[illegible]	[illegible]	19.50	4.60	22.50	32.90	7.50	0.57	0.43
	[illegible]	16.60	3.50	27.20	33.40	6.30	0.44	0.37
	[illegible]	9.30	4.10	31.50	36.20	5.90	0.39	0.43

5. [illegible]（*Agropyron mongolicum*）

（1）[illegible]

[illegible]40～90cm[illegible]，[illegible]，2～3（6）[illegible]。[illegible]；[illegible]10～30cm[illegible]，[illegible]0.2～0.4cm[illegible]，[illegible]，[illegible]。[illegible]8～14cm[illegible]，[illegible]0.5～0.7cm[illegible]。[illegible]，[illegible]3～8[illegible]。[illegible]，[illegible]0.4cm[illegible]，[illegible]。

（2）[illegible]

[illegible]、[illegible]、[illegible]（[illegible]）[illegible]。[illegible]、[illegible]。

（3）[illegible]

[illegible]。[illegible]、[illegible]、[illegible]，[illegible]，[illegible]，[illegible]。

表4-5 [illegible]（%）

[illegible]	[illegible]	[illegible]				
		[illegible]	[illegible]	[illegible]	[illegible]	[illegible]
[illegible]	[illegible]	19.03	2.02	35.97	35.42	7.56
	[illegible]	10.18	1.80	42.10	38.96	6.96
	[illegible]	8.90	2.11	41.36	41.68	5.95

6. [illegible]（*Leymus chinensis*）

（1）[illegible]

[illegible]。[illegible]；[illegible]。[illegible]，[illegible]，[illegible]60～80cm[illegible]，[illegible]3～4[illegible]，[illegible]

3～7[illegible]。[illegible]，[illegible]、[illegible]。[illegible]，[illegible]12～18cm[illegible]。[illegible]，[illegible]。[illegible]5～10[illegible]，[illegible]2[illegible]1[illegible]，[illegible]。[illegible]，[illegible]，[illegible]2g[illegible]。

（2）[illegible]

[illegible]、[illegible]。[illegible]、[illegible]、[illegible]。[illegible]、[illegible]、[illegible]、[illegible]，[illegible]。

（3）[illegible]

[illegible]，[illegible]、[illegible]、[illegible]，[illegible]，[illegible]“[illegible]”[illegible]。[illegible]，[illegible]11%[illegible]，[illegible]、[illegible]、[illegible]。

[illegible]4–6 [illegible]（%）

[illegible]	[illegible]	[illegible]					[illegible]	[illegible]
		[illegible]	[illegible]	[illegible]	[illegible]	[illegible]		
[illegible]	[illegible]	20.30	4.10	35.60	33.00	7.00	0.39	1.02
	[illegible]	18.00	31.00	47.00	25.20	6.70	0.40	0.38
	[illegible]	14.90	2.90	37.00	41.40	5.80	0.43	0.34
	[illegible]	5.00	2.90	33.60	52.10	6.40	0.53	0.53

7. [illegible]（*Roegneria kamoji*）

（1）[illegible]

[illegible]。[illegible]，[illegible]15～30cm[illegible]。[illegible]，[illegible]，[illegible]30～100cm[illegible]。[illegible]，[illegible]，[illegible]0.05cm[illegible]，[illegible]，[illegible]。[illegible]7～20cm[illegible]，[illegible]。[illegible]，[illegible]1.3～2.5cm[illegible]（[illegible]），[illegible]3～10[illegible]。[illegible]，[illegible]，[illegible]1.9g[illegible]。

（2）[illegible]

[illegible]，[illegible]100～2 300m[illegible]。[illegible]，[illegible]400～1 700mm[illegible]，[illegible]，[illegible]pH[illegible]4.5～8[illegible]。[illegible]，[illegible]。

（3）[illegible]

[illegible]，[illegible]。[illegible]，[illegible]。[illegible]，[illegible]。

[illegible]4-7 [illegible]（%）

[illegible]	[illegible]	[illegible]				
		[illegible]	[illegible]	[illegible]	[illegible]	[illegible]
[illegible]	[illegible]	12.41	2.42	36.24	41.12	7.81

8. [illegible]（*Dactylis glomerata*）

（1）[illegible]

[illegible]。[illegible]，[illegible]10 ~ 30cm[illegible]，[illegible]100cm[illegible]。[illegible]，[illegible]70 ~ 150cm[illegible]。[illegible]，[illegible]，[illegible]；[illegible]20 ~ 40cm[illegible]，[illegible]0.7 ~ 1.2cm[illegible]。[illegible]，[illegible]5 ~ 30cm[illegible]。[illegible]，[illegible]2 ~ 5[illegible]。[illegible]，[illegible]。

（2）[illegible]

[illegible]、[illegible]、[illegible]、[illegible]、[illegible]、[illegible]（[illegible]）[illegible]，[illegible]、[illegible]。[illegible]，[illegible]10 ~ 31℃[illegible]。[illegible]，[illegible]，[illegible]，28℃[illegible]。[illegible]。

（3）[illegible]

[illegible]，[illegible]。[illegible]，[illegible]，[illegible]。[illegible]。

[illegible]4-8 [illegible]（%）

[illegible]	[illegible]	[illegible]	[illegible]				
			[illegible]	[illegible]	[illegible]	[illegible]	[illegible]
[illegible]	[illegible]	23.90	18.40	5.00	23.40	41.80	11.40
	[illegible]	27.50	12.70	4.70	29.50	45.10	8.00
	[illegible]	30.50	8.50	3.30	35.10	45.60	7.50

9. [illegible]（*Festuca ovina*）

（1）[illegible]

[illegible]，[illegible]。[illegible]，[illegible]，[illegible] 15 ~ 35cm[illegible]，[illegible]1 ~ 2[illegible]。[illegible]，[illegible]。[illegible]，[illegible]，[illegible]2 ~ 6cm[illegible]，[illegible]20cm[illegible]。[illegible]，[illegible]，[illegible]2.5 ~ 5cm[illegible]。[illegible]，[illegible]0.4 ~ 0.6cm[illegible]，[illegible]3 ~ 6 [illegible]。

（2）[illegible]

[illegible]、[illegible]（[illegible]）[illegible]、[illegible]，[illegible]，[illegible]2 800 ~ 4 700m[illegible]。[illegible]，[illegible]，[illegible]，[illegible]，[illegible]pH[illegible]5 ~ 7[illegible]。

（3）[illegible]

[illegible]，[illegible]、[illegible]、[illegible]。[illegible]，[illegible]，[illegible]、[illegible]，[illegible]，[illegible]。[illegible]，[illegible]，[illegible]，[illegible]，[illegible]。[illegible]“[illegible]”[illegible]“[illegible]”[illegible]。

[illegible]4–9 [illegible]（%）

[illegible]	[illegible]	[illegible]				
		[illegible]	[illegible]	[illegible]	[illegible]	[illegible]
[illegible]	[illegible]	6.29	3.09	40.24	44.12	6.26

10. [illegible]（*Festuca rubra*）

（1）[illegible]

[illegible]，[illegible]。[illegible]，[illegible]，[illegible]；[illegible]，[illegible]45 ~ 70cm[illegible]，2 ~ 3[illegible]，[illegible]1/3[illegible]。[illegible]，[illegible]0.1 ~ 0.2cm[illegible]，[illegible]10 ~ 20cm[illegible]，[illegible]，[illegible]；[illegible]，[illegible]，[illegible]。[illegible]，[illegible]9 ~ 13cm[illegible]。[illegible]1 ~ 2[illegible]，[illegible]，[illegible]。[illegible]，[illegible]3 ~ 6[illegible]。[illegible]，[illegible]。

（2）[illegible]

[illegible]

（3）[illegible]

[illegible]

[illegible] 4-10 [illegible]（%）

[illegible]	[illegible]	[illegible]					[illegible]	[illegible]
		[illegible]	[illegible]	[illegible]	[illegible]	[illegible]		
[illegible]	[illegible]	18.40	2.80	21.60	32.40	11.80	0.67	0.20

11. [illegible]（*Festuca arundinacea*）

（1）[illegible]

[illegible] 10～15cm [illegible] 50～90cm [illegible] 30～50cm [illegible] 0.6～1cm [illegible] 20～30cm [illegible] 1～2 [illegible] 4～7 [illegible] 2.5g [illegible]

（2）[illegible]

[illegible] 700～1 200m [illegible] pH [illegible] 4.7～9.5 [illegible]

（3）[illegible]

[illegible] 3～4 [illegible]

[illegible]4-11 [illegible]（%）

[illegible]	[illegible]	[illegible]					[illegible]	[illegible]
		[illegible]	[illegible]	[illegible]	[illegible]	[illegible]		
[illegible]	[illegible]	15.10	1.80	27.10	45.20	10.80	0.66	0.23

12. [illegible]（*Bromus inermis*）

（1）[illegible]

[illegible]10cm[illegible]50～120cm[illegible]7～16cm[illegible]0.4～1cm[illegible]10～20cm[illegible]2～8[illegible]1～2[illegible]4～8[illegible]

（2）[illegible]

[illegible]–48℃[illegible]50[illegible]

（3）[illegible]

[illegible]

[illegible]4-12 [illegible]（%）

[illegible]	[illegible]	[illegible]	[illegible]					[illegible]	[illegible]
			[illegible]	[illegible]	[illegible]	[illegible]	[illegible]		
[illegible]	[illegible]	75.00	20.80	3.60	22.80	40.40	12.40	0.12	0.08
	[illegible]	70.00	16.00	6.30	30.00	40.70	7.00	–	–
	[illegible]	47.00	5.30	2.30	36.40	49.20	6.80	–	–

13.[illegible]（*Bromus catharticus*）

（1）[illegible]

[illegible]100cm[illegible]200cm[illegible]40～50cm[illegible]0.6～0.8cm[illegible]20cm[illegible]6～12[illegible]2～3cm[illegible]11.5g[illegible]

（2）[illegible]

[illegible]-10℃[illegible]

（3）[illegible]

[illegible]

[illegible]4-13 [illegible]（%）

[illegible]	[illegible]	[illegible]				
		[illegible]	[illegible]	[illegible]	[illegible]	[illegible]
[illegible]	[illegible]	18.40	2.70	29.80	37.50	11.60

14.[illegible]（*Phataris arundinacea*）

（1）[illegible]

[illegible]60～200cm[illegible]6～8[illegible]10～30cm[illegible]0.5～1.5cm[illegible]8～15cm[illegible]0.4～0.5cm[illegible]0.7～0.9g[illegible]

（2）[illegible]

[illegible]

[illegible]，–17℃[illegible]。[illegible]，[illegible]，[illegible]。[illegible]，pH[illegible]4.5[illegible]。

（3）[illegible]

[illegible]，[illegible]。[illegible]，[illegible]。[illegible]，[illegible]3～4[illegible]，[illegible]30～60t/hm²。

[illegible]4–14 [illegible]（%）

[illegible]	[illegible]	[illegible]				
		[illegible]	[illegible]	[illegible]	[illegible]	[illegible]
[illegible]	[illegible]	13.60	2.70	33.60	41.60	8.50

15. [illegible]（*Phleum pratense*）

（1）[illegible]

[illegible]。[illegible]，[illegible]，[illegible]，100cm[illegible]。[illegible]，[illegible]，[illegible]，[illegible]80～100cm[illegible]，[illegible]，[illegible]。[illegible]，[illegible]7～20cm[illegible]，[illegible]0.5～0.8cm[illegible]，[illegible]。[illegible]，[illegible]5～10cm[illegible]。[illegible]1[illegible]，[illegible]，[illegible]。[illegible]，[illegible]，[illegible]0.15cm[illegible]，[illegible]，[illegible]，[illegible]，[illegible]0.36～0.4g[illegible]。

（2）[illegible]

[illegible]，[illegible]，[illegible]、[illegible]，[illegible]、[illegible]。[illegible]，[illegible]700～800mm[illegible]，[illegible]，[illegible]，[illegible]，[illegible]。[illegible]，pH[illegible]4.5～5[illegible]。

（3）[illegible]

[illegible]。[illegible]，[illegible]，[illegible]。[illegible]2[illegible]，[illegible]，[illegible]，[illegible]。[illegible]、[illegible]，[illegible]、[illegible]。

[illegible] 4-15 [illegible]（%）

[illegible]	[illegible]	[illegible]					[illegible]	[illegible]
		[illegible]	[illegible]	[illegible]	[illegible]	[illegible]		
[illegible]	[illegible]	7.48	1.93	32.03	52.33	6.33	–	–
	[illegible]	6.85	3.03	33.37	51.14	5.61	0.32	0.14

16. [illegible]（*Puccinellia tenuiflora*）

[illegible] 30～60cm [illegible]，3～4 [illegible]。[illegible] 2～7cm [illegible] 0.1～0.3cm [illegible] 8～20cm [illegible] 2～5 [illegible] 0.3～0.4cm [illegible] 3～4 [illegible] 0.55～0.75g [illegible]。

（2）[illegible]

[illegible] pH [illegible] 8.8 [illegible] –36℃ [illegible] 24～46 [illegible]。

（3）[illegible]

[illegible] 17% [illegible] 16.22% [illegible]。

[illegible] 4-16 [illegible]（%）

[illegible]	[illegible]	[illegible]					[illegible]	[illegible]
		[illegible]	[illegible]	[illegible]	[illegible]	[illegible]		
[illegible]	[illegible]	17.00	2.61	32.39	42.50	5.50	0.28	0.20
	[illegible]	16.22	2.39	31.59	44.70	5.10	0.28	0.47

17. [illegible]（*Puccinella chinampoensis*）

（1）[illegible]

[illegible]

[illegible]，[illegible]60～70cm[illegible]，2～3[illegible]，[illegible]，[illegible]，[illegible]3～7cm[illegible]，[illegible]0.2cm[illegible]。[illegible]，[illegible]10～25cm[illegible]，[illegible]3～5[illegible]，[illegible]，[illegible]，[illegible]0.45～0.6cm[illegible]，[illegible]5～7[illegible]。[illegible]，[illegible]，[illegible]0.134g[illegible]。

（2）[illegible]

[illegible]、[illegible]、[illegible]（[illegible]）[illegible]，[illegible]、[illegible]、[illegible]。[illegible]，[illegible]，[illegible]。[illegible]，[illegible]，[illegible]3 700m[illegible]，[illegible]–37℃[illegible]。[illegible]，[illegible]、[illegible]。

（3）[illegible]

[illegible]，[illegible]。[illegible]、[illegible]，[illegible]，[illegible]，[illegible]。[illegible]，[illegible]，[illegible]。[illegible]，[illegible]，[illegible]。

[illegible]4–17 [illegible]（%）

[illegible]	[illegible]	[illegible]					[illegible]	[illegible]
		[illegible]	[illegible]	[illegible]	[illegible]	[illegible]		
[illegible]	[illegible]	8.28	2.03	49.77	32.66	7.26	0.07	0.08
	[illegible]	9.01	2.05	54.76	28.64	5.55	0.11	0.09

18. [illegible]（*Cynodon dactylon*）

（1）[illegible]

[illegible]。[illegible]，[illegible]。[illegible]，[illegible]200cm[illegible]。[illegible]，[illegible]2～10cm[illegible]，[illegible]0.1～0.3cm[illegible]。[illegible]3～6[illegible]。[illegible]，[illegible]0.2～0.25cm[illegible]，[illegible]1[illegible]。

（2）[illegible]

[illegible]（[illegible]）[illegible]。[illegible]，[illegible]，[illegible]，[illegible]。[illegible]，[illegible]，[illegible]。[illegible]24℃[illegible]，[illegible]

[illegible]，[illegible]6～9℃[illegible]，[illegible]，[illegible]–3～–2℃[illegible]，[illegible]、[illegible]。[illegible]。[illegible]，[illegible]。

（3）[illegible]

[illegible]，[illegible]，[illegible]。[illegible]，[illegible]，[illegible]，[illegible]。[illegible]，[illegible]，[illegible]，[illegible]，[illegible]、[illegible]、[illegible]、[illegible]，[illegible]。[illegible]、[illegible]，[illegible]，[illegible]17.58%[illegible]。[illegible]，[illegible]。

[illegible]4–18 [illegible]（%）

[illegible]	[illegible]	[illegible]	[illegible]					[illegible]	[illegible]
			[illegible]	[illegible]	[illegible]	[illegible]	[illegible]		
[illegible]	[illegible]	69.30	17.58	1.95	43.64	22.54	14.65	0.14	0.07

19. [illegible]（*Hemarthria compressa*）

（1）[illegible]

[illegible]。[illegible]。[illegible]60～150cm[illegible]，[illegible]，[illegible]；[illegible]。[illegible]，[illegible]，[illegible]，[illegible]，[illegible]3～13cm[illegible]，[illegible]0.3～0.8cm[illegible]；[illegible]，[illegible]，[illegible]。[illegible]，[illegible]5～10cm[illegible]，[illegible]，[illegible]；[illegible]，[illegible]，[illegible]。[illegible]，[illegible]1[illegible]，[illegible]1[illegible]，[illegible]2[illegible]。[illegible]，[illegible]，[illegible]1[illegible]，[illegible]。[illegible]，[illegible]2[illegible]，1[illegible]，1[illegible]，[illegible]。[illegible]。

（2）[illegible]

[illegible]、[illegible]、[illegible]、[illegible]、[illegible]，[illegible]，[illegible]。[illegible]，[illegible]39.8℃[illegible]，–3℃[illegible]。[illegible]，[illegible]、[illegible]、[illegible]、[illegible]、[illegible]。[illegible]，[illegible]，[illegible]。

（3）[illegible]

[illegible]

[illegible]4–19 [illegible]（%）

[illegible]	[illegible]	[illegible]	[illegible]					[illegible]	[illegible]
			[illegible]	[illegible]	[illegible]	[illegible]	[illegible]		
[illegible]	[illegible]	86.60	17.28	3.78	31.64	35.58	11.72	0.53	0.26
	[illegible]	63.40	6.65	1.68	34.67	50.29	6.71	0.23	0.11

20. [illegible]（*Digitaria cruciata*）

（1）[illegible]

[illegible]30 ~ 170cm[illegible]。[illegible] 0.1 ~ 0.3cm[illegible]，[illegible]3 ~ 20cm[illegible]，[illegible]0.3 ~ 1cm[illegible]，[illegible]3 ~ 14[illegible]，[illegible] 0.25 ~ 0.3cm[illegible]。[illegible]。

（2）[illegible]

[illegible]800m[illegible]；[illegible]800m[illegible]。

（3）[illegible]

[illegible]。

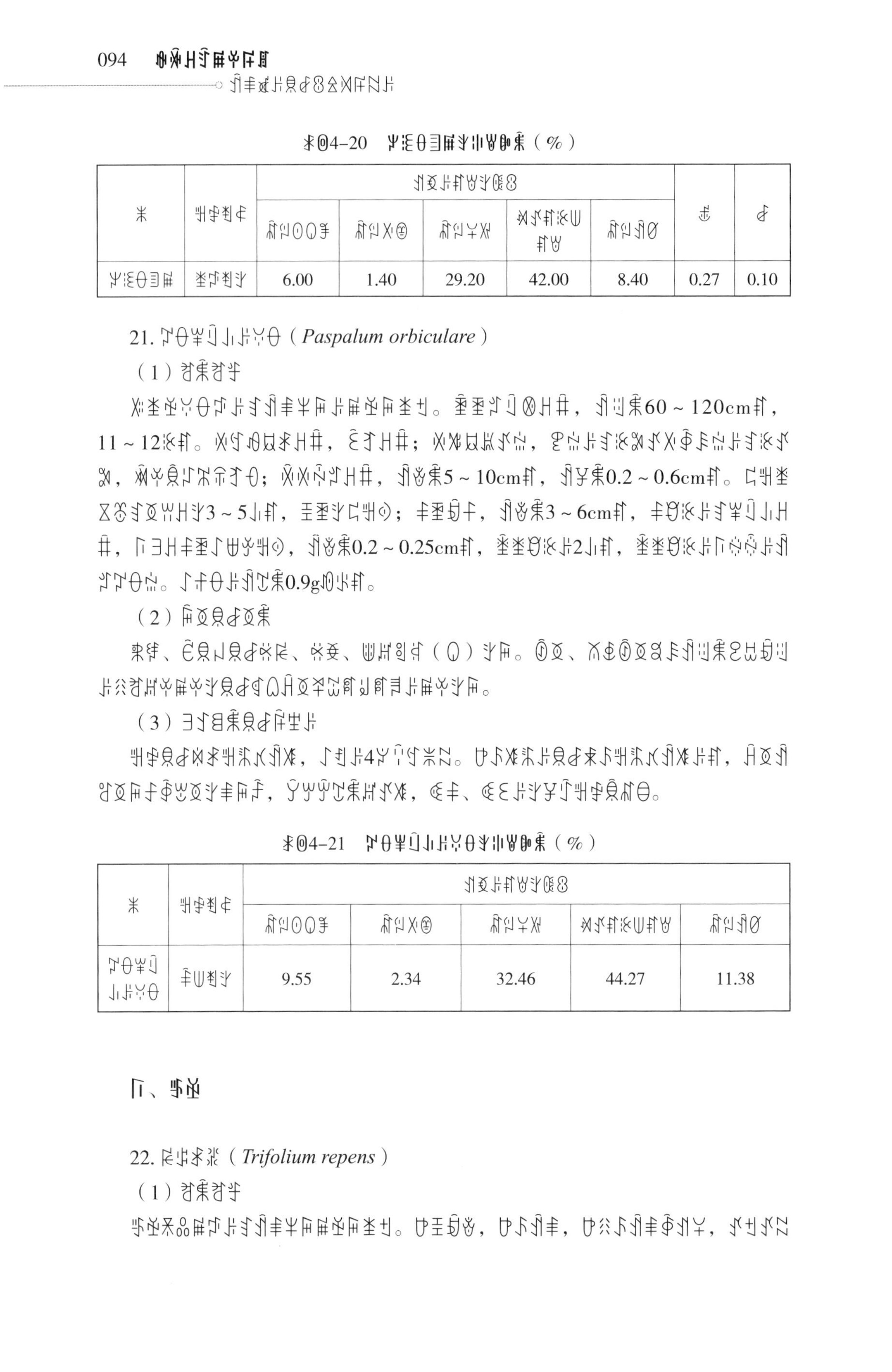

[illegible]4-20 [illegible]（%）

[illegible]	[illegible]	[illegible]					[illegible]	[illegible]
		[illegible]	[illegible]	[illegible]	[illegible]	[illegible]		
[illegible]	[illegible]	6.00	1.40	29.20	42.00	8.40	0.27	0.10

21. [illegible]（*Paspalum orbiculare*）

（1）[illegible]

[illegible]60～120cm[illegible]，11～12[illegible]；[illegible]5～10cm[illegible]，[illegible]0.2～0.6cm[illegible]3～5[illegible]，[illegible]3～6cm[illegible]，[illegible]0.2～0.25cm[illegible]2[illegible]。[illegible]0.9g[illegible]。

（2）[illegible]

[illegible]（[illegible]）[illegible]。

（3）[illegible]

[illegible]4[illegible]。

[illegible]4-21 [illegible]（%）

[illegible]	[illegible]	[illegible]				
		[illegible]	[illegible]	[illegible]	[illegible]	[illegible]
[illegible]	[illegible]	9.55	2.34	32.46	44.27	11.38

[illegible]

22. [illegible]（*Trifolium repens*）

（1）[illegible]

[illegible]

[illegible]10～20cm[illegible]，[illegible]。[illegible]：[illegible]，[illegible]20～40cm；[illegible]，[illegible]20～30cm[illegible]。[illegible]，[illegible]，[illegible]V[illegible]，[illegible]。[illegible]20～80[illegible]，[illegible]，[illegible]。[illegible]，[illegible]3～4[illegible]，[illegible]，[illegible]，[illegible]，[illegible]0.5～0.7g[illegible]。

（2）[illegible]

[illegible]，[illegible]，[illegible]。[illegible]、[illegible]（[illegible]）[illegible]。[illegible]，[illegible]15～25℃，[illegible]，[illegible]-15℃[illegible]，[illegible]35℃[illegible]。[illegible]，[illegible]。[illegible]。[illegible]，[illegible]pH[illegible]6～7[illegible]，[illegible]。

（3）[illegible]

[illegible]，[illegible]1：10.6[illegible]，[illegible]，[illegible]，[illegible]75%～80%[illegible]。[illegible]3～4[illegible]，[illegible]、[illegible]，[illegible]、[illegible]、[illegible]、[illegible]、[illegible]，[illegible]。[illegible]，[illegible]、[illegible]，[illegible]，[illegible]。[illegible]，[illegible]。

[illegible]4-22 [illegible]（%）

[illegible]	[illegible]	[illegible]	[illegible]					[illegible]	[illegible]
			[illegible]	[illegible]	[illegible]	[illegible]	[illegible]		
[illegible]	[illegible]	10.00	24.50	3.40	12.55	47.60	13.00	1.30	0.35

23. [illegible]（*Trifolium pratense*）

（1）[illegible]

[illegible]。[illegible]60～90cm[illegible]，[illegible]，[illegible]，[illegible]，[illegible]30cm[illegible]。[illegible]、[illegible]、[illegible]，[illegible]、[illegible]。[illegible]，[illegible]，[illegible]V[illegible]，[illegible]，[illegible]，[illegible]50～100[illegible]，[illegible]。[illegible]，[illegible]，[illegible]，[illegible]

[illegible]1.5～2.2g[illegible]。

（2）[illegible]

[illegible]、[illegible]、[illegible]、[illegible]、[illegible]、[illegible]、[illegible]（[illegible]）[illegible]，[illegible]。[illegible]，[illegible]，[illegible]。[illegible]15～25℃[illegible]，[illegible]。

（3）[illegible]

[illegible]，[illegible]，[illegible]。[illegible]、[illegible]、[illegible]、[illegible]、[illegible]。[illegible]，[illegible]。

[illegible]4–23 [illegible]（%）

[illegible]	[illegible]	[illegible]					[illegible]	[illegible]
		[illegible]	[illegible]	[illegible]	[illegible]	[illegible]		
[illegible]	[illegible]	17.10	3.60	21.50	44.50	7.50	1.70	0.30

24. [illegible]（*Lespedeza bicolor*）

（1）[illegible]

[illegible]。[illegible]，[illegible]50～300cm[illegible]，[illegible]，[illegible]，[illegible]，[illegible]。[illegible]，[illegible]，[illegible]，[illegible]1.5～5cm[illegible]，[illegible]1～2cm[illegible]，[illegible]。[illegible]，[illegible]，[illegible]、[illegible]。[illegible]，[illegible]，[illegible]，[illegible]1[illegible]；[illegible]，[illegible]，[illegible]，[illegible]8.3g[illegible]。

（2）[illegible]

[illegible]、[illegible]。[illegible]、[illegible]、[illegible]、[illegible]，[illegible]150～1 000m[illegible]、[illegible]、[illegible]、[illegible]。[illegible]、[illegible]、[illegible]、[illegible]、[illegible]。[illegible]，[illegible]，[illegible]。[illegible]，[illegible]。

（3）[illegible]

[illegible]，[illegible]、[illegible]、[illegible]。[illegible]，[illegible]、[illegible]。

[illegible]4–24 [illegible]（%）

[illegible]	[illegible]	[illegible]	[illegible]					[illegible]	[illegible]
			[illegible]	[illegible]	[illegible]	[illegible]	[illegible]		
[illegible]	[illegible]	8.2	10.40	2.40	22.30	57.20	7.70	1.19	0.17
	[illegible]	9.4	16.40	1.80	24.40	51.40	6.00	0.96	0.17

25. [illegible]（*Medicago sativa*）

（1）[illegible]

[illegible]。[illegible]，[illegible]，[illegible] 200～600cm [illegible]，[illegible]，[illegible] 20～30cm [illegible]；[illegible]，[illegible]；[illegible]，[illegible]。[illegible]，[illegible]，[illegible]，[illegible]，[illegible]。[illegible] 60～150cm [illegible]。[illegible]，[illegible]，[illegible]。[illegible]，[illegible]，[illegible]，[illegible] 20～30 [illegible]，[illegible]，[illegible] 10 [illegible]，9 [illegible] 1 [illegible]，[illegible]；[illegible] 1 [illegible]。[illegible]，2～4 [illegible]，[illegible]。[illegible]，[illegible]，[illegible]，[illegible] 1.5～2.3 [illegible] g。

（2）[illegible]

[illegible]，[illegible]，[illegible]、[illegible]，[illegible]，[illegible]、[illegible]，[illegible]，[illegible] 25℃ [illegible]，[illegible]、[illegible]、[illegible]、[illegible]、[illegible]。

（3）[illegible]

“[illegible]”[illegible]，[illegible]、[illegible]，[illegible]、[illegible]。[illegible]，[illegible]。[illegible]，[illegible]、[illegible]。[illegible]、[illegible]、[illegible]。[illegible]、[illegible]、[illegible]、[illegible]。[illegible]，[illegible]、[illegible]，[illegible]，[illegible]。

[illegible]4-25 [illegible]（%）

[illegible]	[illegible]	[illegible]	[illegible]				
			[illegible]	[illegible]	[illegible]	[illegible]	[illegible]
[illegible]	[illegible]	9.98	19.67	5.13	28.22	28.52	8.42
	20%[illegible]	7.46	21.01	2.47	23.27	36.83	8.74
	50%[illegible]	8.11	16.62	2.73	27.12	37.62	8.17
	[illegible]	73.80	3.80	0.30	9.40	10.70	2.00

26. [illegible]（*Astragalus sinicus*）

（1）[illegible]

[illegible] 0～30cm [illegible] 30～100cm [illegible] 3～5 [illegible] 7～13 [illegible] 7～13 [illegible] 5～10 [illegible] 3～3.5g [illegible]

（2）[illegible]

[illegible] 15～20℃ [illegible] pH [illegible] 5.5～7.5 [illegible]

（3）[illegible]

[illegible]

[illegible]4–26 [illegible]（%）

[illegible]	[illegible]	[illegible]	[illegible]				
			[illegible]	[illegible]	[illegible]	[illegible]	[illegible]
[illegible]	[illegible]	9.18	28.42	5.10	13.00	45.64	7.84
	[illegible]	12.03	25.32	5.45	22.20	38.12	8.91
	[illegible]	9.33	21.40	5.48	22.27	42.05	8.80

27. [illegible]（*Vicia sepium*）

（1）[illegible]

[illegible]，[illegible]30 ~ 100cm。[illegible] 7 ~ 12cm[illegible]；[illegible]2 ~ 4[illegible]；[illegible]5 ~ 7[illegible]，[illegible]0.6 ~ 3cm[illegible]。[illegible] 2 ~ 6[illegible]；[illegible]1.8 ~ 3cm[illegible]；[illegible]5[illegible]90°[illegible]。[illegible]2 ~ 4cm[illegible]。6[illegible]，7 ~ 8[illegible]。

（2）[illegible]

[illegible]（[illegible]）[illegible]。

（3）[illegible]

[illegible]。

[illegible]4–27 [illegible]（%）

[illegible]	[illegible]	[illegible]					[illegible]	[illegible]
		[illegible]	[illegible]	[illegible]	[illegible]	[illegible]		
[illegible]	[illegible]	26.90	4.30	26.40	33.80	8.60	1.13	0.15
	[illegible]	18.55	1.95	27.33	46.96	5.21	0.81	0.26

28. [illegible]（*Vicia gigantea*）

（1）[illegible]

[illegible]。[illegible]，[illegible]，[illegible]。[illegible]80 ~ 120cm，[illegible]，[illegible]，[illegible]4 ~ 10[illegible]，[illegible]2、3[illegible]1[illegible]，[illegible]；[illegible]，[illegible]，[illegible]，[illegible]1 ~ 3[illegible]。[illegible]，[illegible]，[illegible]1 ~ 3[illegible]，[illegible]2[illegible]；[illegible]；[illegible]。[illegible]，[illegible]，[illegible]5 ~ 12[illegible]。[illegible]，[illegible]，[illegible]、[illegible]、[illegible]、[illegible]。

（2）[illegible]

[illegible]，[illegible]、[illegible]、[illegible]、[illegible]、[illegible]、[illegible]、[illegible]。[illegible]，[illegible]，[illegible]。[illegible]，[illegible]，[illegible]，[illegible]1 ~ 2℃[illegible]，[illegible]15 ~ 20℃[illegible]。[illegible]，[illegible]。

（3）[illegible]

[illegible]，[illegible]，[illegible]，[illegible]，[illegible]。[illegible]。[illegible]，[illegible]。[illegible]，[illegible]，[illegible]、[illegible]，[illegible]，[illegible]。

[illegible]4–28　[illegible]（%）

[illegible]	[illegible]	[illegible]	[illegible]					[illegible]	[illegible]
			[illegible]	[illegible]	[illegible]	[illegible]	[illegible]		
[illegible]	[illegible]	9.50	19.55	3.87	29.03	41.94	6.26	0.24	0.06

29. [illegible]（*Hedysarum fruticosum var. laeve*）

（1）[illegible]

[illegible]，[illegible]100 ~ 150cm[illegible]。[illegible]，[illegible]200cm[illegible]，[illegible]，[illegible]。[illegible]，[illegible]。[illegible]，[illegible]9 ~ 17[illegible]，[illegible]

[illegible]4～10[illegible]，[illegible]；[illegible]，[illegible]；[illegible]；[illegible]，[illegible]；[illegible]；[illegible]。[illegible]，13[illegible]，1[illegible]，[illegible]1～3[illegible]，1[illegible]。[illegible]，[illegible]，[illegible]11g[illegible]。

（2）[illegible]

[illegible]、[illegible]、[illegible]、[illegible]，[illegible]，[illegible]。[illegible]，[illegible]，[illegible]，[illegible]、[illegible]、[illegible]。[illegible]。

（3）[illegible]

[illegible]，[illegible]，[illegible]，[illegible]。[illegible]、[illegible]；[illegible]；[illegible]。[illegible]，[illegible]。

[illegible]4–29 [illegible]（%）

[illegible]	[illegible]	[illegible]	[illegible]				
			[illegible]	[illegible]	[illegible]	[illegible]	[illegible]
[illegible]	[illegible]	7.73	23.64	4.01	15.56	49.84	6.95
	[illegible]	13.44	23.51	4.37	29.40	34.42	8.31

30. [illegible]（*Melilotus alba*）

（1）[illegible]

[illegible]。[illegible]，[illegible]，[illegible]30～50cm[illegible]。[illegible]，[illegible]，[illegible]200～300cm[illegible]。[illegible]，[illegible]，[illegible]。[illegible]，[illegible]，[illegible]。[illegible]，[illegible]，[illegible]1～2[illegible]。[illegible]，[illegible]1.65～1.82g[illegible]。

（2）[illegible]

[illegible]、[illegible]、[illegible]、[illegible]、[illegible]、[illegible]、[illegible]（[illegible]）[illegible]。[illegible]。[illegible]，[illegible]，[illegible]400～500mm[illegible]，[illegible]300mm[illegible]。[illegible]、[illegible]，[illegible]pH[illegible]7～9[illegible]，[illegible]0.2%～0.3%[illegible]0.56%[illegible]。

（3）[illegible]

[illegible]，[illegible]，[illegible]，[illegible]、[illegible]，[illegible]。[illegible]、[illegible]，[illegible]。[illegible]，[illegible]25cm[illegible]，20～30[illegible]，[illegible]；[illegible]20cm[illegible]，[illegible]，[illegible]，[illegible]。

[illegible]4–30 [illegible]（%）

[illegible]	[illegible]	[illegible]	[illegible]					[illegible]	[illegible]
			[illegible]	[illegible]	[illegible]	[illegible]	[illegible]		
[illegible]	[illegible]	9.72	17.58	1.95	30.04	42.24	8.19	2.28	0.13
	[illegible]	7.20	15.58	1.01	36.84	39.97	6.60	–	–

31. [illegible]（*Astragalus adsurgens*）

（1）[illegible]

[illegible]。[illegible]，[illegible]50～80cm[illegible]，[illegible]，[illegible]。[illegible]5～10cm[illegible]；[illegible]，[illegible]，0.5cm[illegible]，[illegible]；[illegible]11～23[illegible]，[illegible]，[illegible]1～1.5cm[illegible]，[illegible]0.5～0.8cm[illegible]，[illegible]，[illegible]，[illegible]，[illegible]，[illegible]。[illegible]，[illegible]，[illegible]；[illegible]10～15cm[illegible]，[illegible]；[illegible]0.6cm[illegible]，[illegible]，[illegible]1/2[illegible]；[illegible]；[illegible]1.4cm[illegible]，[illegible]；[illegible]1.2cm[illegible]，[illegible]1cm[illegible]；[illegible]，[illegible]。[illegible]，[illegible]1～1.5cm[illegible]，[illegible]，[illegible]，[illegible]2[illegible]。6～8[illegible]，9[illegible]。

（2）[illegible]

[illegible]、[illegible]、[illegible]。[illegible]、[illegible]、[illegible]。[illegible]，[illegible]，[illegible]、[illegible]、[illegible]、[illegible]，[illegible]，[illegible]。[illegible]，[illegible]，[illegible]pH[illegible]9.5～10[illegible]、[illegible]0.3%～0.4%[illegible]

[illegible]。

（3）[illegible]

[illegible]，[illegible]，[illegible] 25%～35%[illegible]。[illegible]，[illegible]，[illegible]。[illegible]，[illegible]、[illegible]；[illegible]、[illegible]，[illegible]。[illegible]。

[illegible] 4–31 [illegible]（%）

[illegible]	[illegible]	[illegible]	[illegible]				
			[illegible]	[illegible]	[illegible]	[illegible]	[illegible]
[illegible]	[illegible]	66.71	14.57	5.68	27.04	45.65	7.06

32. [illegible]（*Caragana sinica*）

（1）[illegible]

[illegible]，[illegible] 200cm [illegible]。[illegible]，[illegible]，[illegible]；[illegible]，[illegible]；[illegible]，[illegible]。[illegible] 2 [illegible]，[illegible]，[illegible]，[illegible]，[illegible] 0.5～1.8cm [illegible]，[illegible]。[illegible]。[illegible]，[illegible]，[illegible]，[illegible]。[illegible]，[illegible]。4～5 [illegible]，8～9 [illegible]。

（2）[illegible]

[illegible]、[illegible]、[illegible]、[illegible]、[illegible]、[illegible]、[illegible]、[illegible]、[illegible]、[illegible]、[illegible]、[illegible]。[illegible]，[illegible]。[illegible]，[illegible]，[illegible]，[illegible]。[illegible]。[illegible]、[illegible]，[illegible]。[illegible]。

（3）[illegible]

[illegible]，[illegible]，[illegible]，[illegible]。[illegible]。[illegible]，[illegible]、[illegible]，[illegible]。[illegible]，[illegible]、[illegible]、[illegible]。

[illegible]4-32 [illegible]（%）

[illegible]	[illegible]	[illegible]	[illegible]					[illegible]	[illegible]
			[illegible]	[illegible]	[illegible]	[illegible]	[illegible]		
[illegible]	[illegible]	6.60	14.12	2.25	36.92	40.04	6.67	2.34	0.34
	[illegible]	6.51	15.13	2.63	39.67	37.18	5.39	2.31	0.32

33. [illegible]（*Stylosanthes humilis*）

（1）[illegible]

[illegible]，[illegible]。[illegible]45 ~ 60cm[illegible]。[illegible]，[illegible]，[illegible]，[illegible]。[illegible]，105 ~ 150cm[illegible]。[illegible]，[illegible]，[illegible]2.5cm[illegible]，[illegible]0.6cm[illegible]，[illegible]；[illegible]。[illegible]，[illegible]，[illegible]，[illegible]。[illegible]，[illegible]，[illegible]，[illegible]1[illegible]。[illegible]，[illegible]0.25cm[illegible]，[illegible]0.15cm[illegible]，[illegible]。

（2）[illegible]

[illegible]、[illegible]。[illegible]，[illegible]、[illegible]、[illegible]（[illegible]）[illegible]。[illegible]，[illegible]，[illegible]，[illegible]，[illegible]。

（3）[illegible]

[illegible]，[illegible]。[illegible]、[illegible]，[illegible]。

[illegible]4-33 [illegible]（%）

[illegible]	[illegible]	[illegible]	[illegible]				
			[illegible]	[illegible]	[illegible]	[illegible]	[illegible]
[illegible]	[illegible]	–	11.27	2.25	25.49	54.80	6.19
	[illegible]	–	10.15	3.73	36.28	46.08	3.77

34.[illegible]（*Crotalaria pallida*）

（1）[illegible]

[illegible]，[illegible]。[illegible]。[illegible]

[illegible]，[illegible]，[illegible]。[illegible]，[illegible]，[illegible]；[illegible]，[illegible]2 ~ 4cm[illegible]；[illegible]，[illegible]，[illegible]，[illegible]，[illegible]；[illegible]0.1 ~ 0.2cm[illegible]。[illegible]；[illegible]；[illegible]0.3 ~ 0.5cm[illegible]；[illegible]；[illegible]；[illegible]；[illegible]。[illegible]，[illegible]3 ~ 4cm[illegible]，[illegible]0.5 ~ 0.8cm[illegible]，[illegible]，[illegible]，[illegible]。[illegible]20 ~ 30[illegible]。

（2）[illegible]

[illegible]、[illegible]、[illegible]、[illegible]、[illegible]、[illegible]、[illegible]、[illegible]、[illegible]。[illegible]100 ~ 1 000m[illegible]、[illegible]、[illegible]、[illegible]，[illegible]，[illegible]，[illegible]。

（3）[illegible]

[illegible]，[illegible]。[illegible]，[illegible]。[illegible]，[illegible]，[illegible]。

[illegible]4-34 [illegible]（%）

[illegible]	[illegible]	[illegible]					[illegible]	[illegible]
		[illegible]	[illegible]	[illegible]	[illegible]	[illegible]		
[illegible]	[illegible]	29.22	3.69	12.94	49.80	4.35	0.70	1.30

[illegible]、[illegible]

35. [illegible]（*Ixeris polycephala*）

（1）[illegible]

[illegible]。[illegible]。[illegible]，[illegible]。[illegible]，[illegible]，[illegible]，[illegible]，[illegible]，[illegible]；[illegible]，[illegible]，[illegible]，[illegible]，[illegible]，[illegible]。[illegible]，[illegible]0.7 ~ 0.8cm[illegible]；[illegible]，[illegible]0.1cm[illegible]，[illegible]8[illegible]，[illegible]；[illegible]

[illegible]，[illegible]0.7 ~ 0.9cm[illegible]，[illegible]5[illegible]。[illegible]，[illegible]，[illegible]0.1 ~ 0.2cm[illegible]，[illegible]0.08cm[illegible]；[illegible]。

（2）[illegible]

[illegible]，[illegible]。[illegible]1 500 ~ 3 500m[illegible]，[illegible]、[illegible]，[illegible]，[illegible]。[illegible]，[illegible]，[illegible]，[illegible]。

（3）[illegible]

[illegible]，[illegible]，[illegible]，[illegible]；[illegible]，[illegible]，[illegible]。[illegible]，[illegible]，[illegible]，[illegible]。[illegible]，[illegible]，[illegible]。

[illegible]4–35 [illegible]（%）

[illegible]	[illegible]	[illegible]	[illegible]					[illegible]	[illegible]
			[illegible]	[illegible]	[illegible]	[illegible]	[illegible]		
[illegible]	[illegible]	7.38	17.91	6.61	15.47	40.52	19.49	2.41	0.33

[illegible]

[illegible]

[illegible]、[illegible]

[illegible]，[illegible]。[illegible]，[illegible]、[illegible]、[illegible]。[illegible]，[illegible]、[illegible]。

（[illegible]）[illegible]

[illegible]、[illegible]、[illegible]，[illegible]。

1. [illegible]

[illegible]（*Pteridinm aquilinum Kuhn var. latiusculum*）[illegible]、[illegible]，[illegible]。[illegible]，[illegible]，[illegible]。[illegible]，[illegible]（[illegible]），[illegible]，[illegible]。

2. [illegible]

[illegible]（*Taraxacum mongolicum*）[illegible]，[illegible]，[illegible]，[illegible]、[illegible]。

3. [illegible]

[illegible]（*Artemisia selengensis*）[illegible]、[illegible]、[illegible]、[illegible]，[illegible]。[illegible]，[illegible]。

4. [illegible]

[illegible]（*Hemerocallis minor*）[illegible]、[illegible]、[illegible]，[illegible]。[illegible]、[illegible]，[illegible]。

5. [illegible]

[illegible]（*Smilax glabra*）[illegible]、[illegible]、[illegible]、[illegible]、[illegible]、[illegible]、[illegible]、[illegible]、[illegible]、[illegible]，[illegible]。[illegible]。[illegible]、[illegible]、[illegible]，[illegible]。

6. [illegible]

[illegible]（*Crotalaria sessiliflora*）[illegible]，[illegible]。[illegible]，[illegible]。

7. [illegible]

[illegible]（*Pugionium cornutum*）[illegible]，[illegible]，[illegible]，[illegible]、[illegible]、[illegible]，[illegible]。

8. [illegible]

[illegible]（*Nostoc commune*）[illegible]、[illegible]、[illegible]、[illegible]、[illegible]，[illegible]。[illegible]、[illegible]、[illegible]，[illegible]，[illegible]。

9. [illegible]

[illegible]（*Allium mongolicum*）[illegible]，[illegible]，[illegible]，[illegible]，[illegible]。

10. [illegible]

[illegible]（*Pelvetia siliquosa*）[illegible]、[illegible]、[illegible]、[illegible]、[illegible]、[illegible]、[illegible]，[illegible]。[illegible]。

[illegible]，[illegible]（*Nostoc flagelliforme*）、[illegible]（*Sonchus arvensis*）[illegible]（*Mulgedium tataricum*）、[illegible]（*Toona sinensis.*）[illegible]。

（[illegible]）[illegible]

[illegible]，[illegible]。

1. [illegible]

[illegible]（*Malus baccata*）[illegible]，[illegible]，[illegible]，[illegible]。

2. [illegible]

[illegible]（*Padus racemosa*）[illegible]，[illegible]，[illegible]，[illegible]。[illegible]，[illegible]、[illegible]、[illegible]。

3. [illegible]

[illegible]（*Vaccinium uliginosum*）[illegible]、[illegible]、[illegible]、[illegible]，[illegible]，[illegible]，[illegible]。[illegible]，[illegible]、[illegible]、[illegible]、[illegible]、[illegible]、[illegible]、[illegible]、[illegible]、[illegible]。[illegible]、[illegible]，[illegible]。

4. [illegible]

[illegible]（*Vaccinium spp.*）[illegible]、[illegible]，[illegible]，[illegible]、[illegible]、[illegible]、[illegible]、[illegible]C[illegible]B[illegible]。[illegible]，[illegible]，[illegible]，[illegible]、[illegible]、[illegible]，[illegible]。

5. [illegible]

[illegible]（*Corylus heterophylla*）[illegible]、[illegible]，[illegible]。[illegible]、[illegible]、[illegible]、[illegible]E、[illegible]、[illegible]、β[illegible]，[illegible]。[illegible]，[illegible]、[illegible]，[illegible]、[illegible]。[illegible]51.6%，[illegible]，[illegible]、[illegible]、[illegible]，[illegible]。

6. [illegible]

[illegible]（*Elaeagnus angustifolia*）[illegible]、[illegible]、[illegible]、[illegible]、[illegible]，[illegible]。[illegible]、[illegible]、[illegible]、[illegible]。[illegible]，[illegible]，[illegible]、[illegible]、[illegible]。

7. [illegible]

[illegible]（*Acorn*）[illegible]。[illegible]，[illegible]60%[illegible]，[illegible]、[illegible]、[illegible]、[illegible]，[illegible]。[illegible]，[illegible]。

8. [illegible]

[illegible]（*Actinidia chinensis*）[illegible]、[illegible]、[illegible]、[illegible]、[illegible]、[illegible]、[illegible]、[illegible]、[illegible]，[illegible]，[illegible]。[illegible]，[illegible]，[illegible]、[illegible]、[illegible]、[illegible]、[illegible]、[illegible]。[illegible]，[illegible]C、[illegible]，[illegible]。

9. [illegible]

[illegible]（*Vitis amurensis*）[illegible]。[illegible]、[illegible]、

[illegible]、[illegible]、[illegible]，[illegible]，[illegible]。

10. [illegible]

[illegible]（*Castanea mollissima*）[illegible]、[illegible]，[illegible]。[illegible]、[illegible]、[illegible]、[illegible]，[illegible]、[illegible]、[illegible]、[illegible]。

[illegible]，[illegible]（*Cerasus tomentosa*）、[illegible]（*Eriobotrya japonica*）、[illegible]、[illegible]（*Crataegus maximowiczii*）、[illegible]（*Prunus japonica.*）、[illegible]（*Scilla scilloides.*）、[illegible]（*Actinidia arguta*）、[illegible]（*Nitraria tangutorum*）、[illegible]（*Pinus pumila*）[illegible]，[illegible]。

（[illegible]）[illegible]

[illegible]、[illegible]、[illegible]、[illegible]。

1. [illegible]

[illegible]（*Auricularia auricular*）[illegible]，[illegible]、[illegible]、[illegible]、[illegible]。[illegible]，[illegible]，[illegible]。[illegible]，[illegible]，[illegible]，[illegible]、[illegible]、[illegible]B1[illegible]。

2. [illegible]

[illegible]（*Hericium erinaceus*）[illegible]，[illegible]、[illegible]、[illegible]，[illegible]，[illegible]，[illegible]。[illegible]，[illegible]，[illegible]、[illegible]。

3. [illegible]

[illegible]（*Armillaria mellea*）[illegible]、[illegible]，[illegible]，[illegible]，[illegible]，[illegible]。[illegible]，[illegible]、[illegible]。

4. [illegible]

[illegible]（*Agaricus silvicola*）[illegible]，[illegible]。[illegible]，[illegible]。

5. [illegible]

[illegible]（*Morchella deliciosa*）[illegible]，[illegible]、[illegible]、[illegible]。[illegible]，[illegible]，[illegible]B[illegible]、[illegible]、[illegible]，[illegible]。

6. [illegible]

[illegible]（*Tricholoma matsutake*）[illegible]、[illegible]。[illegible]、[illegible]，[illegible]

[illegible]、[illegible]、[illegible]、[illegible]、[illegible]、[illegible]。

7. [illegible]

[illegible] (*Lentinus edodes*) [illegible]，[illegible]、[illegible]、[illegible]、[illegible]。[illegible]，[illegible]，[illegible]、[illegible]，[illegible]B[illegible]、[illegible]、[illegible]、[illegible]D[illegible]。

8. [illegible]

[illegible] (*Boletus edulis*) [illegible]、[illegible]、[illegible]，[illegible]。[illegible]，[illegible]，[illegible]，[illegible]，[illegible]、[illegible]。

9. [illegible]

[illegible] (*Dictyophora indusiata*) [illegible]，[illegible]、[illegible]。[illegible]，[illegible]，[illegible]，[illegible]、[illegible]，[illegible]、[illegible]、[illegible]、[illegible]、[illegible]。

10. [illegible]

[illegible] (*Cantharellus cibarius*) [illegible]、[illegible]、[illegible]。[illegible]，[illegible]、[illegible]、[illegible]、[illegible]、[illegible]、[illegible]C、[illegible]、[illegible]、[illegible]。

[illegible]，[illegible] (*Gomphidius viscidus.*) 、[illegible] (*Tremella fuciformis*) 、[illegible] (*Polypor laetiporus.*) 、[illegible] (*Hericium laciniatum*) [illegible]。

[illegible]、[illegible]

[illegible]，[illegible]，[illegible]，[illegible]。[illegible]，[illegible]，[illegible]，[illegible]，[illegible]。[illegible]，[illegible]，[illegible]，[illegible]，[illegible]。[illegible]，[illegible]。

（[illegible]）[illegible]

[illegible]、[illegible]、[illegible]、[illegible]、[illegible]、[illegible]、[illegible]

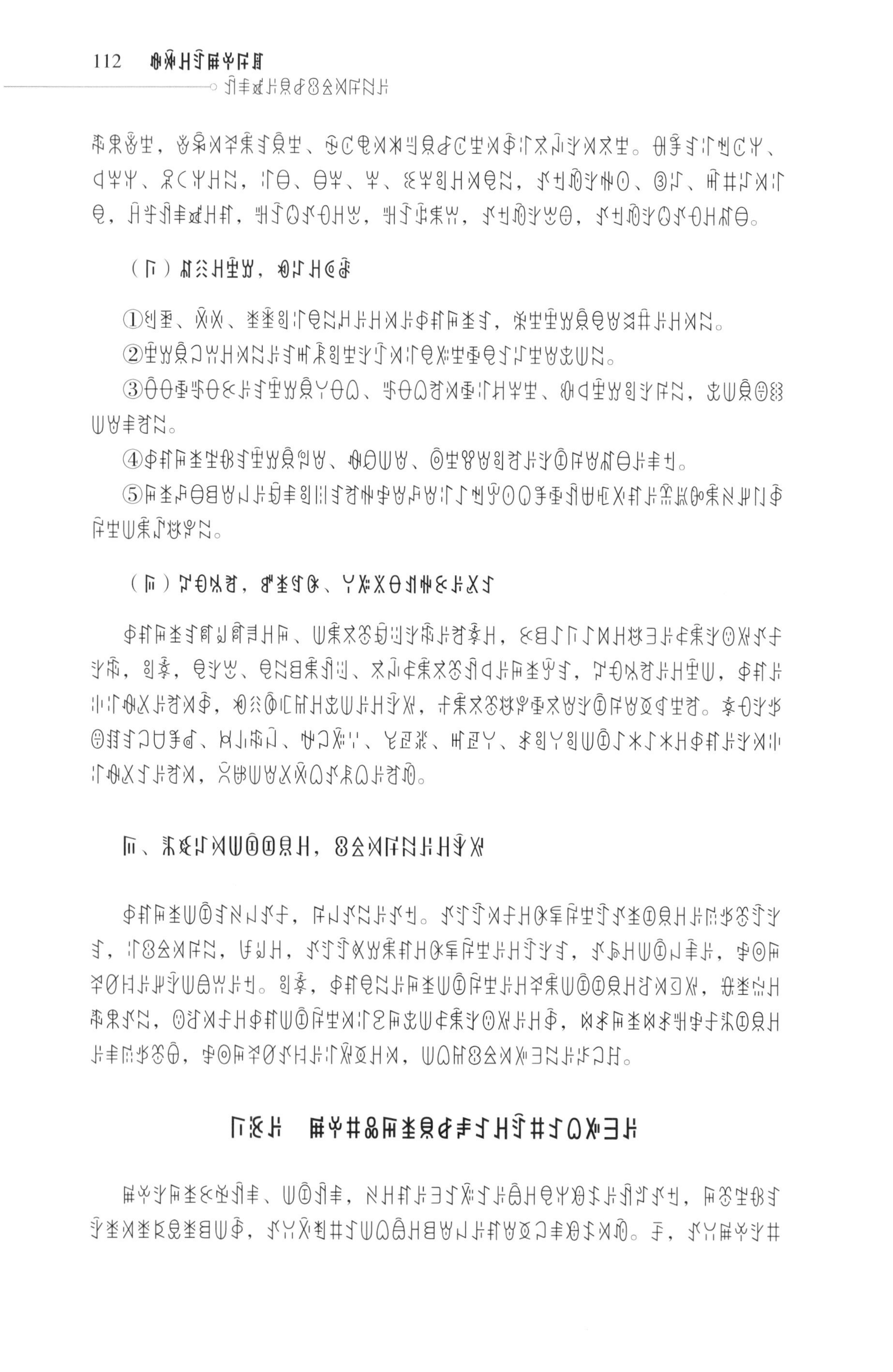

[illegible]，[illegible]、[illegible]。[illegible]、[illegible]、[illegible]，[illegible]、[illegible]、[illegible]、[illegible]，[illegible]、[illegible]、[illegible]，[illegible]，[illegible]，[illegible]，[illegible]，[illegible]。

（[illegible]）[illegible]，[illegible]

①[illegible]、[illegible]、[illegible]，[illegible]。

②[illegible]。

③[illegible]、[illegible]、[illegible]，[illegible]。

④[illegible]、[illegible]、[illegible]。

⑤[illegible]。

（[illegible]）[illegible]，[illegible]、[illegible]

[illegible]、[illegible]，[illegible]，[illegible]，[illegible]、[illegible]、[illegible]，[illegible]，[illegible]，[illegible]，[illegible]。[illegible]、[illegible]、[illegible]、[illegible]、[illegible]、[illegible]，[illegible]。

[illegible]、[illegible]，[illegible]

[illegible]，[illegible]。[illegible]，[illegible]，[illegible]，[illegible]，[illegible]，[illegible]，[illegible]。[illegible]，[illegible]，[illegible]，[illegible]，[illegible]，[illegible]，[illegible]。

[illegible] [illegible]

[illegible]、[illegible]，[illegible]，[illegible]，[illegible]。[illegible]，[illegible]

[illegible]

[illegible]

[illegible]

[illegible] 6～9 [illegible]

[illegible] 20 [illegible] 50 [illegible]

1. [illegible]

[illegible] (*Medicago sativa*) [illegible] 67 × 10^4 hm^2 [illegible] 80kg [illegible]

[illegible]。

2. [illegible]

[illegible]（*Vitex negundo*）[illegible]，[illegible]，[illegible]、[illegible]。[illegible]6 ~ 7[illegible]，[illegible]、[illegible]，[illegible]，[illegible]15 ~ 20kg[illegible]，[illegible]，[illegible]，[illegible]。

3. [illegible]

[illegible]（*Elsholtzia densa*）[illegible]，[illegible]，7 ~ 9[illegible]，[illegible]30[illegible]，[illegible]20 ~ 22℃[illegible]。[illegible]、[illegible]、[illegible]，[illegible]。

4. [illegible]

[illegible]（*Onobrychis viciaefolia*）[illegible]，[illegible]，[illegible]，3 ~ 4[illegible]，[illegible]20 ~ 22℃[illegible]，[illegible]。[illegible]、[illegible]，[illegible]15 ~ 30kg[illegible]，[illegible]，[illegible]，[illegible]，[illegible]。

5. [illegible]

[illegible]（*Vicia sepium*）[illegible]，[illegible]，[illegible]。[illegible]，[illegible]，[illegible]，[illegible]，[illegible]，[illegible]20 ~ 30kg[illegible]。

6. [illegible]（*Cynanchum komarovii*）[illegible]，[illegible]，[illegible]，[illegible]、[illegible]、[illegible]、[illegible]、[illegible]。[illegible]，[illegible]，[illegible]，[illegible]。[illegible]，[illegible]。6 ~ 7[illegible]，[illegible]40 ~ 50[illegible]，[illegible]30 ~ 60kg[illegible]。

7. [illegible]

[illegible]（*Melilotus of ficinalis*）[illegible]，[illegible]，[illegible]，6[illegible]7[illegible]，30 ~ 35[illegible]。[illegible]，[illegible]28℃[illegible]，[illegible]。[illegible]，[illegible]30 ~ 40kg[illegible]，[illegible]60kg[illegible]。[illegible]，[illegible]，[illegible]。[illegible]，[illegible]，[illegible]，[illegible]。

8. [illegible]

[illegible]（*Trifolium repens*）[illegible]、[illegible]、[illegible]，[illegible]，[illegible]、[illegible]、[illegible]，[illegible]4[illegible]5[illegible]，[illegible]4 ~ 5[illegible]，[illegible]5 ~ 7[illegible]，[illegible]，20[illegible]，[illegible]20 ~ 24℃[illegible]，[illegible]，[illegible]；[illegible]、[illegible]，[illegible]10 ~ 20kg[illegible]。[illegible]，[illegible]，[illegible]，[illegible]，[illegible]，[illegible]。

9. [illegible]

[illegible]（*Saussurea nigrescens*）[illegible]，7 ~ 8[illegible]。[illegible]（[illegible]5–1）[illegible]、[illegible]（[illegible]5–2）、[illegible]、[illegible]、[illegible]、[illegible]、[illegible]、[illegible]。

[illegible]、[illegible]、[illegible]、[illegible]、[illegible]、[illegible]。[illegible]，[illegible]，[illegible]，[illegible]，[illegible]，[illegible]，[illegible]，[illegible]、[illegible]、[illegible]、[illegible]、[illegible]、[illegible]、[illegible]、[illegible]、[illegible]。[illegible]，[illegible]，[illegible]，[illegible]、[illegible]、[illegible]、[illegible]、[illegible]、[illegible]、[illegible]、[illegible]、[illegible]。[illegible]，[illegible]，[illegible]25[illegible]。[illegible]，[illegible]。

[illegible]、[illegible]

[illegible]3 000[illegible]，[illegible]——[illegible]（*Apis cerana cerana*，[illegible]）[illegible]，[illegible]，[illegible]，[illegible]，[illegible]，[illegible]。[illegible]，[illegible]，[illegible]，[illegible]，[illegible]，[illegible]。

[illegible]（*Apis mellifera*）[illegible]20[illegible]，[illegible]，[illegible]，[illegible]

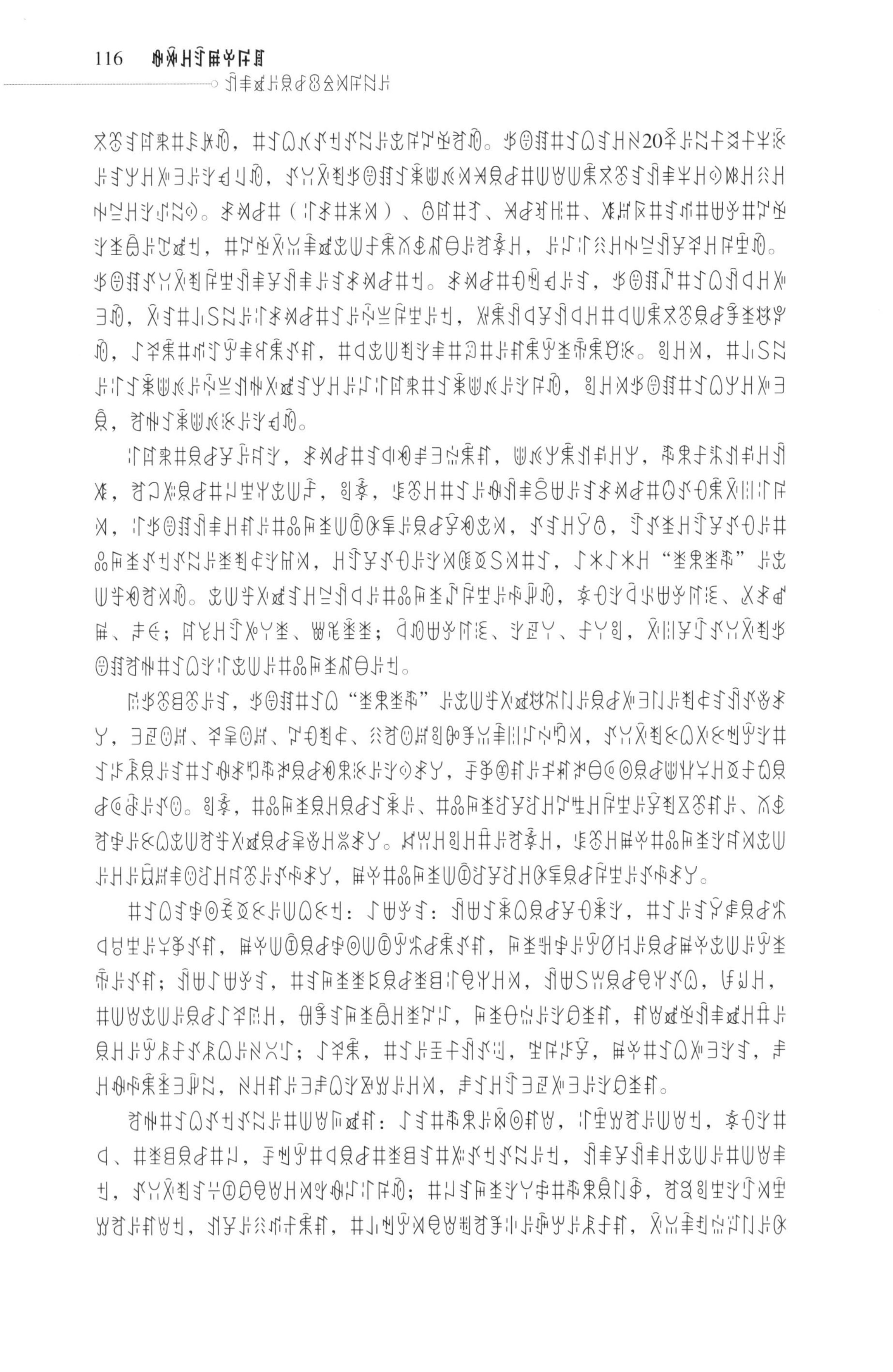

[illegible] 20 [illegible]

[illegible]

[illegible]

[illegible]

[illegible]

[illegible] 6~12 [illegible] 3 [illegible]

[illegible]、[illegible]（[illegible]5-3）

[illegible]

[illegible] “[illegible]” [illegible]

[illegible]

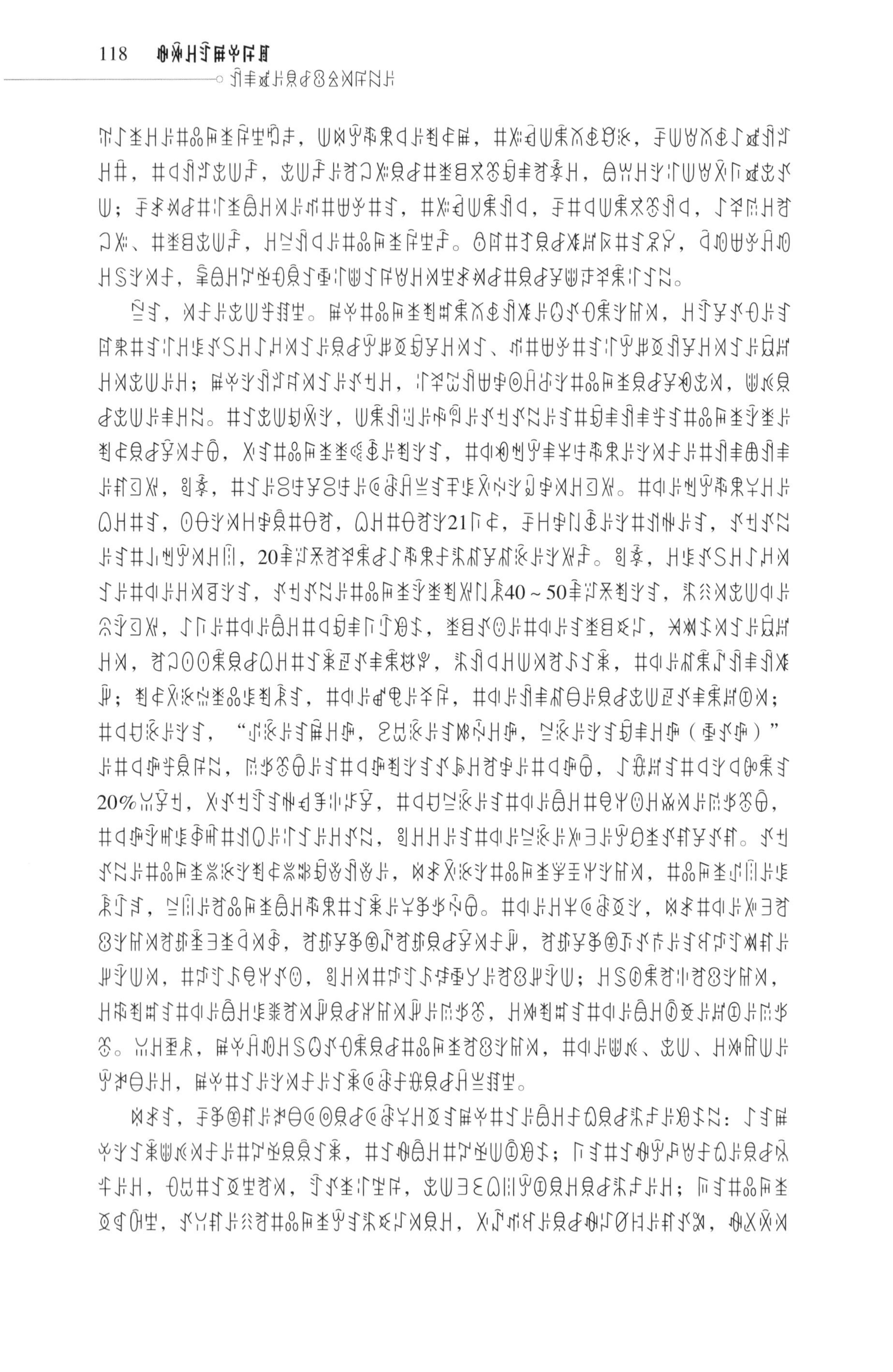

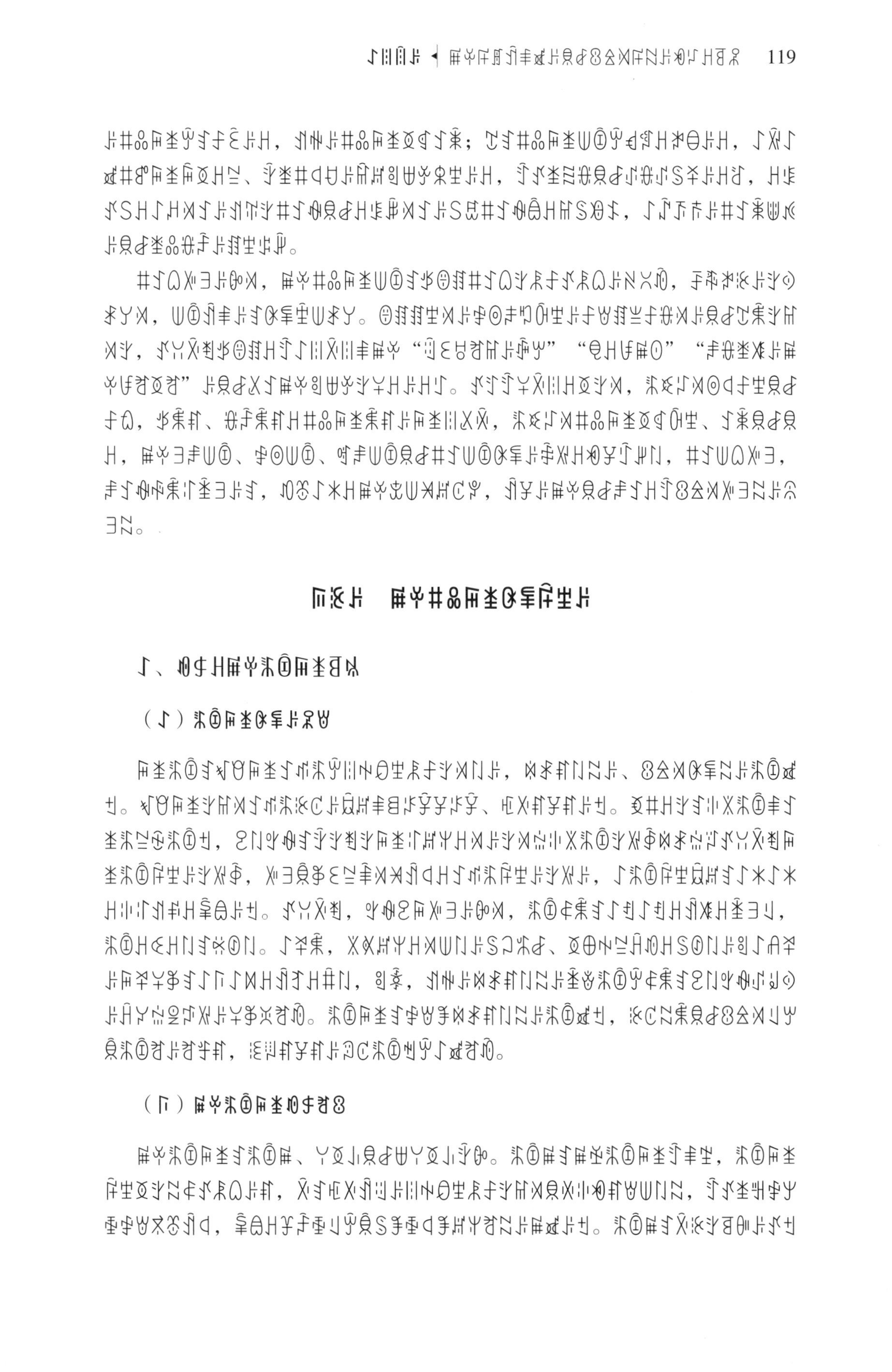

[illegible]，[illegible]；[illegible]，[illegible]、[illegible]，[illegible]，[illegible]。

[illegible]，[illegible]，[illegible]。[illegible]，[illegible]“[illegible]”“[illegible]”“[illegible]”[illegible]。[illegible]，[illegible]、[illegible]，[illegible]、[illegible]，[illegible]、[illegible]、[illegible]，[illegible]，[illegible]，[illegible]。

[illegible]　[illegible]

[illegible]、[illegible]

（[illegible]）[illegible]

[illegible]，[illegible]、[illegible]。[illegible]、[illegible]。[illegible]，[illegible]，[illegible]，[illegible]。[illegible]，[illegible]，[illegible]。[illegible]，[illegible]、[illegible]，[illegible]，[illegible]。[illegible]，[illegible]，[illegible]。

（[illegible]）[illegible]

[illegible]、[illegible]。[illegible]，[illegible]，[illegible]，[illegible]，[illegible]。[illegible]

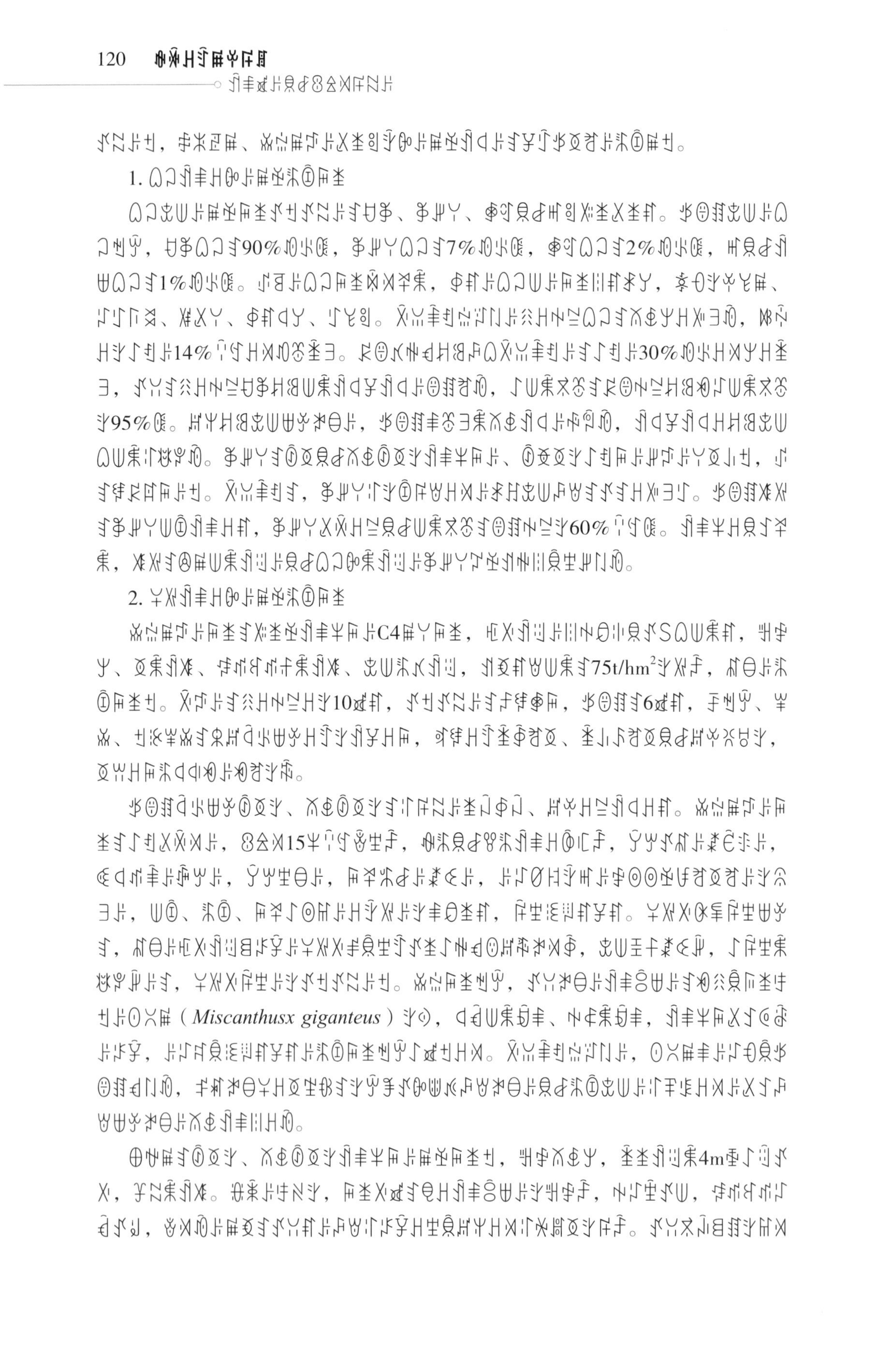

[illegible]

1. [illegible]

[illegible] 90% [illegible] 7% [illegible] 2% [illegible] 1% [illegible] 14% [illegible] 30% [illegible] 95% [illegible] 60% [illegible]

2. [illegible]

[illegible] C4 [illegible] 75t/hm2 [illegible] 10 [illegible] 6 [illegible]

[illegible] 15 [illegible] (*Miscanthusx giganteus*) [illegible]

[illegible] 4m [illegible]

[illegible]，$1hm^2$[illegible]36[illegible]，[illegible]2 160[illegible]。

[illegible]，[illegible]20[illegible]90[illegible]，[illegible]。[illegible]，[illegible]2m[illegible]，[illegible]74t/hm^2[illegible]，[illegible]15[illegible]，[illegible]。[illegible]，[illegible]57%[illegible]，[illegible]。[illegible]，[illegible]，[illegible]。

（[illegible]）[illegible]

[illegible]，[illegible]。[illegible]，[illegible]3.4t[illegible]，[illegible]10[illegible]15[illegible]。[illegible]，[illegible]2t[illegible]。

[illegible]，[illegible]。[illegible]，[illegible]。

[illegible]、[illegible]

[illegible]，[illegible]C4[illegible]。[illegible]，[illegible]。

（[illegible]）[illegible]

[illegible]（*Miscanthus*）[illegible]，[illegible]

[illegible]。[illegible]，[illegible]、[illegible]（*M.floridulus*）、[illegible]（*M.transmorrisonensis*）、[illegible]（*M.stachyus*）、[illegible]（*M.nepalensis*）、[illegible]（*M.nudipes*）、[illegible]、[illegible]（*M.tinctorius*）、[illegible]（*Triarrhena lutarioriparia*）、[illegible]（*M.paniculatus*），[illegible]（*M.ecklonii*）、[illegible]（*M.junceus*）、[illegible]（*M.sorghum*）、[illegible]（*M.violaceus*）、[illegible]14[illegible]，[illegible]、[illegible]、[illegible]，[illegible] 22° [illegible]50° [illegible]，[illegible]，[illegible]0 ~ 3 100m[illegible]。[illegible]，[illegible]（[illegible]）[illegible]，[illegible]、[illegible]、[illegible]（*M.jinxianensis*）、[illegible]、[illegible]（*M.purpurascens*）、[illegible]（*M.flavidus*）[illegible]。[illegible]，[illegible]，[illegible]。

[illegible]：[illegible]、[illegible]、[illegible]、[illegible]、[illegible]、[illegible]、[illegible]、[illegible]、[illegible]、[illegible]、[illegible]、[illegible]、[illegible]、[illegible]（[illegible]）15[illegible]，[illegible]18° ~ 34° 、[illegible]104° ~ 122° 、[illegible]0 ~ 1 600m[illegible]；[illegible]、[illegible]（[illegible]、[illegible]）22[illegible]，[illegible]18° ~ 43° 、[illegible]97° ~ 126° 、[illegible]0 ~ 2 000m[illegible]；[illegible]，[illegible]、[illegible]、[illegible]、[illegible]；[illegible]，[illegible]、[illegible]、[illegible]、[illegible]、[illegible]、[illegible]、[illegible]、[illegible]，[illegible]2 000 ~ 3 600m[illegible]，[illegible]，[illegible]，[illegible]，[illegible]；[illegible]、[illegible]、[illegible]、[illegible]，[illegible]、[illegible]，[illegible]1 000m[illegible]；[illegible]，[illegible]2 000m[illegible]。

（[illegible]）[illegible]

[illegible]。[illegible]，[illegible]。[illegible]。[illegible]，[illegible]，[illegible]2[illegible]。[illegible]，[illegible]。[illegible]，[illegible]10[illegible]。

[illegible]（[illegible]5-4）[illegible]、[illegible]、[illegible]，[illegible]。[illegible]70 ~ 400cm[illegible]，[illegible]0.3 ~ 1cm，[illegible]，[illegible]；[illegible]

[illegible]，[illegible]，[illegible]，[illegible]19.14 ~ 137.06cm[illegible]，[illegible]0.49 ~ 3.47cm[illegible]，[illegible]；[illegible]，[illegible]，[illegible]3[illegible]，[illegible]，[illegible]0.27 ~ 1.3cm[illegible]。

（[illegible]）[illegible]

[illegible]C4[illegible]，[illegible]、[illegible]、CO_2[illegible]、[illegible]。[illegible]、[illegible]。[illegible]，[illegible]，[illegible]，[illegible]、[illegible]、[illegible]、[illegible]，[illegible]C4[illegible]，[illegible]、[illegible]，[illegible]、[illegible]。

[illegible]、[illegible]、[illegible]；[illegible]、[illegible]、[illegible]。[illegible]，[illegible]–29℃[illegible]，1 ~ 2[illegible]–23.5℃[illegible]，[illegible]，[illegible]。[illegible]，[illegible]–5℃[illegible]，[illegible]，[illegible]，[illegible]，[illegible]–10℃[illegible]，[illegible]，[illegible]。[illegible]，[illegible]，[illegible]，[illegible]。1[illegible]55cm[illegible]，[illegible]8[illegible]，[illegible]53cm[illegible]，[illegible]28[illegible]。3[illegible]98cm[illegible]，[illegible]5 ~ 20cm[illegible]，[illegible]30cm[illegible]14[illegible]，[illegible]50 cm[illegible]8[illegible]，[illegible]73cm[illegible]。[illegible]3 ~ 6cm[illegible]，[illegible]3 ~ 7[illegible]，[illegible]，[illegible]。[illegible]，[illegible]，[illegible]。[illegible]，[illegible]，[illegible]，[illegible]。

[illegible]，[illegible]。[illegible]Cu、Cd、Pb、Zn、As、Mn、Ni[illegible]，[illegible]Mn[illegible]Ni[illegible]，[illegible]Cu、Cd、Pb、Zn[illegible]；[illegible]，[illegible]、[illegible]、[illegible]，[illegible]，[illegible]。[illegible]，[illegible]Cd[illegible]，[illegible]

[illegible]，[illegible]，Cd[illegible]、[illegible]。[illegible]：[illegible]Cd[illegible]，[illegible]、[illegible]，[illegible]、[illegible]Cd[illegible]。

（[illegible]）[illegible]

1. [illegible]

[illegible]，[illegible]，[illegible]。[illegible]：

（1）[illegible]

[illegible]C4[illegible]，[illegible]、[illegible]、N[illegible]。[illegible]4.1g/MJ[illegible]，[illegible]10g/kg[illegible]，N[illegible]613g/kg[illegible]，[illegible]30t/hm^2[illegible]，[illegible]。

（2）[illegible]

[illegible]80%[illegible]，[illegible]20%[illegible]，[illegible]1.6%～4%[illegible]，Cl、K、Si、S[illegible]，[illegible]1/10[illegible]，[illegible]1t[illegible]4[illegible]0.45t[illegible]，[illegible]450L[illegible]。

（3）[illegible]

[illegible]，[illegible]，[illegible]2～3[illegible]，[illegible]20[illegible]，[illegible]，[illegible]，[illegible]，[illegible]，[illegible]，[illegible]。[illegible]，[illegible]，[illegible]，[illegible]，[illegible]，[illegible]，[illegible]。

（4）[illegible]

[illegible]，[illegible]，[illegible]，[illegible]。[illegible]；[illegible]

[illegible]；[illegible]、[illegible]，[illegible]。[illegible]15℃[illegible]CO_2[illegible]C4[illegible]，[illegible]−20℃[illegible]，[illegible]5℃[illegible]，[illegible]。

（5）[illegible]

[illegible]CO_2[illegible]，[illegible]C[illegible]，[illegible]CO_2[illegible]，[illegible]。[illegible]，[illegible]CO_2[illegible]，[illegible]，[illegible]CO_2[illegible]SO_2[illegible]1/2[illegible]1/10[illegible]。[illegible]，[illegible]，[illegible]。

（6）[illegible]

[illegible]，[illegible]，[illegible]。[illegible]，[illegible]。[illegible]，[illegible]。

2. [illegible]

（1）[illegible]

[illegible]20[illegible]80[illegible]，[illegible]。[illegible]，[illegible]、[illegible]（[illegible]）、[illegible]、[illegible]。

①[illegible]。[illegible]，[illegible]，[illegible]、[illegible]、[illegible]。[illegible]，[illegible]，[illegible]，[illegible]。

②[illegible]。[illegible]K、C1、S[illegible]N[illegible]，[illegible]，[illegible]17MJ/kg，[illegible]30t/hm[2][illegible]，[illegible]510 000MJ[illegible]，[illegible]13.5 ~ 18t[illegible]，[illegible]CO_2[illegible]90%[illegible]。[illegible]，[illegible]SO_X[illegible]NO_X[illegible]，[illegible]。[illegible]，[illegible]，2000[illegible]15[illegible]9%[illegible]，[illegible]37%[illegible]。

③[illegible]。[illegible]，[illegible]，[illegible]。[illegible]

[illegible]，10%[illegible]，[illegible]，[illegible]。[illegible]，GraalBio[illegible]，2013[illegible]，[illegible]。2020[illegible]，[illegible]20%[illegible]，[illegible]15%[illegible]。

④[illegible]。[illegible]，[illegible]，[illegible]，[illegible]。[illegible]，[illegible]，[illegible]、[illegible]，[illegible]，[illegible]、[illegible]。[illegible]，[illegible]，[illegible]2008[illegible]，[illegible]3 900[illegible]，[illegible]1 400MW[illegible]。

（2）[illegible]

[illegible]、[illegible]，[illegible]，[illegible]、[illegible]、[illegible]、[illegible]。

3. [illegible]

[illegible]20[illegible]80[illegible]，[illegible]。1984[illegible]，[illegible]“[illegible]（HECP）”[illegible]，[illegible]35[illegible]（[illegible]18[illegible]，[illegible]），[illegible]（*Panicum virgatum*）[illegible]；1990[illegible]，HECP[illegible]“[illegible]（BFDP）”[illegible]，[illegible]，[illegible]。[illegible]，[illegible]，[illegible]，[illegible]。

[illegible]——[illegible]。[illegible]20[illegible]60[illegible]，[illegible]1983[illegible]；[illegible]，1989[illegible]JOULE[illegible]，[illegible]、[illegible]、[illegible]，[illegible]；1993[illegible]，[illegible]AIR[illegible]，[illegible]、[illegible]；[illegible]，[illegible]、[illegible]、[illegible]、[illegible]；1997[illegible]，[illegible]FAIR[illegible]，[illegible]、[illegible]。

[illegible]，[illegible]。[illegible]

[illegible]，[illegible]，[illegible]，[illegible]。

[illegible]《[illegible]“[illegible]”[illegible]》[illegible]，《[illegible]》[illegible]：[illegible]、[illegible]、[illegible]，[illegible]。《[illegible]“[illegible]”[illegible]》[illegible]，[illegible]，[illegible]50[illegible]，[illegible]，[illegible]。[illegible]，[illegible]，[illegible]、[illegible]、[illegible]、[illegible]，[illegible]，[illegible]《[illegible]》[illegible]。[illegible]，[illegible]$1 \times 10^8 hm^2$[illegible]，10t/hm^2[illegible]，[illegible]$1 \times 10^9 t$[illegible]。[illegible]，[illegible]1 460[illegible]，[illegible]$1.7 \times 10^9 t$[illegible]。[illegible]2007[illegible]45%[illegible]28%[illegible]，[illegible]。[illegible]，[illegible]、[illegible]、[illegible]、[illegible]，[illegible]、[illegible]、[illegible]。[illegible]，[illegible]，[illegible]，[illegible]，[illegible]，[illegible]，[illegible]，[illegible]，[illegible]。

三、[illegible]

[illegible]（Poaceae）[illegible]（Subfam）[illegible]，[illegible]。[illegible]，140[illegible]，[illegible]，[illegible]，[illegible]。[illegible]，[illegible]、[illegible]、[illegible]12[illegible]、[illegible]3[illegible]（[illegible]4[illegible]）。[illegible]（*Pennisetum ameum×P.purpureum*）、[illegible]（*Pennisetum americanum*）、[illegible]（*Pennisetum purpureum*）[illegible]。[illegible]4～6[illegible]，[illegible]，[illegible]10[illegible]。[illegible]，[illegible]，[illegible]、[illegible]、[illegible]。

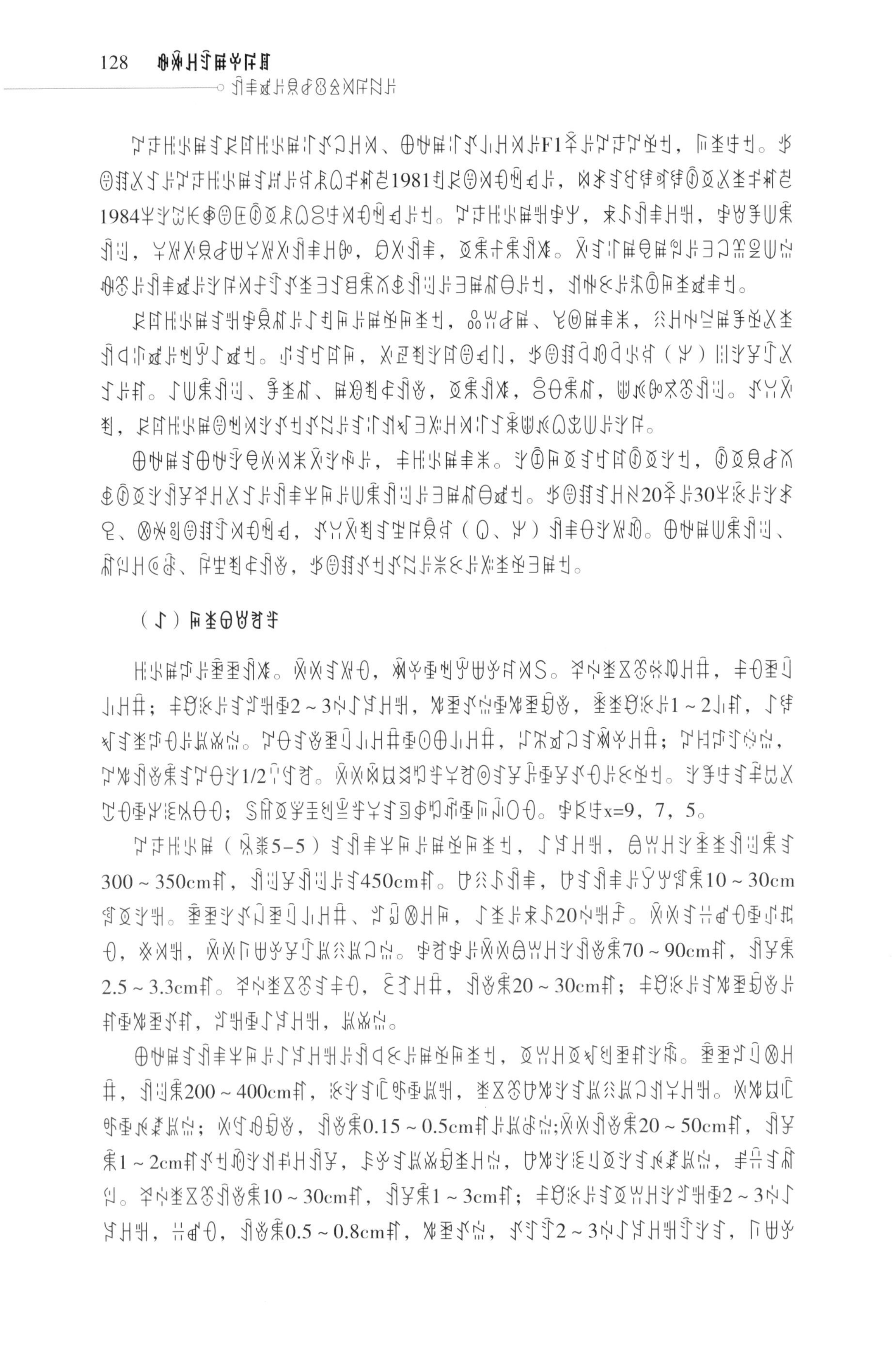

[illegible] F1 [illegible] 1981 [illegible]
1984 [illegible]

[illegible]

[illegible] 20 [illegible] 30 [illegible]

（[illegible]）[illegible]

[illegible] 2 ~ 3 [illegible] 1 ~ 2 [illegible] 1/2 [illegible] x=9，7，5。

[illegible]（[illegible] 5-5）[illegible]
300 ~ 350cm [illegible] 450cm [illegible] 10 ~ 30cm [illegible] 20 [illegible] 70 ~ 90cm [illegible]
2.5 ~ 3.3cm [illegible] 20 ~ 30cm [illegible]

[illegible] 200 ~ 400cm [illegible] 0.15 ~ 0.5cm [illegible] 20 ~ 50cm [illegible] 1 ~ 2cm [illegible] 10 ~ 30cm [illegible] 1 ~ 3cm [illegible] 2 ~ 3 [illegible] 0.5 ~ 0.8cm [illegible] 2 ~ 3 [illegible]

[illegible]0.2cm[illegible]，[illegible]。[illegible]：[illegible]2 ~ 3[illegible]、[illegible]、[illegible]，1 ~ 3[illegible]、[illegible]、[illegible]，[illegible]2 ~ 4[illegible]、[illegible]、[illegible]；[illegible]5 ~ 9[illegible]、[illegible]，[illegible]。

（[illegible]）[illegible]

1. [illegible]

[illegible]，[illegible]，[illegible]，[illegible]。

[illegible]，[illegible]。[illegible]，[illegible]，[illegible]。5℃[illegible]3[illegible]，[illegible]15℃[illegible]，[illegible]17%[illegible]76.9%[illegible]。

[illegible]25 ~ 30℃[illegible]。[illegible]25 ~ 35℃[illegible]，30℃[illegible]。10℃[illegible]，[illegible]。[illegible]20℃[illegible]，[illegible]10℃[illegible]，[illegible]5℃[illegible]。

2. [illegible]

[illegible]，[illegible]，[illegible]。[illegible]、[illegible]，[illegible]。[illegible]，[illegible]，[illegible]，[illegible]。[illegible]，[illegible]，[illegible]。[illegible]，[illegible]。[illegible]，[illegible]，[illegible]，[illegible]，[illegible]，[illegible]。

3. [illegible]

[illegible]，[illegible]，[illegible]、[illegible]。[illegible]；[illegible]，[illegible]。

[illegible]，[illegible]0.3%[illegible]，[illegible]0.55%[illegible]，[illegible]。[illegible]，[illegible]。

[illegible]，[illegible]（1 ~ 30mg/L）[illegible]（[illegible]

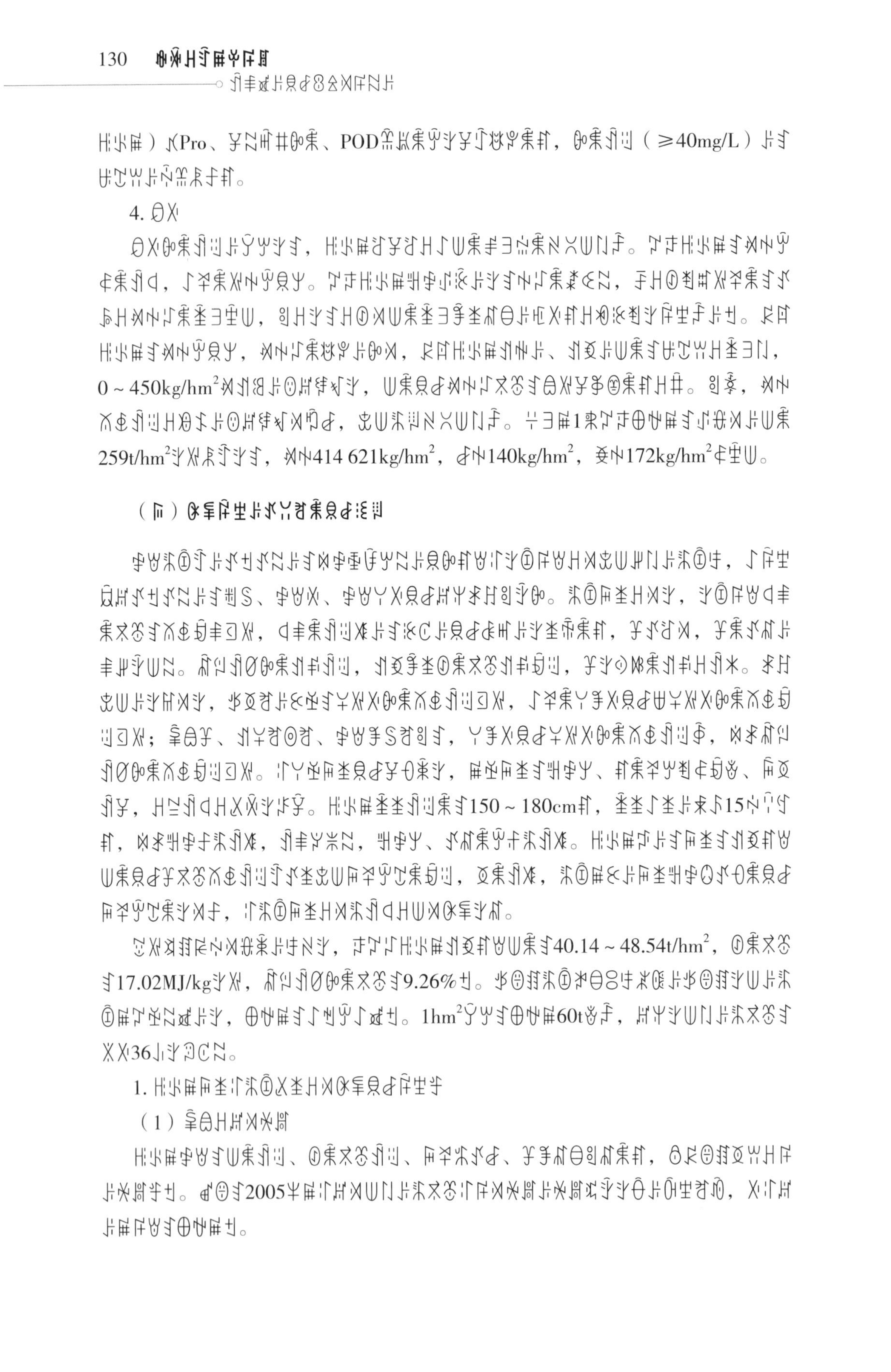

[illegible]）[illegible]Pro、[illegible]、POD[illegible]，[illegible]（≥40mg/L）[illegible]。

4. [illegible]

[illegible]，[illegible]。[illegible]，[illegible]。[illegible]，[illegible]，[illegible]。[illegible]，[illegible]，[illegible]、[illegible]，0～450kg/hm^2[illegible]，[illegible]。[illegible]，[illegible]，[illegible]。[illegible]1[illegible]259t/hm^2[illegible]，[illegible]414 621kg/hm^2，[illegible]140kg/hm^2，[illegible]172kg/hm^2[illegible]。

（[illegible]）[illegible]

[illegible]，[illegible]、[illegible]、[illegible]。[illegible]，[illegible]，[illegible]，[illegible]，[illegible]。[illegible]，[illegible]，[illegible]。[illegible]，[illegible]，[illegible]；[illegible]、[illegible]、[illegible]，[illegible]，[illegible]。[illegible]，[illegible]、[illegible]、[illegible]，[illegible]。[illegible]150～180cm[illegible]，[illegible]15[illegible]，[illegible]，[illegible]，[illegible]、[illegible]。[illegible]，[illegible]，[illegible]，[illegible]。

[illegible]，[illegible]40.14～48.54t/hm^2，[illegible]17.02MJ/kg[illegible]，[illegible]9.26%[illegible]。[illegible]，[illegible]。1hm^2[illegible]60t[illegible]，[illegible]36[illegible]。

1. [illegible]

（1）[illegible]

[illegible]、[illegible]、[illegible]、[illegible]，[illegible]。[illegible]2005[illegible]，[illegible]。

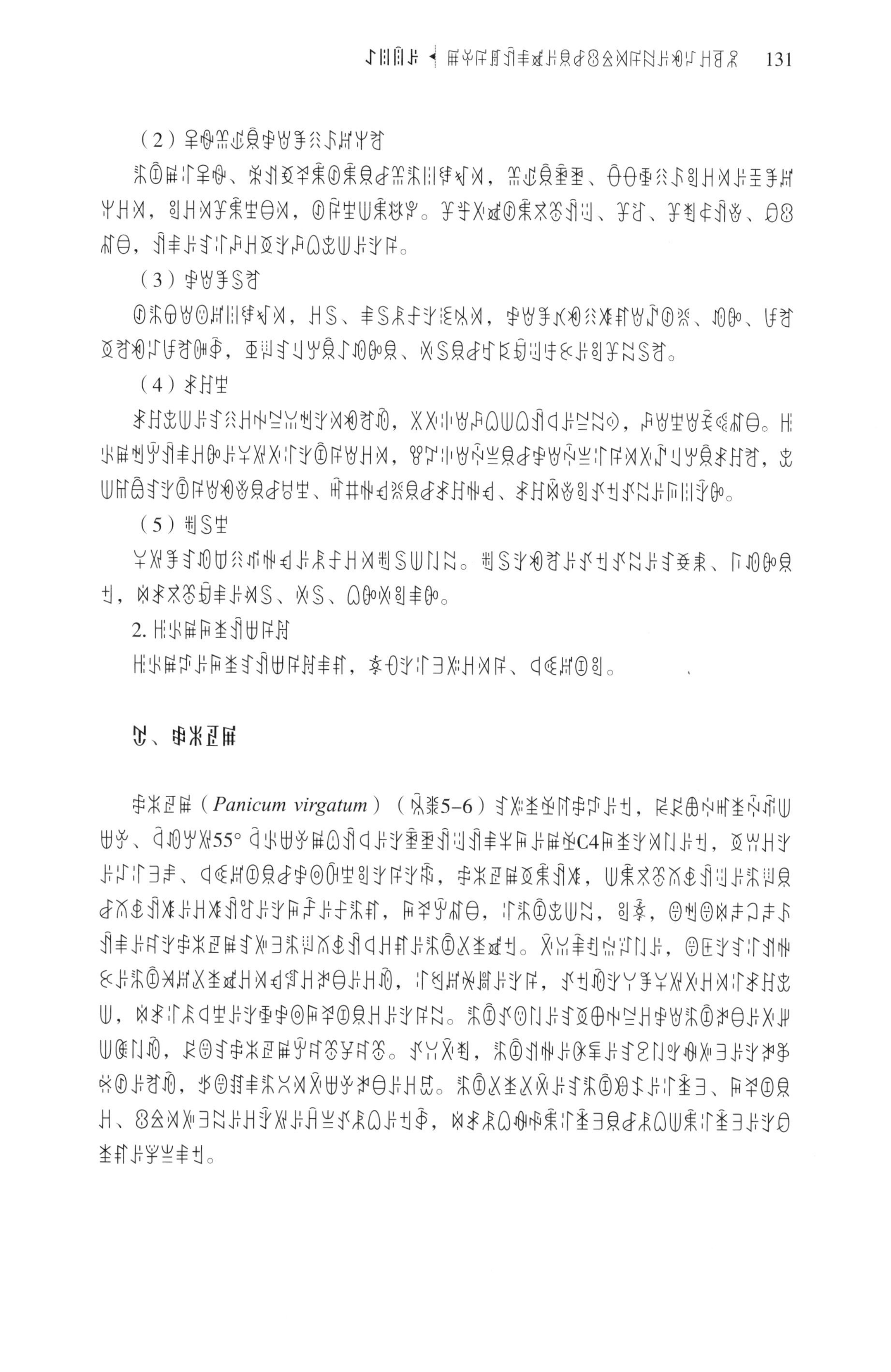

（2）[illegible]

[illegible]

（3）[illegible]

[illegible]

（4）[illegible]

[illegible]

（5）[illegible]

[illegible]

2. [illegible]

[illegible]

[illegible]

[illegible]（*Panicum virgatum*）（[illegible]5–6）[illegible] 55° [illegible] C4 [illegible]

（[illegible]）[illegible]

[illegible]C4[illegible]，[illegible]300cm[illegible]，[illegible]350cm[illegible]。[illegible]；[illegible]（[illegible]）[illegible]，[illegible]30～80cm[illegible]，[illegible]0.8～1.3cm[illegible]。[illegible]110～170cm[illegible]，[illegible]4～6[illegible]。[illegible]15～55cm[illegible]，[illegible]。[illegible]6～8[illegible]，[illegible]，0.7～2g[illegible]。

（[illegible]）[illegible]

[illegible]9[illegible]，[illegible]。

[illegible]Blackwell、Cavein-Rock、Pathfinder、Dacotah、Forestburg、Summer、Trailblazer[illegible]；[illegible]Alamo、Kanlow、BoMaster、Colony、Performer、Shawnee[illegible]。[illegible]。

（[illegible]）[illegible]

1. [illegible]

[illegible]C4[illegible]，C3[illegible]。[illegible]10.3℃[illegible]，[illegible]15.5℃[illegible]；[illegible]30℃[illegible]。

[illegible]，[illegible]

[illegible]

2. [illegible]

[illegible]（NUE）[illegible] NUE [illegible] 0kg/hm^2、90kg/hm^2、180kg/hm^2 [illegible]，NUE、[illegible]，NUE [illegible]。

[illegible]（WUE）[illegible]。Wullschleger [illegible] 14 [illegible] 25 [illegible] 1 200 [illegible]，[illegible] WUE [illegible] 21.6kg/（hm^2·mm）[illegible] 68% [illegible] 10～30kg/（hm^2·mm）[illegible]。

[illegible]（RUE）[illegible] g/MJ [illegible] RUE [illegible] C4 [illegible] RUE [illegible] RUE [illegible] Kiniry [illegible] Alamo [illegible] RUE [illegible] 3.04g/MJ IPAR [illegible] 5.05g/MJ IPAR [illegible]。

3. [illegible]

①[illegible] 3%～28% [illegible]。

[illegible] Jensn [illegible] Haynes [illegible] 73% [illegible] 61% [illegible] 4℃ [illegible]

5[illegible]，[illegible]90%[illegible]，[illegible]，[illegible]。[illegible]10[illegible]，[illegible]，87%[illegible]。[illegible]，[illegible]，[illegible]。

②[illegible]。[illegible]、[illegible]。[illegible]，[illegible]，[illegible]，[illegible]。[illegible]，[illegible]，[illegible]。[illegible]8.1 ~ 10.3℃[illegible]，[illegible]25 ~ 30℃[illegible]，[illegible]45℃[illegible]。

③[illegible]。[illegible]、[illegible]（GDD）[illegible]。[illegible]。[illegible]。[illegible]。Van[illegible]，[illegible]，[illegible]。[illegible]、[illegible]，[illegible]。[illegible]3[illegible]，[illegible]；[illegible]15[illegible]，[illegible]，[illegible]。[illegible]3[illegible]5.5[illegible]，[illegible]15[illegible]2.2[illegible]。[illegible]，[illegible]，[illegible]；[illegible]，[illegible]，[illegible]，[illegible]。[illegible]，[illegible]，[illegible]。

④[illegible]。[illegible]。[illegible]，[illegible]。[illegible]。[illegible]，[illegible]，[illegible]，[illegible]、[illegible]，[illegible]，[illegible]。

[illegible]。[illegible]，[illegible]。[illegible]10℃[illegible]。

（[illegible]）[illegible]

[illegible]，[illegible]、[illegible]。[illegible]，[illegible]，[illegible]。[illegible]

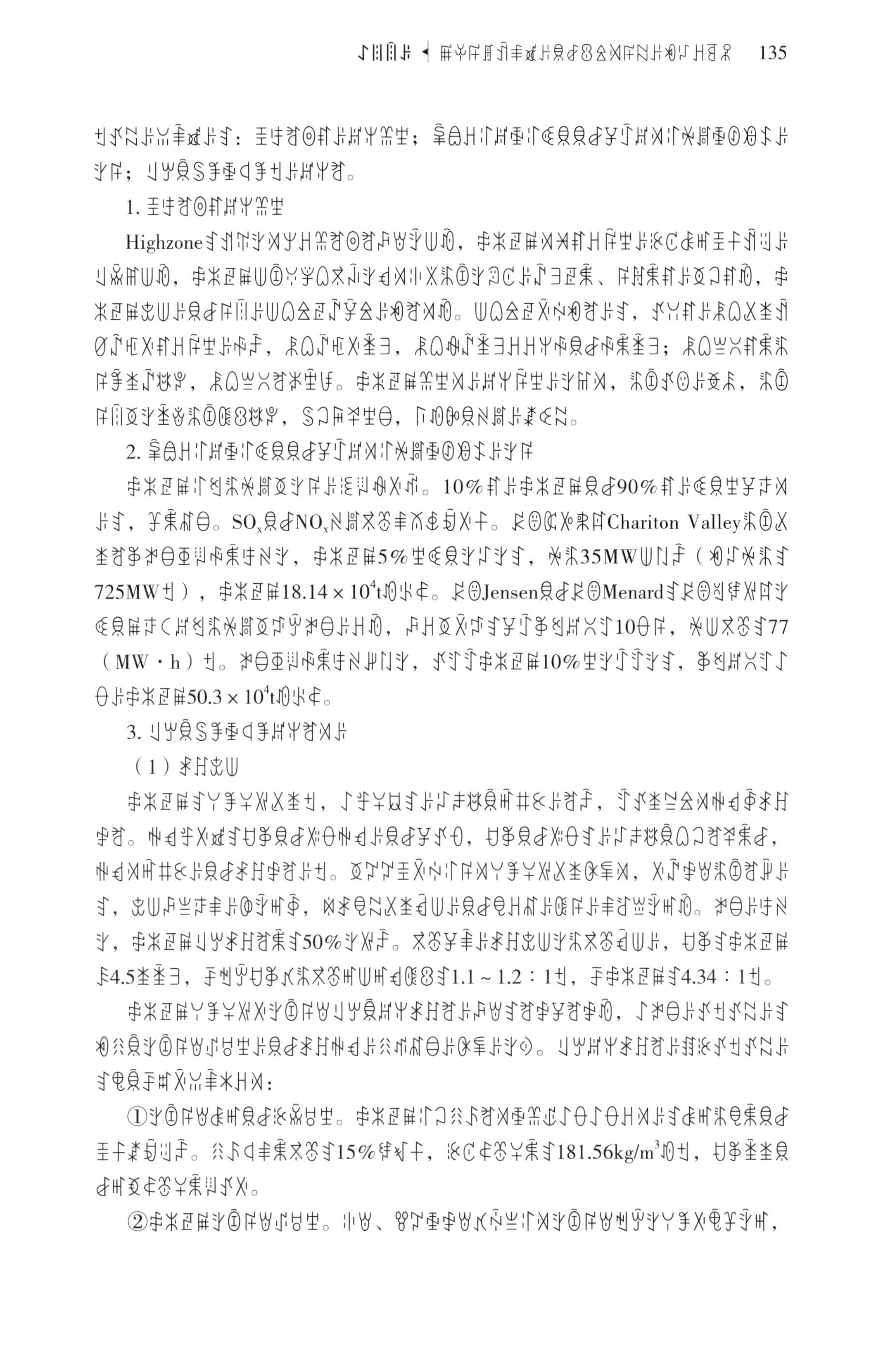

[illegible]：[illegible]；[illegible]；[illegible]。

1. [illegible]

Highzone[illegible]，[illegible]，[illegible]、[illegible]，[illegible]。[illegible]，[illegible]，[illegible]，[illegible]；[illegible]，[illegible]。[illegible]，[illegible]，[illegible]，[illegible]，[illegible]。

2. [illegible]

[illegible]。10%[illegible]90%[illegible]，[illegible]。SO_x[illegible]NO_x[illegible]。[illegible]Chariton Valley[illegible]，[illegible]5%[illegible]，[illegible]35MW[illegible]（[illegible]725MW[illegible]），[illegible]18.14×10^4t[illegible]。[illegible]Jensen[illegible]Menard[illegible]，[illegible]10[illegible]，[illegible]77（MW・h）[illegible]。[illegible]，[illegible]10%[illegible]，[illegible]50.3×10^4t[illegible]。

3. [illegible]

（1）[illegible]

[illegible]，[illegible]，[illegible]。[illegible]，[illegible]，[illegible]。[illegible]，[illegible]，[illegible]。[illegible]，[illegible]50%[illegible]。[illegible]，[illegible]4.5[illegible]，[illegible]1.1～1.2：1[illegible]，[illegible]4.34：1[illegible]。

[illegible]，[illegible]。[illegible]：

①[illegible]。[illegible]。[illegible]15%[illegible]，[illegible]181.56kg/m³[illegible]，[illegible]。

②[illegible]。[illegible]、[illegible]，

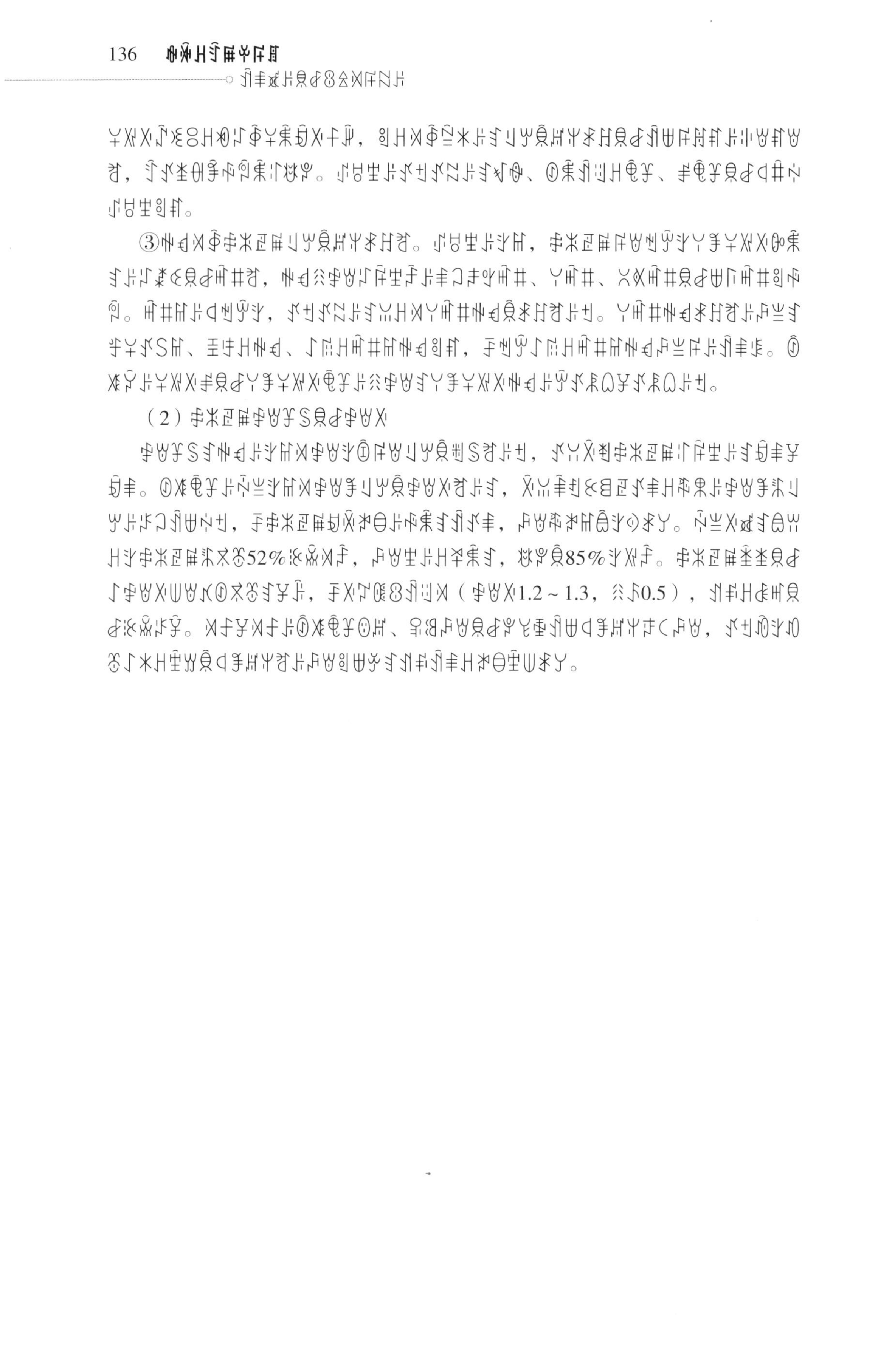

[illegible]

③[illegible]

（2）[illegible]

[illegible] 52% [illegible] 85% [illegible]（[illegible] 1.2 ~ 1.3，[illegible] 0.5）[illegible]

[illegible]（grassland agriculture）[illegible]，[illegible]A.T.Semple（1970）[illegible]，[illegible]"[illegible]，[illegible]，[illegible]"[illegible]。[illegible]，[illegible]。[illegible]20[illegible]，[illegible]：[illegible]。[illegible]，[illegible]，[illegible]（[illegible]）[illegible]20[illegible]80[illegible]（[illegible]）[illegible]。[illegible]，[illegible]。[illegible]12%[illegible]，[illegible]，[illegible]；[illegible]24%[illegible]，[illegible]，[illegible]，[illegible]，[illegible]；[illegible]，[illegible]。[illegible]，[illegible]，[illegible]。

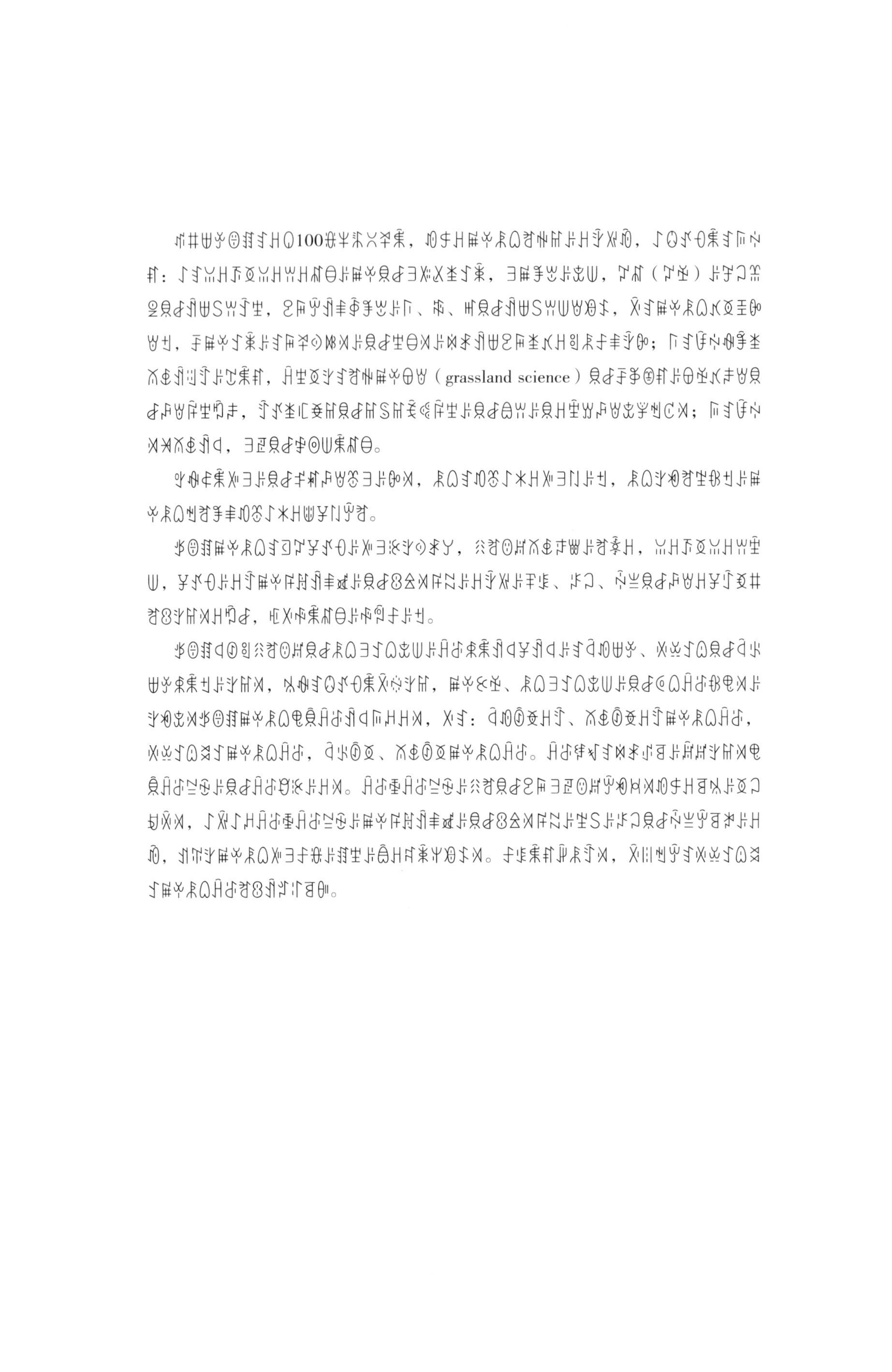

[illegible]100[illegible]（grassland science）[illegible]。

[illegible]。

[illegible]。

[illegible]。

[illegible]

[illegible]

[illegible]

[illegible]

1、[illegible]

[illegible] 5 500 ~ 6 000m [illegible]

[illegible]，[illegible]4 000～5 000m[illegible]，[illegible]。[illegible]、[illegible]，[illegible]3 500～5 000m[illegible]，6 000m[illegible]。

[illegible]，[illegible]，[illegible]，[illegible]。[illegible]，[illegible]，[illegible]，[illegible]；[illegible]，[illegible]，[illegible]，[illegible]。[illegible]，[illegible]−5.8～3.7℃[illegible]，[illegible]15～25℃[illegible]，[illegible]12～18℃[illegible]。[illegible]，[illegible]7～8[illegible]，[illegible]4～5[illegible]。[illegible]，[illegible]1 500～2 000[illegible]，[illegible]2 500～3 300[illegible]。[illegible]，[illegible]500～1 000mm[illegible]，[illegible]400～700mm，[illegible]250～550mm，[illegible]100～300mm，[illegible]40～70mm[illegible]，[illegible]6～9[illegible]，[illegible]70%～80%[illegible]。[illegible]、[illegible]，[illegible]，[illegible]、[illegible]，[illegible]。

[illegible]、[illegible]

[illegible]，[illegible]、[illegible]、[illegible]、[illegible]、[illegible]、[illegible]、[illegible]、[illegible]，[illegible]1 000[illegible]，[illegible]600[illegible]。[illegible]137.13×$10^4$$hm^2$[illegible]，[illegible]0.69%[illegible]；[illegible]1 983.6hm^2[illegible]，[illegible]9.9%[illegible]；[illegible]13 036.2×$10^4$$hm^2$[illegible]，[illegible]65.2%[illegible]，[illegible]75.8%[illegible]。[illegible]1/3[illegible]，[illegible]。[illegible]，[illegible]，[illegible]（[illegible]）、[illegible]、[illegible]、[illegible]，[illegible]1.98%[illegible]。[illegible]1.88%[illegible]。[illegible]35%[illegible]，[illegible]。

[illegible]、[illegible]

[illegible]12 834.9×$10^4$$hm^2$[illegible]，[illegible]11 187.5×$10^4$$hm^2$

[illegible]。[illegible]1/3[illegible]，[illegible]。[illegible]，[illegible]，[illegible]，[illegible]、[illegible]、[illegible]；[illegible]，[illegible]4 000～4 500m[illegible]，[illegible]，[illegible]、[illegible]，[illegible]，[illegible]，[illegible]。[illegible]4 500m[illegible]，[illegible]，[illegible]。[illegible]，[illegible]，[illegible]4 600～5 000m[illegible]，[illegible]，[illegible]，[illegible]、[illegible]。

[illegible]，[illegible]45.4%[illegible]；[illegible]，[illegible]29.1%[illegible]；[illegible]：[illegible]4.4%[illegible]，[illegible]6.8%[illegible]，[illegible]4.6[illegible]，[illegible]5.5%[illegible]。[illegible]。

[illegible]：[illegible]，[illegible]63.9%[illegible]；[illegible]，22.1%[illegible]；[illegible]，10.9%[illegible]。[illegible]，[illegible]1.1%[illegible]，[illegible]2%[illegible]。

[illegible]

[illegible]，[illegible]、[illegible]、[illegible]。[illegible]，[illegible]，[illegible]，[illegible]，[illegible]。[illegible]：[illegible]25%～30%[illegible]，[illegible]65%～70%[illegible]，[illegible]3%～5%[illegible]。[illegible]，[illegible]、[illegible]。[illegible]，[illegible]，[illegible]、[illegible]，[illegible]，[illegible]，[illegible]。

[illegible]“[illegible]、[illegible]、[illegible]”[illegible]，[illegible]：

[illegible]，[illegible]。[illegible]，[illegible]，[illegible]。[illegible]20[illegible]80[illegible]（[illegible]，[illegible]5[illegible]）[illegible]，[illegible]

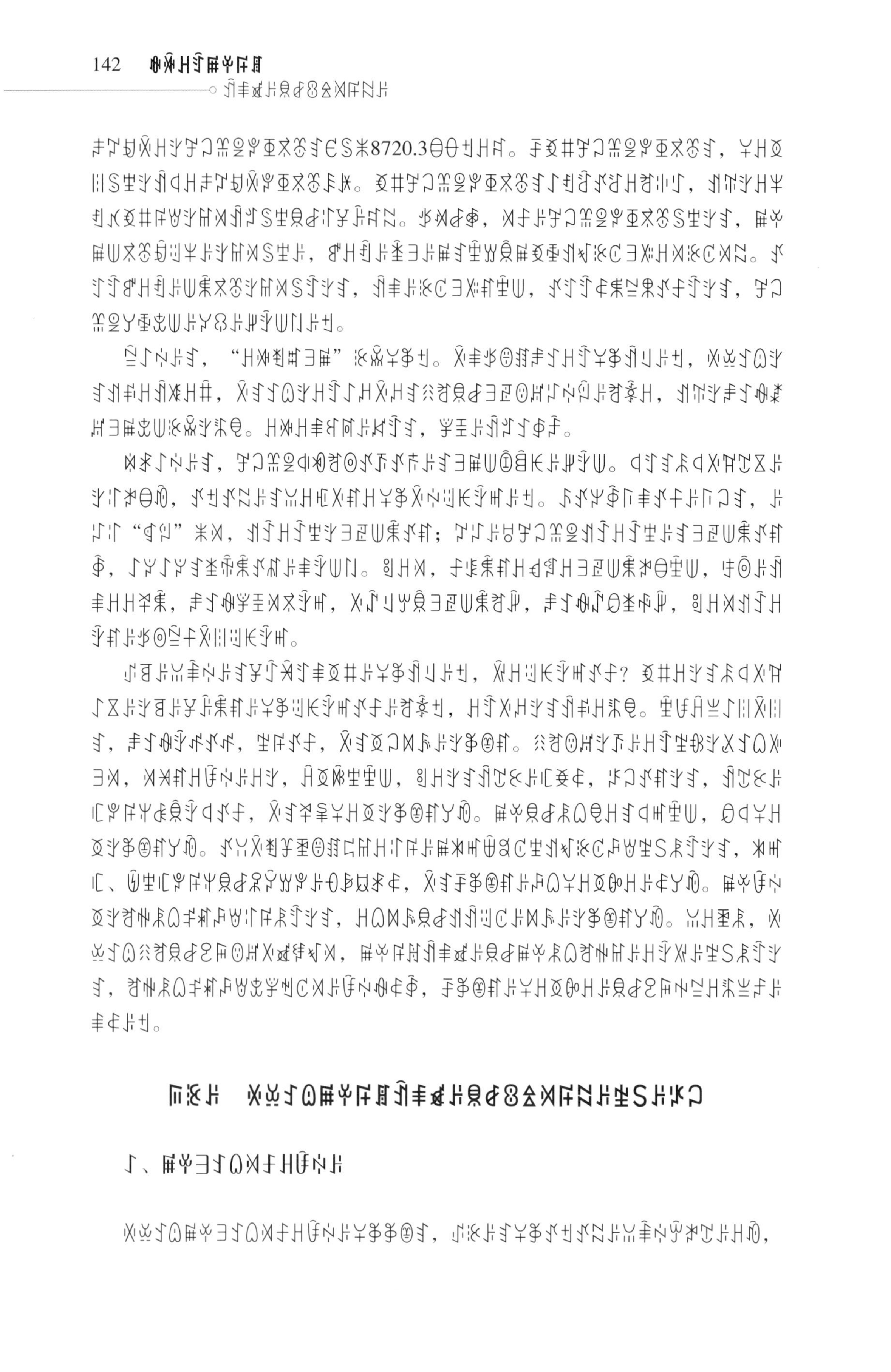

[illegible] 8720.3 [illegible]。[illegible]

[illegible]，“[illegible]”[illegible]。[illegible]

[illegible]，“[illegible]”[illegible]；[illegible]。

[illegible]？[illegible]。

[illegible]

[illegible]、[illegible]

[illegible]，

[illegible]

[illegible]

[illegible]

[illegible]

[illegible]

[illegible] (*Medicago archiducisnivolai*) [illegible] (*Vicia unijuga*) [illegible] (*V.cracca*) [illegible]

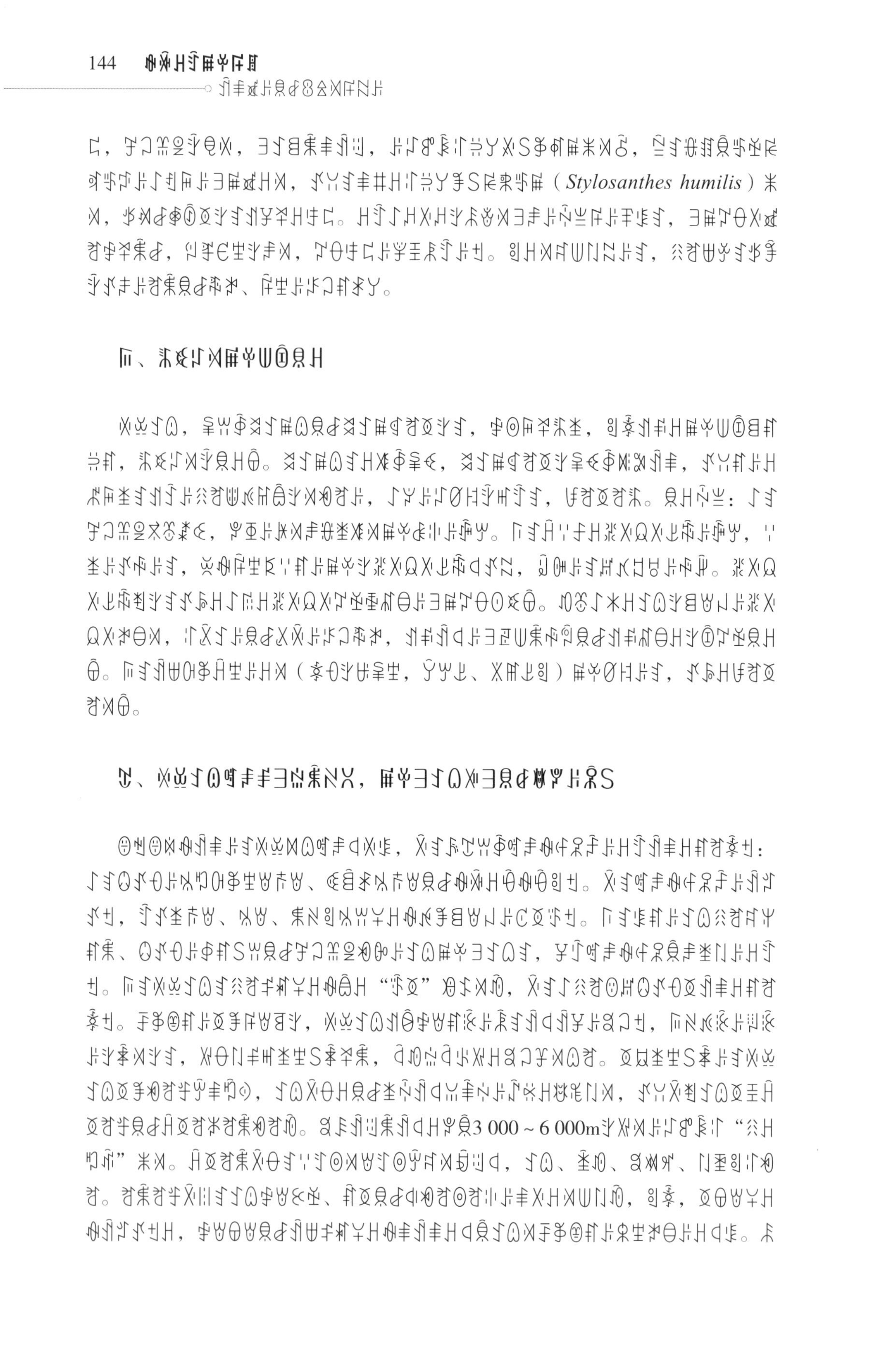

[illegible]（*Stylosanthes humilis*）[illegible]

[illegible]

[illegible]

[illegible]

[illegible] 3 000 ~ 6 000m [illegible]

[illegible] 1957 [illegible]

[illegible]

[illegible]

[illegible]

[illegible] 10 [illegible] 4 849.8 × 10^4hm^2，[illegible] 4 227.3 × 10^4hm^2。[illegible] 673.9 [illegible]。[illegible] 4 500 ~ 5 000m。[illegible] 5 000 ~ 5 300m，[illegible] 6 000m [illegible]。[illegible] −6.6 ~ 0.1℃，[illegible] 150 ~ 300mm，[illegible] 80 ~ 100 [illegible]。[illegible] 5 100 ~ 5 300m [illegible]。[illegible] 5 000 ~ 5 300m [illegible]。

[illegible] 150 [illegible]。[illegible]

[illegible]、[illegible]

[illegible]。[illegible]、[illegible]、[illegible]，[illegible]（[illegible]）18[illegible]，[illegible] 1 912.9 × 10^4hm^2，[illegible] 1 667.4 × 10^4hm^2。[illegible]，[illegible]，[illegible] 2 900 ~ 4 400m。[illegible] 4 200 ~ 4 500m[illegible]，[illegible]，[illegible]，[illegible] –0.5 ~ 8.3℃，[illegible] 200 ~ 400mm，[illegible] 6 ~ 9 [illegible]，[illegible]，[illegible]。

[illegible]，[illegible]，[illegible]。[illegible]：[illegible]，[illegible] 2 ~ 3 [illegible]，[illegible]、[illegible]。[illegible]，[illegible]，[illegible]。[illegible]（[illegible]、[illegible]）、[illegible]（[illegible]、[illegible]、[illegible]）[illegible]，[illegible]，[illegible]。[illegible]，[illegible]，[illegible]。

[illegible]、[illegible]、[illegible]

[illegible]，[illegible]，[illegible]、[illegible]、[illegible]、[illegible]，[illegible]（[illegible]）9[illegible]。[illegible] 741.9 × 10^4hm^2，[illegible] 646.7 × 10^4hm^2。

[illegible]，[illegible] 3 100m[illegible]，[illegible] 4 500m [illegible]，[illegible]。[illegible] 1 700 ~ 3 000m[illegible]，[illegible]、[illegible]，[illegible]，[illegible]。[illegible]，[illegible] 595mm [illegible] 200mm [illegible]，[illegible] 8.7℃ [illegible] 0℃ [illegible]。

[illegible]，[illegible]。[illegible]，[illegible]，[illegible]，[illegible]，[illegible]，[illegible]。

[illegible]，[illegible]：[illegible]，[illegible]，[illegible]、[illegible]，[illegible]。

[illegible]：[illegible]，[illegible]，[illegible]，[illegible]。[illegible]，[illegible]，[illegible]，[illegible]。

[illegible]、[illegible]

[illegible]。[illegible]、[illegible]、[illegible]，[illegible]、[illegible]，[illegible]，[illegible]、[illegible]，[illegible]（[illegible]）86[illegible]。[illegible]86.65[illegible]，[illegible]43.3%[illegible]，[illegible] 4 991.7 × 10^4hm^2，[illegible]38.9%[illegible]，[illegible]4 351 × 10^4hm^2。[illegible]，[illegible]。

[illegible]，[illegible]，[illegible]，[illegible]，[illegible]，[illegible]，[illegible]、[illegible]、[illegible]。[illegible]、[illegible]、[illegible]4 000m[illegible]，[illegible]。[illegible]5 000m[illegible]，[illegible]。[illegible]4 000m[illegible]，[illegible]。[illegible]2 ~ 14.6℃[illegible]，[illegible]–6 ~ 0℃[illegible]，[illegible]700mm[illegible]100mm[illegible]，[illegible]、[illegible]、[illegible]。

（[illegible]）[illegible]

[illegible]（[illegible]）[illegible]，[illegible]（[illegible]）[illegible]。[illegible]（[illegible]）[illegible]，[illegible]，[illegible]，[illegible]。[illegible]（[illegible]、[illegible]）[illegible]。

（[illegible]）[illegible]

1. [illegible]

[illegible]20[illegible]80[illegible]，[illegible]9.3%[illegible]

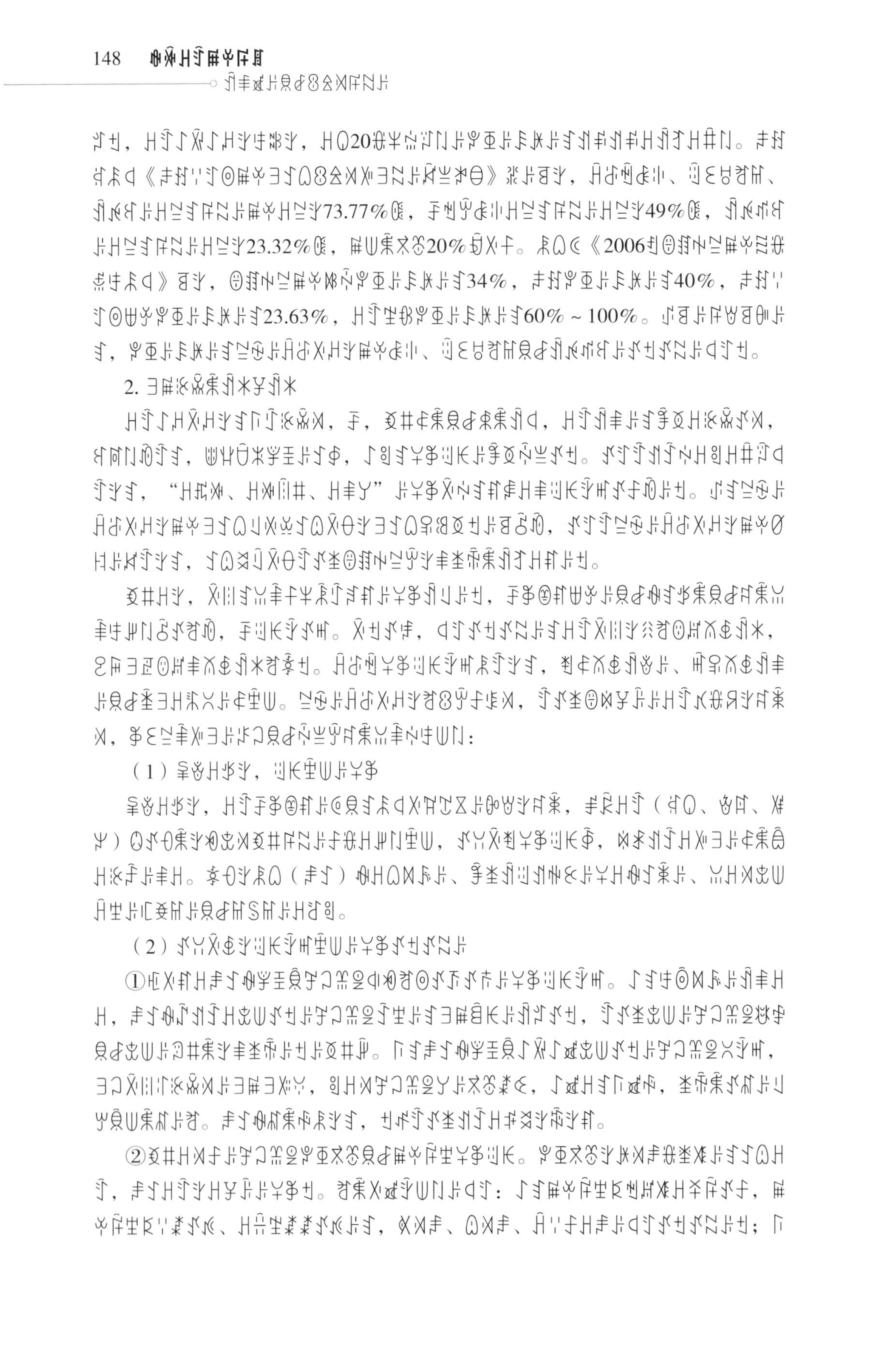

[illegible]，[illegible]20[illegible]。[illegible]《[illegible]》[illegible]，[illegible]、[illegible]、[illegible]73.77%[illegible]，[illegible]49%[illegible]，[illegible]23.32%[illegible]，[illegible]20%[illegible]。[illegible]《2006[illegible]》[illegible]，[illegible]34%，[illegible]40%，[illegible]23.63%，[illegible]60%～100%。[illegible]，[illegible]、[illegible]。

2. [illegible]

[illegible]，[illegible]，[illegible]，[illegible]，[illegible]。[illegible]，“[illegible]、[illegible]、[illegible]”[illegible]。[illegible]，[illegible]，[illegible]。

[illegible]，[illegible]，[illegible]。[illegible]，[illegible]，[illegible]。[illegible]，[illegible]、[illegible]。[illegible]，[illegible]，[illegible]：

（1）[illegible]，[illegible]

[illegible]，[illegible]，[illegible]（[illegible]、[illegible]、[illegible]）[illegible]，[illegible]，[illegible]。[illegible]（[illegible]）[illegible]、[illegible]、[illegible]。

（2）[illegible]

①[illegible]。[illegible]，[illegible]，[illegible]。[illegible]，[illegible]，[illegible]，[illegible]，[illegible]。[illegible]，[illegible]。

②[illegible]。[illegible]，[illegible]。[illegible]：[illegible]，[illegible]、[illegible]，[illegible]、[illegible]、[illegible]；[illegible]

[illegible]

[illegible] 50%～60%（[illegible]）[illegible]

③[illegible]

④[illegible]（[illegible]）[illegible]

[illegible]

[illegible]（[illegible]）20[illegible]。[illegible] 336.8×10^{4}hm^2，[illegible] 295.1×10^{4}hm^2。

[illegible] 3 700～4 800（5 100）m [illegible] 2 500～3 700m [illegible] 1 100～2 500m [illegible] 1 100m [illegible]

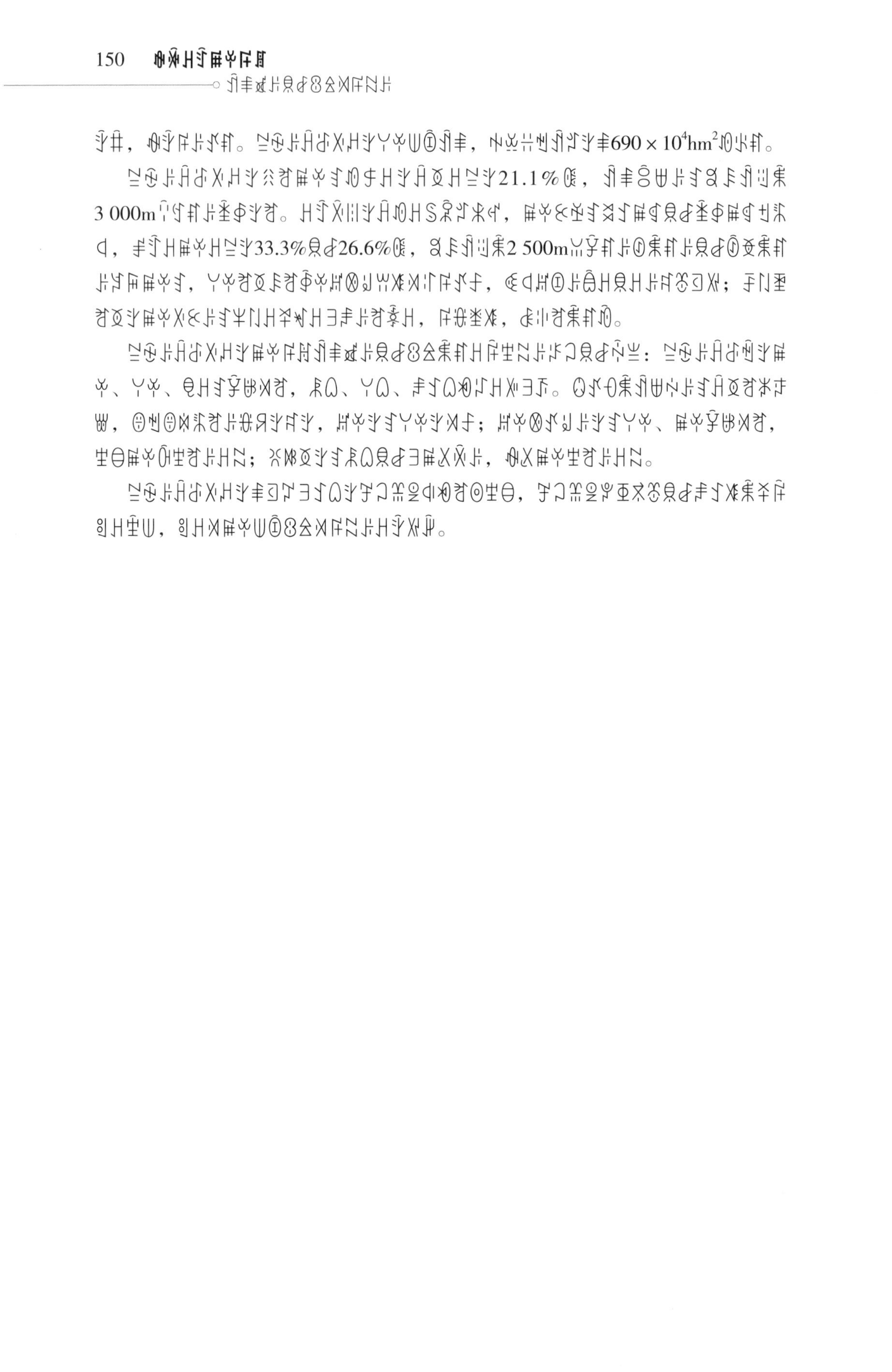

[illegible]，[illegible]。[illegible]，[illegible]690 × 10^4 hm^2[illegible]。

[illegible]21.1%[illegible]，[illegible]3 000m[illegible]。[illegible]，[illegible]，[illegible]33.3%[illegible]26.6%[illegible]，[illegible]2 500m[illegible]，[illegible]，[illegible]；[illegible]，[illegible]，[illegible]。

[illegible]：[illegible]、[illegible]、[illegible]，[illegible]、[illegible]、[illegible]。[illegible]，[illegible]，[illegible]；[illegible]、[illegible]，[illegible]；[illegible]，[illegible]。

[illegible]，[illegible]，[illegible]。

第一编　草地的多种用途与可持续利用综述

随着我国牧区人口的增长，需求也随之增加。需求的增加促使群众有增加更多牲畜的欲望和行动，从而出现了牲畜数量不断增加，甚至居高不下的状况，加上有些地方的草地使用权属不清，边界不明，导致抢牧、盗牧、滥牧、过度放牧，致使草地退化日趋严重，各有关方面希望解决草地退化问题的呼声也越来越高。但是，实践证明，单一从牧业来解决草地退化问题，难度是很大的。鉴于草地具有多功能性，结合国外的经验和发展趋势来看，推动草地的多用途发展以及开展多种经营，可能是解决上述问题的有效途径之一。

推动草地多种用途的发展和实现草地的可持续利用，必须首先解决一些带共同性的问题，如观念更新、草地使用权属、经营体制、职业教育、高素质从业人员的培养和监管机制等问题，本编分析了解决这些问题的途径和方法。在此基础上，论述了草地与民族地区旅游业的发展，天然草地优良饲用植物及某些经济植物的开发利用的方法和有关技术，以推动民族地区发展多种经营，活跃地方经济。

在推动草地多用途发展的同时提出草地的可持续利用，既是为了避免当前的生产活动带来负面的影响，也是为了长期的需要。为了实现这一目标，在本编专章讨论了牧业的合理经营以避免草地退化现象继续发生，也讨论了推动草地多用途发展时，如何保持草地的可持续利用及其有关的方法和技术。

第一章 草地多种用途与可持续利用需要解决的共同问题

草地的多种用途，20 世纪 80 年代就有个别学者提出来，但未能引起广泛的重视。90 年代提的人更多，如 1995 年在美国召开的第五届国际牧地会议上，不少人提到草地和牧地的多种用途问题，但是，由于各国的环境、存在问题和需要的不同，提出多种用途的出发点和内容并不相同。墨西哥代表在讲述牧地多种用途时，提出发展农业、林业、牧业和纤维生产等内容，美国代表则主要讲述改善环境、食物、纤维生产、娱乐和美学价值等内容[1]。21 世纪初对这一问题的认识更为广泛和深入。2008 年在我国内蒙古呼和浩特市召开的“世界草地和草原大会”的主题定为“变化世界中的多功能草地”，是对草地多功能性认识的深入和概括表述。

本书所讲的草地多种用途是基于草地资源的多功能性、生物多样性和民族地区经济、社会发展的需要而提出来的。它的基本精神和目标：在以牧为主的前提下，因地制宜地发展多种经营，活跃民族地区经济，推动草地多种用途与可持续利用同步发展和草地农业的现代化，稳定和改善环境，为提高当地人民的生活质量和建设生态文明做贡献。

强调以牧为主是因为发展牧业是草地最简捷的利用途径，也是牧民世世代代习惯的生产和生活方式，关系千家万户的生计。强调因地制宜是因为不同地区之间的条件、资源和社会需求不一样，避免盲目开发造成不必要的损失。

草地可持续利用是在满足当代人需要的同时，给子孙后代保留一个良好的生存环境和发展经济的条件。在提出草地多种用途的同时，提出草地可持续利用是为了避免发展多种用途给草地带来负面的影响，也是对现代草地经营必要的要求[2～5]。

要达到上述目标并不容易。从国内外草地利用的历史来看，德国花了 110 多年的时间建成了一个比较成功的现代化草地农业；美国在走过约 120 年的曲折道路之后，回过头来向欧洲学习，从 1933 年派人参加“国际草地会议”开始，又花了 80 多年的时间才走上现代化草地农业的道路。而发展中国家仅有少数比较成功以外，失败的教训不少。再从我国的情况来看，为什么草地生产进展不大，草地生态破坏严重，还有90%的草地出现不同程度的退化？客观形势要求我们认真总结，探索有效的对策[6,7]。

本章内容正是在参考国外成功经验的基础上，结合我国的实际，探讨实现草地多种用途与可持续利用同步发展和推动我国草业走向现代化需要解决的共同问题。

第一节　转变观念问题

经济在发展，社会在进步，人的观念要与之相适应，不然就会影响发展，阻碍进步。

一、牧民的财产观念

牧民有一种传统观念，认为牛就是牧民的财产，牛多财产就多，后来又扩大到所有的牲畜，认为牲畜多财产就多。因此，牧民便大力发展牲畜数量。世世代代这样发展，牲畜太多引起草地过牧退化，牲畜缺草，加上恶劣天气和疾病的影响，牲畜便大量死亡。这就是我国过去造成牧区牲畜年复一年的“秋肥、冬瘦、春死亡”恶性循环的原因。这种循环延续了多少代人，造成的损失有多大，很难说清。于此，仅根据新疆的资料来说明。新疆冷季草地载畜能力只有暖季的60%，牲畜冬瘦春死问题难解决，每年死亡牲畜达200万头，牲畜掉膘是死亡损失的四倍。如果以我国整个牧区类似损失计算，将是一个惊人的数字。其实，牲畜多，不一定畜产品就多，也不一定财产就多。其中的道理，搞畜牧的人都知道。这里需要说明的是，牧民的财产除了牲畜以外，还应包括草地。道理很简单，牲畜没有草吃，就不能够生产乳、肉、毛等畜产品，牲畜死亡了，就什么也得不到。牧民也懂这个道理，但是了解不深。牧民为什么不像爱护牲畜那样爱护草地呢？除缺乏草地科技知识以外，也还有历史和现实的原因。草地权属不清，界限不明，导致偷牧、抢牧、滥牧，从而导致草地过牧退化。要立即解决这个问题并不容易。因为既要解决认识问题，也要解决存在的实际问题，才能使牧民像对待牲畜一样对待草地资源[8]。

二、衡量畜牧业生产水平的指标问题

20世纪相当长时期，我国牧区曾以发展牲畜头数作为衡量畜牧业生产水

平的指标，基层干部向上汇报工作成绩就是今年牲畜增加了多少头，不同单位和地区之间比较成绩的大小就是看谁发展的头数多。

这种观念与牧民传统的财产观念结合起来，便把发展牲畜头数作为共同的奋斗目标，结果造成了很大的损失。我国牧区曾有两个县表现得很明显，一个县把牲畜破100万头作为奋斗的目标，另外一个县把超50万头作为自己努力的方向。两个县的干部和群众都很努力，也很辛苦，大家都省吃俭用，其中有个县还大力发展山羊，因为群众不喜欢吃山羊肉，正好留着凑数。几十年过去了，两个县都未达标，但是牲畜头数还是大大增加了。因为工作“成绩显著”，干部得到提升，但群众说“我们吃的肉和酥油并不比过去多”。这种行为造成的后果是草地退化，每年大牲畜死亡5%，小牲畜死亡10%。这就是衡量畜牧业生产水平指标的错误观念造成的损失。

现在，这类错误观念是否已完全解决了呢？答案是否定的，它们有的可能还在变相地影响草地利用，不然，为什么直到现在，还有不少报道称我国90%的草地出现不同程度的退化呢？如果想解决这一问题，不仅需要彻底改变这种错误观念，而且需要有一个合理的衡量指标。畜牧业发达国家的农民，无论年度比较、单位或地区之间的比较，都不用增加牲畜头数作为衡量标准，而常常是以当年产品销售的总收入，扣除肥料、饲料和机器折旧等的开支以外的人均净增收入做比较。可以说，这才符合科学发展观的要求。

三、牧民需要有适应市场经济的观念

过去，我国的农牧业多为自给自足的小农经济，在这种条件下形成的观念就是满足自己的需要，有多余的才进入市场销售，以换取自己缺少的东西。在市场经济条件下，农牧业生产是生产商品，要求产品质量好，进入市场才有竞争力。计划和安排生产，要考虑市场需求，要求降低成本，增加收益。从事草地畜牧业就要做好畜群周转，主要饲养生产畜，非生产畜要及时淘汰，要懂得长期饲养非生产畜是对饲草资源的浪费。此外，农牧产品要经得起严格的质量检验，要自觉遵守消费者权益保护法，为社会提供优质产品，不生产和销售伪劣产品，不然也会受到法律的制裁。

第二节　有利于调动群众生产积极性的经营体制问题

我国草地经营体制涉及的问题较多，目前，还处于试验和探索的阶段。2013年中央一号文件提出：“坚持依法自愿有偿的原则，引导农村土地承包经

营权有序流转，鼓励和支持承包土地向专业大户、家庭农场、农民合作社流转，发展多种形式的适度规模经营。”这是我们研讨和决定经营体制的基本依据。

我国牧区群众自发的探索已有进展，并且显示了一定成效。于立等人在国家社科基金重大项目的阶段性研究成果《三牧问题的成因与出路》等三篇文章中指出：“他们（牧民群众）在维持牧场承包制长期不变的基本前提下，通过资源整合，初步向草地规模经营方向发展。资源整合是通过一定的组织形式将牧户的草地、机具、设备、劳力等资源整合在一起，以利于发展规模经营和各种作业机械化的顺利实施。在现实条件下，形成了三种经营体制。”下面即主要对这三种体制结合其他成功的经验做简要介绍和概括论述[9～11]：

一、家庭农场经营模式

目前的家庭农场有两种情况。一种是真正以一个家庭为经营单位，这种经营模式，劳力管理和收入分配问题简单，许多国家的实践证明效果良好。所以，中央文件把专业大户和家庭农场定为首要的发展方向。但是，目前的经营规模较小，要实现较大的适度规模经营，还需要经历土地流转、机械化、信息化、高新技术应用的发展过程，才能达到现代化草地农业的水平。根据国际经验和从长远来看，这种家庭农场经营模式是有发展前途的。另一种为将若干农户结合起来，将承包的草场和牲畜等统一交由某个家庭具体负责经营。这种家庭草场经营模式与前面讲的家庭农场不一样，因为它是由若干农户结合起来的，如果能解决好劳力管理和收入分配合理等问题，也是可能稳定发展的。

在发达国家，一个家庭能够经营大面积的土地，主要靠机械化、信息化和高新科技在农业中的应用。家庭农场的场主（也是主要劳动力）一定是个非常能干的人，既要掌握农牧业生产有关的各种知识，也要能熟练使用机械化和信息化的各种设备，还得是一个社会活动的能人。只有具备以上各种条件，农场主才能使这种经营方式运作自如。德国的农民一般都具有大专文化，以及农业科技知识和技能；美国 20％的农民具有大学文凭，其他的也多具专科水平，这也是实现农业现代化的基本条件之一。

二、合作经营模式

牧户将各自承包的草场和牲畜通过合作社等组织形式联合起来统一经营。

如内蒙古赤峰市东北部阿鲁科尔沁旗的绍根镇的合作制草场模式是以基础设施较好，经济实力相对雄厚，具有较强管理水平、经验与技术的牧民为主体，本着自愿原则把草场适当集中联片，实行合作经营的牧民合作组织。仅在2003～2006年，绍根镇就发展到76处，联合314户、1 470人，其中劳动力618人。按照合同规定履行义务、享受权利、分享利益、共担风险。

有关报道称：绍根镇实现了草场、牲畜、劳力、资金、技术等的重新组合，使其效益最大化，促进牧民增收，实现了草地有序流转，资源的合理配置，有利于草地的合理规划，分区轮牧、草地轮休、草地改良等措施的实现和规模经营的逐步实现。合作经营模式要求管理人员素质好，为人正直、处事公正，并且在实践中对劳力管理和收入分配做到合理，也完全可能产生好的效果。

三、股份经营模式

牧户将承包的草场和牲畜按公司制的组织形式组织起来统一经营。如内蒙古阿巴嘎旗萨如拉图雅嘎查2002年以嘎查名义注册了萨如拉牛业有限责任公司，有31个股东，以现金、草场和牲畜等方式入股。公司以牛的饲养、加工和销售为主，兼营饲草料种植、加工和销售，林业生态建设、旅游业、渔业等。经过大家的努力，短短几年，改善了生产和生活条件，公司也有发展，到2006年户均增收9 000多元，人均增加收入2 600元。这种经营模式的经验总结为：合理安排劳动力、保护生态、解决畜产品的销路，实现了牧民增收与生态环境建设双赢的目标。

这种经营模式在较短的时间里取得了较大的成效，靠的是发展多种经营，说明牧区发展多种经营也是牧区走向富裕的有效途径之一。但是，这种经营模式也需要做好劳力管理和收入分配合理，这是长期稳定发展的重要条件。

上述三种经营模式还需要在未来的实践中检验，再进一步补充和完善，逐渐形成适合我国的经营体制和适度规模的经营模式，从而推动我国草地农业稳步向前发展。

第三节 防止草地退化和保持草地可持续利用的关键措施

历史上造成草地退化的原因：一是草地权属不清、边界不明，造成有些草地的偷牧、抢牧、滥牧，导致草地退化；二是不少农户养畜过多，严重超载过牧，导致草地退化；三是乱挖、滥采中草药，只挖不管理，造成草地退化。解决这些问题的有效方法，既要有综合性措施，也要有针对性措施；既要向群众讲清道理，也要严格执行有关法规[6,8,12]。

一、严格控制草地使用权限

严格控制草地使用权，要求明确规定：无论个人或集体的放牧、打草、采药和狩猎等一切作业，只能在自己拥有使用权的土地上进行，未经允许不得在他人拥有使用权的土地上进行任何作业，违者均属侵权行为，应根据情节轻重，受法律的制裁。

这是一项综合性措施，如果能严格控制，让每个经营单位只能在自己拥有使用权的土地上开展一切作业，抢牧、偷牧、滥牧和乱挖、滥采等现象就可以快速制止。再加上草地改良、封育等措施和控制适度的载畜量，已经退化的草地便可得到恢复。长期坚持，便可防止未来草地再度退化的发生。

草地使用权的边界应尽可能在有关方面参与下设置明显的界标，也可利用自然物，如山头、岩石、河流、溪沟、栽培灌木等，最好能绘制草地使用权边界图并复制多份，一份交使用权拥有者保存，其余的交政府管理部门和农业协会备案保存供查看，以避免边界纠纷。

二、严格控制草地载畜量与利用率

草地牧业利用时，要求每个生产单位严格控制载畜量与利用率，不然的话，就会给家畜或草地带来不良的影响。因为气候的年度变化会带来草地产草量的年度变化，有的年份高产（丰产年），有的年份低产（歉收年），有些国家（如澳大利亚）认为适宜的载畜量应以歉收年为准。丰产年多余的牧草用以制作干草或青贮料做储备饲料。如果以丰产年为准，当遇到干旱歉收年时就会带来许多困难和麻烦，如果没有足够的草料储备，就会造成牲畜掉膘或死亡等问题。有的人（如我国有些人）认为以中产年（或高产和低产年平均）来计算适宜的载畜量。这就要求经常有充足的草料储备，歉收年用储备料补饲。无论用什么方法计算，关键是要达到一年各个时期的平衡供应，从我国现时来看，最重要的是抓好草料储备。

无论草地牧业利用还是草地上的其他资源的开发利用，都要求控制一定的利用率。利用率最好是通过试验研究结合一定时间的实践来确定，在未进行这些工作之前，也可参考现有资料结合群众的经验确定一个试用标准在实践中检验，并同时进行有关的研究，再确定一个单位可以较长期使用的利用率[13,14]。

美国和加拿大草地放牧利用率情况，以温带草原为例，在牧草质量较好的情况下，天然草地一般为60%；如果牧草生长状况较差，也可降为50%。人工草地多控制在60%～70%，在要耕翻之前的人工草地可达90%。荒漠和半荒漠利用率可控制在20%～30%，甚至仅为稳定环境利用，而不放牧牲畜。

草地开展其他用途时，主要是注意保持其再生产的能力。人工栽培的植物，需要保留足够的种子或其他繁殖体。从天然草地中采挖某种资源植物时，需要保留一定数量的繁殖体，以利其再生和繁衍[15,16]。

至于野生动物的收获利用，则要求留有可供繁衍和再次利用的种群及其生存和生活的条件。

三、严格执行草地生态保护和同步进行草地培育及建设的法规

草地使用者应该承担生态保护的责任，造成草地退化者应该承担草地生态恢复的责任并列入有关法律，以保持草地状况良好和可持续利用。培育方法包括补播草种、施肥、灌溉、轮休、封育等（详见第二章）。草地建设内容很多，如道路、引水灌溉渠道、边界标志等公共设施、经营单位内的生产规划区、轮牧区、饮水点及其设备、畜舍、补饲设备，以及管理人员的居住点、房屋、生活设施等。各种建设都要求有利于草地的利用、管理和培育，防止草地退化[3,17,18]。

如能严格做到上述三点，当前草地退化问题可以得到解决，这三点也是防止未来草地再度退化和实现草地可持续利用的重要措施。

第四节 草地作业机械化和信息化问题

发达国家能以5%～10%的农业人口养活90%以上的非农业人口，主要在于其作业的高度机械化和信息化，一个农户能经营数十至数百公顷的土地，农民的平均经济收益，大多高于城市人口的中等收入，这是农村、农民和农业能稳定发展的基本条件。

我国草地资源主要分布于西部各省（区），但是，草地保护和建设的好坏却是关系全局的事。草地的重要功能之一就是稳定我国西部的环境，如果草地被破坏，失去草本植被的覆盖，风沙会吹到东部各省（区），使东部的人民受害，影响各行各业的生产和工作。而西部草地上生产的牛肉、羊肉和乳品

要销售到东部各省（区），大家出于对绿色食品的关心，也就需要关心和支持西部地区草地的建设。此外，草地的有些建设并非仅使某个单位受益，如公用道路、引水工程和草地使用边界标志等基本建设都是关系全局的事。这些建设都涉及资金和技术，西部各方面原来的基础都较差，这些都是实际情况和实际问题，所以说草地的保护和建设需要全社会和各行各业的支持和帮助。

支持和帮助主要需要的是资金和技术。从技术角度来看，主要是不同的草地如何实现机械化的问题。没有各种作业的机械化和信息化设备，规模经营和现代化都将成为空话。德国草地农业的机械化和自动化做得较好，牧草和其他作物从播种到收割、加工、贮藏、取用、饲喂都有配套的机具，牲畜的放牧、饮水、收牧、挤奶、输奶管道、喂料、给草等作业都实现了机械化和信息化。所以，在德国能够做到较大规模的集约经营。有一家中等农户在“二战”前仅养 13 头奶牛，由于实现了挤奶机械化，到 20 世纪八九十年代养了 25 头奶牛。牲畜的畜舍也有成套设备，农民买回去自己安装，厂家也可上门安装。幼畜的取暖和饲喂有专门的装置，畜粪的清除和发酵处理也有专用自动设备。工业支持农业做得很好，农业需要什么机具就研制生产什么机具，并且实行以旧换新的办法，推动着农业不断提高和完善。

工业支援农业并不是无偿援助，而是有偿的，但价格都很便宜，也鼓励农民以旧换新。而且这种支持和帮助能够长久维持，不是一时的动员而产生的短暂激情，农业也成为工业的良好市场，推动双方协同发展。

第五节　严格的检验、监管、调控和法律机制

一、严格的检验机制

严格的检验机制[19]是保证生产正常运行和产品质量的重要条件，发达国家检验机构较为完善、检验制度严格、商品有质量保证、对消费者的信任度较高。这些国家的生产能够顺利进行，人民的生活用品质量较好，人民放心，与其检验机制有着非常密切的关系。

德国配合饲料有两种检验机构[20]。一种是化学检验，对每个生产厂家的产品都会进行经常性的监测。他们从农民购买某厂的饲料里取样进行化学分析，如果化验结果与其宣传材料差距很大，有明显弄虚作假现象，就在报纸上公布检验的结果，这个厂就会倒闭。另一种为生物检验农场，同样是从农民购买某厂家的饲料抽购样品做动物饲喂试验，如用该厂饲料喂牛、猪的增

重量以及禽类的产蛋效果。同样，如果与厂家宣称的饲喂效果差距很大，检验机构也会公布他们检验的结果，该厂不仅要赔偿损失，还要接受法律的制裁。如果是检验机构的错误，该检验机构也要受法律的制裁。

同样，草地农业的产品如牛奶、奶制品、牧草种子、干草等商品也要接受检验，不合格者和弄虚作假者，也会受到法律的制裁。

我国目前各地不仅检验机构不完善，检验制度也不严格，假冒伪劣产品时有发生，使消费者的权益遭受损害。因此，今后势必需要大力加强检验机制，以确保生产正常运转和消费者的利益。

严格的检验机制对草地经营者同样重要，一方面是有利于他们购买的设备和材料质量得到保证，生产能正常进行；另一方面是有利于推动草地农业产品质量的提高，在向社会提供优质商品的同时，获得他们应得的利益。

二、草地农业协会的自我监管机制

实践证明，协会自我监管是很有效的，因为会员都是内行，接触的机会很多，相互知情[19,20]，在良好会风和章程的影响和约束下，会员都愿意做好自己的生产和工作，以维护协会的荣誉和保证自己产品的销路。美国各行各业都有自己的行业协会，如美国高校有六个地区性的大学协会，为了维护大学的荣誉、保证办学的水平和质量，每个大学首先要经过大学协会的评审通过，才能称为大学或学院，才能得到高校管理部门的承认和批准，才能招生、收学费，授予的学位才能得到社会的认同[21]。美国农业协会的主要作用在于交流经验、传递信息、保护农民利益，有的农业协会也兼具娱乐和活跃农村生活的功能。农民除在地里劳动和市场购销活动以外，大多数时间参加协会活动。协会的“会馆”是会员之家，有多种报纸和杂志供会员参阅，也有关于农业机具和设备新产品方面的宣传品和销售传单。农业协会也具监管的功能，为了长远和整体的利益，会员约定不生产、不销售低劣产品，保护土地资源和环境。对违约违规者，轻则批评教育，重则暂停会籍，极其恶劣者将被开除会籍或由司法机关处理。

我国地方政府和管理机构对草地经营者成立类似的协会，需要给予鼓励、引导和帮助，以团结广大群众，克服面临的各种困难，共同搞好草地农业生产，并且进行互相约束和自我约束，不生产、不销售假冒伪劣商品，推动我国草地经营在正常轨道上健康发展。

三、用奖励调动生产积极性、用税收调控两极分化

许多国家各行各业大多用奖励的办法调动人的积极性，不仅有利于激发个人，甚至影响整个行业的生产。因为人除了物质需求以外，还有精神的需要。草地经营行业也需要应用激励机制来调动经营者的积极性，当某个单位或个人在某个方面取得进展、做出成绩或者创新的时候，即时给予表扬和奖励，以推动草地经营不断地向前发展[19,20]。

我国农业部门两极分化还不严重，但需要有预防措施。在德国，防止两极分化的办法是税收。如德国某高校的许多教授被提升到某个级别时，便主动要求不再提升。因为收入愈多，税收就愈高，到某个级别时，如果再提级，交完税后的实际收入比原来的级别还低。所以，许多教授到某个级别后，便主动要求不晋级。德国政府控制农户的经营规模为 15～30 hm^2，正好是一个农户在作业机械化和自动化条件下适度经营的规模。如德国大、中、小三种规模的农户，小农户自己没有足够的草地放牧牲畜，租用他人的草地放牧绵羊，机具不配套，生产效率很低。大农户经营土地70 hm^2，管理粗放，未能充分发挥土地的生产效率。中等农户最好，土壤显得很肥沃，牧草生长茂盛，牲畜体况良好，乳牛产奶量较高，农户也较富裕。因此，德国政府以发展中等农户为主，这既有利于一个农户的人力、机具和土地面积配套实现集约经营，获得最好的生产效益，也有利于控制两极分化。

我国情况不同，自然环境较复杂，基础设施和其他条件也不同，只能参考其精神，结合我国实际制订适合的方法。

四、法律的监管机制

资本主义国家市场经济发展的历史和我国社会主义市场经济发展的实践都表明，市场经济也必须走向法治轨道，才能正常有序地发展。不然的话，就要引发各种各样的社会问题。就草地农业生产这一领域而言，特别需要法治管理的方面包括草地使用权限及使用权的流转、经营体制、利用强度、退化草地的恢复、草地资源的管理与产品质量保证等方面的内容。

第六节　职业教育与高素质新型从业人员的培养

美国、德国和日本是 20 世纪后期全球的三大经济实体，他们成功的经验

之一就是抓好了职业教育。职业教育之所以如此重要，因为它主要是针对当代工农业的从业人员（工人和农民）进行的。这些从业人员处于生产第一线，对产品的质量、商品的竞争力和企业的兴衰起着决定性的作用。农业的职业教育是从宣传教育、短期培训、现场交流等多种形式逐渐过渡到由学校培养的。新型从业人员的培养则是主要由学校承担。

德国的高中教育早已普及，农业的职业教育是在高中毕业的基础上，经过两年的农业职业学校学习的教育，有些地方要求学生其中一年参与农场实践，才能被授予经营农业的执照。此外，也有相关专业的大学本科毕业生和研究生从事农业经营的[20,22,23]。

美国的农业职业教育是从培训农民开始的，先是办短期训练班，后来才是逐渐由学校培养。特别是各地社区学院为各行各业培养中级和初级技术人员。美国时任总统奥巴马看到了中初级技术人员[24]在美国工业化中所起的决定性作用，他对社区学院给予表扬，对 10 所学院拨款重奖，以鼓励社区学院为美国绿色经济的发展做贡献。现在，美国社区学院已经发展到4 000多所[25]，农业的从业人员多为大专水平[21,24,26]（也有报道称美国 20%的农民持有大学文凭），也多是社区学院培养的。

从德国、美国、法国[27]及其他国家的情况综合起来看，职业教育和培养高素质的从业人员（新型农民）是现代农业教育的必然趋势，谁早抓住这个关键性的问题，谁就会成功[19,25,27]。

从国外教育结合我国实际来看，农业院校的办学方向和教学内容既要考虑全国统一要求，也要考虑地区的特殊需要。院校之间需要友好竞争，相互借鉴共同进步。专业设置要从社会实际需要出发，不宜分得过细，学生所学知识不宜过窄，宜提倡“既专且博”，才能适应未来工作的需要。

近年来，一批职业技术学院成长起来，有可能成为我国培养中级和初级技术人员的主要力量。

我国农业教育最大的问题之一是“学农者不务农，务农者没有机会学农”。这个问题必须解决，农业教育应该面向“三农”。培养的学员，绝大多数人都应直接从事农业经营。因此，农业学校和学院主要应从农民家庭中招收在业青年农民和其他有志青年。学制不等，可以两年、一年、半年，甚至两三个月都可以。给予不同的证书可以连续学，也可以休学，再复学，也可以升学。美国许多社区学院就是这样办学的，社区学院本为两年制的职业学院，相当于我国的大专。但是社区学院不拘一格，灵活办学，利用一个学院的教学资源，从事多种学制不等的职业教育，如短期培训、成年教育、在职人员提高等多种形式的教育[25,28]。为了满足在职人员工作和照顾家庭的需要，可以利用双休日或晚间上课等办法。这种办法很受欢迎，被亲切地称之为平民的学院（the People's Colleges）。希望我国的有关学校能以国家、社会和从业人员的需要出发，多为我国草地农业培养知识面广、技术熟练、道德高尚的从业人员。

为什么要求知识面广？因为草地农业的从业人员既要具有植物生产的知识，也要具有动物生产的知识，还要懂得它们之间相互联系和相互影响的关系。在市场经济条件下，还要懂得农业与市场、农业与其他行业的关系。

为什么要求技术熟练？因为现代化的农业多为家庭农场经营模式，经营规模大，多靠机械化和信息化，应用的设备多且较复杂，要求从业人员熟练掌握各种机具和设备的使用和保养，才能适应工作的需要。

为什么要求道德高尚？这既是对各行各业从业人员的共同要求，也是草地经营的特殊需要。共同要求是把生产品质优良、无毒、无害的产品提供给社会消费者。不同的是草地经营者既要做好草地当前的有效利用，又要保持草地未来的可持续利用，不仅要求经营者既要利用草地资源，又要保护草地资源；既要有为当代人服务的思想，又要有为子孙后代负责的精神，以保护草地稳定环境和发展经济的双重功能。

上面谈到草地经营和农业现代化，对从业人员要求很高，并非说我国现在就无法开展。我国农牧民的文化和现代科技知识不如发达国家的农牧民，但是，我国农牧民有代代相传的丰富实际经验，只要通过短期培训，再从实践中给予指导和帮助，同样可以开展并很快会取得成效，前面讲的家庭经营和企业（公司）经营都有成功的实例。与此同时，再培养农牧民的后辈及其他有志青年成为新型的从业人员，我国的农牧业同样可以逐步实现现代化。农民这个职业，将来在社会上会成为受人仰慕的职业。

第七节　综合应用现代科技，稳步推动草地的多种用途、可持续利用与草业现代化

现代科技包括社会科学和自然科学两方面的知识和技术。社会科学方面包括本章前面提到的经营体制、使用权限、协会监管、检验机制、法律监管机制、教育等，它们常常是起决定性作用的社会因素。自然科学方面包括范围更广，除机械化和信息化以外，还包括草地学、生物、生态、遗传、生物物理、生物化学、医学等的知识和技术。现代草地学科技在西方比较发达，特别是草地农业科技比较先进，所以，我们要吸取他们的经验，主要是借鉴发达国家现代草地农业的作业机械化、信息化技术及草料生产、储备技术等，

综合应用这些科学技术以推动草地的多种用途、可持续利用与草业现代化。在众多学科中，草地学要起关键和核心的作用。

我国的草地学知识并非现代才有，而是自古有之。我国人民对草的认识和利用在世界上也是很早的。人们在长期与自然接触过程中，看到草在自然界中长盛不衰的现象，对草类的生命力给予赞扬。如唐代诗人白居易（772～846 年）在《赋得古原草送别》诗中写道："离离原上草，一岁一枯荣。野火烧不尽，春风吹又生。"在 1 000 多年前，白居易能注意观察到这种自然现象，并对草的生命力加以赞颂，已经是很可贵的了。在我国农村，农民有一句顺口溜叫作"千年草籽，万年鱼子"，意思是草籽历经千年也能萌发，鱼子（卵）历经万年也能孵化，这也是群众对生物潜在生命力的赞颂。从草的角度来看，赋小草的现代诗句"蔓蔓原野草，处处潜伏芽；霜打冰雪压，春来又萌发"，很生动地描写了草的生命力的强大，是由于草具有多种多样的更新芽（种子的胚芽，营养繁殖的地下、地面的鳞芽和不定芽等），是草适应不良环境的对策。环境条件好时又萌发生长，所以小草能"春风吹又生"，才有"千年草籽"的说法。

我国对草的利用也比西方早得多，最早的相关记载是在《神农本草经》里，这部作品为秦汉时人托名"神农"所作，原书已佚，现传本为后人的辑佚本。该书共收藏药物 365 种，其中不少是草本植物。明代杰出医药学家李时珍（1518～1593 年）所编著的《本草纲目》中记载的 1 872 种药物，其中大部分为草药植物，不少产于不同类型的草地，这说明草地药用植物很早就被采集利用。此外，我国民族地区的药物如藏医、苗医的一些特效药及其他各民族的药物不少也采自草地[29]。这些都表明我国对草的认识和利用比西方人更早，利用方法和有关的知识和技术是广大群众实践经验的总结，相关学者需在原有基础上去粗取精，去伪存真，不断改善和提高，形成我国自己的现代草地学科技。

草地多种用途关系到政府有关管理部门，也涉及多个行业和多门学科，这也就需要综合协调机制和主管部门等问题，在发展过程中逐步完善。本书从草地学的角度来看，无论发展什么用途、什么开发项目都要遵循以下原则：一是不污染环境；二是不破坏草地资源；三是坚持先试验，成功后再申请评估，鉴定通过后才能扩大生产或推广应用[30]。

综合本章各节所述，如果我们能把上述七个方面的问题抓住、抓紧、抓好，不搞形式主义，不走过场，真抓实干，我们就有可能在 40～50 年内走完发达国家 80～110 余年走过的路。

以上七个方面是从社会发展的历史和国内外市场经济的现实中总结出来

的，视具体情况而有轻重缓急和区别对待的问题。一般而言，首先要抓好经营体制和职业教育，以利益和兴趣的驱动力调动经营者的积极性，可以较快地搞好企业经营。在企业和个人都很富裕的时候，则要靠社会责任感和慈善之心来调动经营者的积极性，鼓励他们更多地为社会做贡献。对那些缺乏和没有责任感和慈善之心的人，则只有靠严格的监管和法律来规范他们的行为，促使他们走正常的轨道。这些就是社会管理者的责任。

当高素质的新型从业人员在农业人员结构中占优势的时候，再加上有利于调动积极性的经营体制、严格的监管和法律机制、草地生产作业机械化和信息化、古今中外草地学及相关科技的综合应用等措施，将推动我国草地多种用途和可持续利用顺利、稳步地向前发展，也将推动整个草业的现代化。

第二章　草地牧业合理经营

草地多种用途是在以牧为主的前提下，发展其他用途，因此，草地牧业利用仍然是首要的。然而，由于受传统思想影响，盲目追求家畜头数，生产上大多数仍然停留于自由放牧的状态，草地滥挖滥垦现象还时有发生，畜牧业不稳定，低产、劣质及草地退化现象凸显。草地牧业经营不合理是草地退化的主要原因，要推动牧业现代化也必须从草地牧业合理经营开始[31～33]。

我国民族地区草地牧业存在的主要问题：一是养畜过多，严重超过草地承载的能力；二是畜群结构不合理，“吃闲饭”的牲畜过多，造成草料浪费；三是草料储备很差，抗御自然灾害的能力很弱；四是草地改良和人工种草跟不上发展的需要；五是机械化水平低，这是造成草地牧业“拖后腿”的主要因素。本章内容除畜群结构以外，还将对其他四个问题做概括的探讨和提供必要的建议，并希望能对这四个问题的解决有所帮助。

第一节　控制适度的载畜量

草地植物及其群落是草地经营管理的对象，它们除受生境条件影响外，主要依靠放牧家畜的利用变化而变化，这种变化决定着草地饲用植物的数量和质量。因而，草地经营管理的显著特点是通过管理采食家畜的放牧活动来达到植物生产和动物生产的可持续发展。其中，控制放牧家畜的数量尤为重要[34]。

一、草地超载过牧导致草地退化

草地超载是指一定面积草地上的实际载畜量超过该草地理论载畜量的状态。实际载畜量是一定面积草地在特定时间的实际放牧牲畜数量，代表着牲畜对牧草的需求量，可以近似地用牧区年末存栏牲畜数量表示。理论载畜量是在保证草地可持续利用的条件下，一定面积的草地在一定时期内所容许的最大牲畜量，在一定时期内为一常数。理论载畜量由草地的种类、单位面积产草量、气候等自然生态条件决定。

在较长的时期里，我国牧区由于单纯地追求牲畜存栏头数，通过加大畜群规模和放牧频率，对草地进行掠夺式利用，牲畜对草地的需求量远远超出草地自然供给量，导致草地生产力衰退。当前，草地超载放牧利用的现象较严重，草地退化严重。据报道，2011 年我国 268 个牧区半牧区县（旗、市）天然草原的牲畜超载率为 42%，90%以上的草地发生不同程度的退化，这在冬、春草地（冷季草地）表现尤为明显。因此，合理规划利用草地、控制适宜的载畜量，对维持草地生产力、促进畜牧业发展和草地生态环境保护极为重要。

二、草地理论载畜量的确定

估测草地理论载畜量的方法有多种，根据草地牧草产量和家畜的日食量来确定载畜量较为合理[35]。该方法一般需用样方割草估测草地产草量，根据草地状况确定草地牧草利用率，并估算放牧家畜日采食量，其计算公式为：载畜量＝全年草地产草量×牧草利用率÷（日采食量×放牧天数），计量单位为家畜单位/hm^2。

草地产量用样方法估测，一般是用生长季的最高月产草量（即 8 月或 9 月的产量）来估算草地产草量，但生产中往往不可能在此时测定，因而产草量的高低差别很大，需要校正。为此，需要按月测定的产量动态资料，以确定各月产量为最高月产草量的百分数作为校正系数。由于各年产量有丰歉差别，因此，最好用多年平均产量。载畜量计算过程中，有时用“草地达到最高月产草量的测量基础＋30%的再生草量”作为草地全年产草量。测定草地产量时，草地要有代表性，样方数至少 10～50 个，割草时模拟家畜采食时的留茬高度，并除去家畜不能利用的那部分草，以增加产量数据的可靠性。

放牧家畜的日采食量随家畜的种类、品种、年龄、体重、生产用途和草地质量等而不同，具体数据应有实测资料作为依据[36,37]。为便于计算，我国北方常用羊单位进行折算，南方常用黄牛单位进行折算。一头活重200 kg的黄牛，日采食鲜草 26 kg（干草约 7 kg）为一个黄牛单位。其他家畜折算比例为：水牛 1.3，绵羊 0.25，山羊 0.22。羊单位（我国绵羊单位）是指一头体重 40 kg 的母羊及其哺乳羔羊，每天需采食青干草 1.8 kg。各种家畜的标准羊单位折算系数见表 2-1。

表 2-1　各种家畜的标准羊单位折算系数

家畜类型	标准羊单位	家畜类型	标准羊单位
1 头黄牛（北方型）	5	1 头骆驼	7
1 头黄牛（南方型）	4	1 匹马（北方型）	6
1 头水牛	5.2	1 匹马（南方型）	5
1 头牦牛	4	1 匹骡	5
1 头驴	3	1 只山羊	0.8

草地牧草利用率一般为 50%左右，人工草地或管理较好的天然草地利用率可以达到 70%～90%，而干旱季节草地利用率为 20%～40%。对不同类型草地不同季节利用，其利用率也有差异（见表 2-2）。规定牧草利用率时，需注意四点：一是牧草耐牧，利用率可稍高，反之，应较低；二是在水土冲刷严重或存在水土流失危险的地段，利用率应较低，反之，可稍高；三是草地植被品质不良，利用率应稍低；四是在牧草危机时期，即早春或晚秋，干旱、病虫害发生期，利用率需降低。

表 2-2　不同类型草地不同季节利用的适宜利用率（%）

草地类型	暖季	春秋	冷季	全年
低地草甸、温性山地草甸	50～55	40～50	60～70	50～55
高寒沼泽化草甸	55～60	40～45	60～70	55～60
高寒草甸	55～65	40～45	60～70	50～55
温性草甸草原	50～60	30～40	60～70	50～55
温性草原、高寒草甸草原	45～50	30～35	55～65	45～50
温性荒漠草原、高寒草原	40～45	25～30	50～60	40～45
高寒荒漠草原	35～40	25～30	45～55	35～40
沙地草原	20～30	15～25	20～30	20～30
温性荒漠、温性草原荒漠	30～35	15～20	40～45	30～35
沙地荒漠	15～20	10～15	20～30	15～20
高寒荒漠	0～5	0	0	0～5
暖性草丛、暖性灌草丛	50～60	45～55	60～70	50～60
热性草丛、热性灌草丛	55～65	50～60	65～75	55～65
沼泽	20～30	15～25	40～45	25～30

三、控制载畜量的方法

（一）根据放牧强度调整实际载畜量

当草地牧草利用率确定以后，可根据家畜实际的采食率来检查放牧强度，监测草地是否超载过牧。采食率为采食量与牧草产量的百分数。当采食率=利用率，则放牧适度，从外观上看草群组成基本不变；当采食率<利用率，则放牧轻度，有利于草场维持较高的生产水平；当采食率>利用率，则过度放牧，可食性高的植物逐渐消失，可食性低的植物和杂草占优势。控制载畜量，可根据放牧强度即放牧草地表现出来的放牧轻重程度进行调整。

（二）发展季节畜牧业，维持适宜载畜量

由于牧草的生长具有季节性，因此，某些月份草地牧草不能供应家畜的需求，而某些月份牧草则过剩。所以，发展季节畜牧业，可实现生长季牧草和家畜最大可能的匹配。在草地牧草生长停止前，转移放牧家畜到畜舍圈养或者直接出售，根据饲草的贮备量来确定过冬家畜的数量。

此外，通过控制家畜的配种时间，使家畜产羔或产犊的时间集中在春季牧草开始快速生长前，可利用春夏季生长过剩的饲草，减轻对冬季饲草贮备的依赖。

第二节 草料贮备

牧草调制加工是畜牧业生产中的重要环节之一，要解决好因饲草供应的季节性、地区间的差异性而引起的制约畜牧业可持续发展的问题，首先要有饲草加工与贮藏这个环节，必须在有计划地进行牧草的种植、管理和收获等工作的同时进行合理的调制和贮藏[38,39]。草料贮备主要包括青贮、干草、多汁饲料、精料等。

一、青贮

青贮是将饲草刈割后在无氧条件下贮藏，经乳酸菌发酵产生乳酸后抑制其他杂菌生长，使其得以长期保存的一种饲草保存方法。青贮饲料主要用于饲喂奶牛、肉牛，也是绵羊和山羊等草食家畜良好的补充饲料，在发展畜牧

业中具有不可替代的作用。

（一）青贮饲料的优点

青贮饲料含有丰富的蛋白质、维生素、矿物质，而且纤维含量少，具有适口性好、消化率高的特点。其制作原料来源广泛，玉米、高粱、紫苜蓿以及青绿秸秆、块根作物、树叶等无毒青绿植物及农副产品均可用来制作青贮饲料。此外，青贮饲料易于加工调制，不受气象条件影响，制作过程养分损失少（约3%～10%），贮藏空间小、贮存安全，保存年限可达2～3年或更长时间，可以缓解青饲、放牧与饲草生长季之间的矛盾，对提高饲草利用率、均衡青饲料供应、满足反刍动物冬春季营养需要起着重要作用。特别是奶牛场，青贮饲料已经成为维持和创造高产以及集约化经营不可缺少的重要饲料之一。

（二）青贮饲料的类型及调制方法

目前，根据不同的饲草种类、气候和具体环境条件以及青贮技术的差异，青贮饲料的调制有如下五种方法：

1. 常规青贮（普通青贮）

常规青贮是指青贮原料不经过晾晒，也不添加其他成分便直接进行青贮，其青贮原料含水量高达75%以上。采用这种方法调制青贮，省工省力，生产成本低。不足之处在于青贮料中干物质少、酸度大、适口性较差，还容易造成汁液流失，降低营养成分的含量。一些条件较差的地区，目前调制青贮饲料多采用此法。

（1）常规青贮原料的选择

作为青贮饲料的原料，首先是无毒、无害、无异味，可以做饲料的青绿植物。其次，青贮原料必须含有一定的糖分和水分。青贮发酵所消耗的葡萄糖只有60%变为乳酸，即每形成1g乳酸，就需要1.7g的葡萄糖。如果原料中没有足量的糖分，就不能满足乳酸菌的需要。根据含糖量的高低，可将青贮原料分为易青贮原料（如玉米、甜高粱、禾本科牧草、芜青、甘蓝等）、不易青贮原料（如紫苜蓿、草木犀、红豆草、沙打旺、三叶草等豆科植物）和不能单独青贮原料（如番瓜蔓、西瓜蔓等）三类。

（2）常规青贮制作要点

①适时刈割。在适当的时期对青贮原料进行刈割，可以获得最高产量和最佳养分含量。通常情况下，豆科牧草为孕蕾后期至开花初期刈割，禾本科牧草为孕穗到开花期之间刈割。

②控制原料水分的含量。一般青贮饲料适宜的含水量为65%～75%。以豆科牧草作为原料时，其含水量以60%～70%为宜。如果含水量过高，则糖分被过分稀释，不适于乳酸菌的繁殖；含水量过低时，则青贮物不易压缩，残留空气过多，霉菌和其他杂菌滋生蔓延，产生更高的热度，会使饲料变褐，降低蛋白质的消化性，导致青贮腐烂变质，甚至有发生火灾的可能。一般来说，将青贮的原料切碎后，握在手里，手中感到湿润，但不滴水，这个时机较为适宜。如果水分偏高，收割后可晾晒一天再贮。

③切碎。青贮原料切碎的目的是便于贮存时压紧，增加饲料密度，提高青贮窖的利用率，排除原料间隙中的空气，使植物细胞渗出汁液湿润饲料表面，有利于乳酸菌生长发育，提高青贮饲料品质，同时还便于取用和家畜采食。对于带果穗的全株青贮玉米，在切碎过程中也可以把籽粒打碎，以提高饲料的利用率。

切碎的程度根据原料的粗细、软硬程度、含水量、饲喂家畜的种类和铡切的工具等来决定。对牛、羊等反刍动物来说，一般把禾本科牧草和豆科牧草及叶菜类等的原料切成2～3 cm，玉米等粗茎植物以切成0.5～2 cm为宜。

④填装。装窖前在窖的四周铺上塑料薄膜，加强密封，防止透气漏水。然后将切碎的青贮原料即时分层装窖，每装15～20 cm厚时，将其摊平踏实，尤其窖壁四周和四角部位更应注意，踏实后再继续填装下一层，直至装满并超过窖面40～60 cm为止，将窖顶做成馒头的形状。

装填原料的同时，还要将原料压实，压得越紧实越易造成厌氧环境，越有利于乳酸菌的活动和繁殖；反之，则易失败。在国外广泛应用真空青贮技术，即在密封条件下，将原料中的空气用真空泵抽出，为乳酸菌的繁殖创造厌氧条件。

⑤密封与覆盖。原料装填完毕，应立即密封和覆盖。其目的是隔绝空气，不让空气与原料接触，并防止雨水进入。这是调制优质青贮饲料的一个关键。

若是窖装青贮时，当原料装填和压紧到窖口齐平时，中间可高出一些，在原料的上面盖一层10～20 cm切短的秸秆或牧草，覆上塑料薄膜后，再覆上30～50 cm的土，踩踏成馒头形。不能拖延封窖，否则温度上升，原料pH值增高，营养损失增加，青贮饲料品质差。

(3) 常规青贮成功的关键

要成功青贮和获得高品质青贮饲料的关键有以下四点：

①厌氧环境。在青贮的制作过程中必须压实、密封，尽快创造厌氧条件。

②原料水分适量。青贮原料中含有适量的水分，是保证乳酸菌正常活动的重要条件。水分含量过高，易造成青贮料结块，酪酸菌活动加剧，同时植

物细胞汁液被挤压流失，引起养分损失；水分含量过低，青贮时难以压紧，造成好气性细菌大量繁殖，使饲料发霉腐烂。乳酸菌活动的最适水分含量为60%～75%。

③可溶性糖含量。青贮饲料要成功，首先原料要有一定量的可溶性糖作为乳酸菌活动的底物。在青贮中，当不使用添加剂时，想要青贮成功，饲草至少要含3%的可溶性糖（占鲜重）。

④温度。温度是制作青贮饲料过程中应当随时注意的一个重要指标，因为温度的高低直接影响着乳酸菌的生长与繁殖。根据试验研究，青贮过程中最适宜的温度是20 ℃，最高不超过37 ℃。温度太低，乳酸菌的生命活动阻滞；温度过高，则乳酸的含量相对减少，营养物质的损失也越大。

2. 半干青贮（低水分青贮）

国外从20世纪60年代初期开始研究这一技术，60年代中期开始用于畜牧业生产中。目前，美国、加拿大、俄罗斯、澳大利亚、法国及日本等国都在广泛应用。我国现行推广的玉米秸秆黄贮或青黄贮均属于低水分青贮。拉伸膜青贮和袋装青贮也属此类。

半干青贮与普通青贮的方法的不同之处在于，半干青贮要求原料含水率可降到45%～65%。牧草含水量达50%左右的状况：禾本科牧草经晾晒后，茎叶失去鲜绿色，叶片卷成筒状，茎的基部尚保持鲜绿色；而豆科牧草晾晒至叶片卷成筒状，叶柄易折断，压迫茎时能挤出水分，茎表皮可用指甲刮下。半干青贮原料切碎的长度以2 cm左右为好，在贮藏过程和取用过程中要严格密封。

3. 混合青贮

混合青贮又叫复合青贮，是将两种或两种以上的青贮原料按一定的比例混合后进行贮藏。混合青贮的目的有三个：一是将低水分原料与高水分原料或难贮饲草与易贮饲草混合青贮，以提高青贮的成功率；二是提高青贮饲料的品质，如豆科牧草与禾本科牧草混合青贮；三是为了扩大饲料来源，如将莲花白脚叶、萝卜叶等与农作物秸秆进行混合青贮等。

4. 添加剂青贮

与常规青贮相似，不同之处在于在原料中加入添加剂。现在世界各国约有70%的青贮饲料使用添加剂。根据其功能，青贮添加剂通常分为四类：一是发酵抑制剂，部分或全部抑制微生物的生长，如无机酸、甲酸、乙酸等；二是发酵促进剂，可以促进乳酸发酵，如葡萄糖、蔗糖、纤维素酶等；三是好气性腐败菌抑制剂，目的是防止青贮初期青贮物发生腐败，如丙酸、乙酸等；四是营养性添加剂，用以提高青贮料的饲用价值，如尿素、矿物质等。

5. TMR 青贮

TMR 是英文 Total Mixed Rations（全混合日粮）的简称，所谓 TMR 青贮就是一种将粗料、精料、矿物质、维生素和其他添加剂充分混合后进行青贮的方法，它是一种能够提供足够的营养以满足奶牛需要的饲养技术。TMR 饲养技术在配套技术措施和性能优良的 TMR 机械的基础上，能够保证奶牛每采食一口日粮都是精、粗比例稳定、营养浓度一致的全价日粮。

（三）青贮设施及要求

青贮设施是指装填青贮饲料的容器，主要有青贮窖、青贮壕、青贮塔、地面青贮设施、青贮袋及拉伸膜裹包青贮等。对这些设施的基本要求：场址要选择在地势较高、干燥、地下水位较低、距畜舍较近而又远离水源和粪坑的地方。装填青贮饲料的建筑物，要坚固耐用，不透气、不漏水，墙壁要平直，有一定深度，冬季能防冻（宽深比为 1.0：1.5 或 1：2）。尽量利用当地建筑材料，以节约建造成本。

1. 青贮窖、青贮壕和青贮塔

青贮窖（壕）有地下式和半地下式两种。在地下水位高的地方才采用半地下式和地上式，生产中多采用地下式。贮量少的多用圆形青贮窖，而贮量多时，则以长方形沟状的青贮壕为好。青贮壕的优点是便于人工或半机械化机具装填压紧和取料，又可从一端开窖取用，对建筑材料要求不高，造价低；缺点是密封性较差，养分损失较大，需要较多人力。

青贮塔适用于机械化水平较高、饲养规模较大、经济条件较好的饲养场。多设计成砖、石、水泥结构的永久性建筑，塔顶有防雨设备。原料由机械吹入塔顶落下，塔内有专人踩实。饲料是由塔底层取料口取出。青贮塔封闭严实，原料下沉紧密，发酵充分，青贮质量较高。一些发达国家还利用钢制厌氧青贮塔调制半干青贮饲料。

2. 利用塑料薄膜青贮

现在塑料薄膜已广泛地用于饲草青贮，其常用的形式有：

（1）塑料袋青贮

这种青贮因其加工方式的不同又分为人工装袋和机械装袋两种类型。原料含水量控制在 60%左右，以免造成袋内积水。

（2）草捆青贮

即用打捆机将新鲜青绿牧草打成草捆，利用塑料密封发酵而成。牧草含水量控制在 65%为好。其主要有草捆装袋青贮、裹包式草捆青贮和堆式大圆草捆青贮三种形式。

(3) 地面青贮

在地下水位较高的地方，可采用地面青贮。常用的砖壁结构的地上青贮窖，其壁高约 2～3 m，顶部呈隆起状，以免受季节性降水的影响。通常是将饲草逐层堆积在窖内，装满压实后，顶部用塑料膜密封，并在其上压以重物。另一种形式是堆贮，将青贮原料按照青贮操作程序堆积于地面，压实后，垛顶及四周用塑料薄膜封严。不论袋贮、草捆贮或地面堆贮，在贮放期都应注意防鼠害，防塑料破裂，以免引起二次发酵。

此外，目前一种草料打捆用拉伸膜裹包的青贮技术，已开始引进并在我国畜牧业生产上应用。青贮专用塑料拉伸膜是一种很薄的、具有黏性、专为裹包草捆研制的塑料拉伸回缩膜。拉伸膜可紧紧地裹包在草捆上，从而能够防止外界空气和水分进入，形成厌氧状态，让草料自行发酵。

（四）青贮饲料管理与品质鉴定

青贮饲料一般经过 40～50 天便能完成发酵过程（豆科植物需 100 天左右），即可开窖使用，一般青贮饲料可保存数年而质量不变。开窖时间根据需要而定，一般要尽可能避开高温或严寒季节。一旦开窖利用，就必须连续利用。每天用多少取多少，不能一次取出大量青贮饲料，堆放在畜舍里慢慢饲喂。取用后及时用塑料薄膜覆盖，防治霉烂变质。

青贮饲料品质的优劣，与原料、刈割时期以及青贮技术有密切关系，可从表观上进行鉴定：

(1) 颜色

优质的青贮饲料颜色呈绿色或黄绿色，接近原料颜色。颜色较暗或暗绿色，说明品质不佳。

(2) 质地

优质的青贮饲料质地松散、柔软而略带湿润，茎叶基本保持原状态，可清楚看出茎叶上的叶脉和绒毛。劣质的青贮饲料则松散、干燥、粗硬，或者过湿而粘成一团。

(3) 气味

优质的青贮饲料有一种酸香气味，无发霉怪味。如果酸味刺鼻，则品质较差。品质低劣的青贮饲料有刺鼻的臭味，影响适口性，甚至不能使用。

二、干草生产

干草是将牧草及禾谷类作物在质量和产量最好的时期刈割，经自然或人工干燥调制成水分含量低于15%～18%、能长期保存的饲草。

（一）干草的调制

适宜调制干草的牧草和饲料作物较多，如黑麦草、苏丹草等禾本科牧草和紫苜蓿、红三叶等豆科牧草。优质干草颜色青绿，叶量丰富，质地较柔软，气味芳香，并含有较多的蛋白质、维生素和矿物质。干草调制过程中，影响干草品质的因素很多，除了牧草种类及品种的差异外，最重要的是牧草的收割时期、干燥方法与时间的长短、外界条件及贮藏条件和技术等。

1. 刈割时期

选择刈割的最佳时期的原则有二：一是要求单位面积内营养物质含量最高，二是有利于牧草的再生和安全越冬。一般禾本科牧草以抽穗—初花期、豆科牧草以现蕾—初花期刈割为宜。当调制干草的牧草生长到适宜刈割的时期，要根据当地的气象预报，选择连日晴好的天气进行刈割。通常在上午待露水退尽后收割，日晒1天后至第二天上午后翻晒，午后或晚上就可收获捆扎。

2. 牧草的干燥方法

牧草的干燥方法主要有两种，即自然干燥法和人工干燥法。

（1）自然干燥法

自然晾晒是目前生产实践中应用最广的方法，其中最常见的为地面晾晒。地面晒制干草就是在晴好天将牧草或饲料作物刈割后直接在田间或运送到空旷的场地晾晒，一般连续晾晒2～3天即可达到干燥的要求。晒制过程中，为了保存饲用价值较高的叶片，搂草和集草应在叶片尚未脱落前进行。牧草在干燥之前形成草堆，不仅可防止雨淋，而且可以减少营养物质损失。草堆的大小以200～250 kg为宜。加速干草调制过程、减少牧草干燥所用的时间，是降低营养物质损失、生产优质干草的关键之一[40]。为了使牧草加快干燥和干燥均匀，在干草调制过程中常常采用下列方法：

①翻草。翻动的目的是增加草层空气流通，但以不造成叶片脱落和折断为宜。豆科牧草只需翻2～3次，且最后一次翻草应在牧草的含水量不小于40%～45%时进行。

②压裂茎秆。牧草干燥速度在茎叶之间差异较大，牧草干燥耗时的长短，实际上取决于茎秆干燥所需的时间。使用牧草压扁机压裂植物茎，破坏茎的角质层膜和表皮，并破坏维管束使它暴露于空气中，水分的蒸发速度便大大加快，茎的干燥速度便大致能跟上叶的干燥速度。一般而言，压裂茎秆干燥牧草的时间要比不压裂干燥缩短1/2～1/3。

③喷洒干燥剂。将一些化学物质添加或者喷洒到牧草上，然后经过一定的化学反应使牧草表皮的角质层破坏，以加快牧草体内的水分蒸发，提高干燥速度。目前应用较多的干燥剂主要有碳酸钾、碳酸钙、碳酸钠、氢氧化钾、磷酸二氢钾、长链脂肪酸酯等。这种方法不仅可以减少牧草干燥过程中叶片损失，而且能够提高干草营养物质消化率。

草架干燥也是加速干燥的方法之一，尤其在比较潮湿地区或者雨水较多的季节或地区，可以在专门制作的草架子上进行干草调制，加速干燥。一般把割下的草先晾晒 1 天，使其凋萎，含水量达到 50%左右。然后，自下而上堆放在用竹或树枝搭成的支架上晾晒。架上堆放成圆锥形或屋脊形，堆得蓬松些，厚度不超过 70～80 cm，离地面 30 cm 左右，堆中留有通道，以利空气流通。草架干燥法虽然需用一部分设备费用或较多的人工，但草架通风好，牧草干燥速度快，调制的干草质量也较高。

（2）人工干燥法

①吹风干燥。这是一种利用电风扇、吹风机和送风器对草堆或草垛进行不加温干燥的方法。常温鼓风干燥适合于牧草收获时期的昼夜相对湿度低于 75%而温度高于 15 ℃的地方使用，在特别潮湿的地方鼓风用的空气可以适当加热，以提高干燥的速度。

②高温快速干燥。利用烘干机将牧草水分快速蒸发掉，含水量很高的牧草在烘干机内经过几分钟或几秒钟，使其水分含量在 5%～10%。此法调制干草对牧草的饲用价值及消化率影响很小，但需要较高的投入，增加了干草的成本。

（二）干草的贮藏

草捆是一种先进的干草生产与贮存方式，发达国家采用较多，但需较为昂贵的成套设备与技术。散干草主要以棚舍贮藏或露天堆垛贮藏。

（1）棚舍贮藏

在多雨或气候潮湿的地区，干草最好贮藏在防雨的棚舍内。虽然棚舍建筑的造价较高，但对防止漏水霉变和保证干草质量有较大好处。

（2）露天堆垛贮藏

当干草的水分降到 15%～18%时即可进行堆藏。散干草在露天堆成草垛，堆垛的形状主要有长方形和圆形。前者于干草数量大时采用，后者于干草数量小且细时采用。露天堆垛贮藏经济简便，农区、牧区都采用。但是，由于露天风吹雨淋，使干草褪色，营养损失较大，若垛内积水，还会发生霉烂。为了减少损失，要注意将垛址选在地势较高、干燥、背风、排水良好的地方。

用于堆垛的干草，也要防止湿润的干草发酵，产生高温而引起自燃。

（三）干草的品质鉴定

通常认为干草品质的好坏，应根据干草的营养成分含量和其消化率来综合评定。但生产实践中，常以干草的植物学组成、牧草收割时的生育期、干草中叶量、含水量、干草的颜色和气味等外观特征来评定干草的饲用价值。刈割适时的干草颜色比较青绿、气味芳香、叶量丰富、茎秆质地较柔软，消化率较高，品质高。干草含水量以15%～18%为宜。

三、多汁饲料的生产和贮存

多汁饲料主要包括块根、块茎和瓜类饲料，它们富含水分，具有易排泄和调养作用，是猪群冬季缺乏青饲料时的重要补充饲料。常用的几种多汁饲料有甘薯、胡萝卜、南瓜、饲用甜菜等[41～45]。

（1）甘薯

甘薯中含干物质约30%，主要为淀粉和糖类，一些甘薯富含胡萝卜素，适口性好，是猪很喜欢吃的多汁饲料。但是，甘薯含蛋白质很少，干物质中只有4%左右，而且含钙、磷少（0.24%～0.28%），必须与富含蛋白质和矿物质的饲料混合饲喂，才能获得良好的饲养效果。甘薯产量高，适于我国淮海平原、长江流域及以南各省种植。甘薯由于含水分高，可窖藏或晒成甘薯干加以保存。

（2）胡萝卜

胡萝卜含糖量高，蛋白质含量也较其他块根类多，特别是含有丰富的胡萝卜素，是奶牛最爱吃的多汁饲料。胡萝卜香甜清脆，适口性很好，容易消化，具有调养消化机能和促进泌乳的作用，是各种畜禽特别是种用畜禽和幼龄畜禽的良好多汁饲料。胡萝卜喜温耐寒，应选择肥沃沙质土壤为好，土壤黏性过大不利出苗，块根易裂烂。胡萝卜生长快，产量高，除了单种一部分以外，还可利用冬闲地实行粮菜间种或套种，以扩大多汁饲料的来源。在我国华北、华中、西南、西北与东北地区的部分省（区）均可种植。

（3）南瓜

南瓜品种很多，全国各地均有栽培，是一种适应性强、饲用价值好的高产多汁饲料。南瓜产量高，一般平均可产45～60 t/hm^2，高者可达75 t。它的适口性好，富含胡萝卜素和可溶性碳水化合物，容易消化，是猪、鸡和乳牛的良好饲料。

（4）饲用甜菜

甜菜是畜禽的优良多汁饲料，块根产量高，干物质约12%，干物质中粗蛋白含量高。根和茎叶适口性好，消化利用率高，畜禽喜食。饲用甜菜喜冷凉湿润气候，我国北方大部分地区均可种植。其块根可露天堆放或窖藏，茎叶可青贮保存。

四、精料的贮备

1. 能量饲料

谷物籽实（大部分是禾本科植物成熟后的种子）及其加工副产品（如麸皮等）属于能量饲料。干物质中粗纤维含量在18%以下，粗蛋白质含量在20%以下，而无氮浸出物（主要是淀粉）占67%～80%。这类饲料体积小，营养成分高，消化率高。如玉米中的无氮浸出物，牛的消化率为90%，牛食后可大量沉积体脂肪。这类饲料的不足之处是粗蛋白质含量低，含钙量少（一般低于0.1%）而磷多（0.31%～0.45%），这样的钙、磷比例不适于各种家畜食用。

2. 蛋白质饲料

豆类作物籽实、油料作物籽实及油渣（也称油饼）等，含粗蛋白质在20%以上，粗纤维在18%以下（含18%）。粗蛋白质含量高，消化率也高，为蛋白质饲料或蛋白质补充饲料，能补充其他饲料（如谷类）中蛋白质的质和量的不足，以使牛达到营养平衡。

精料应贮存在干燥、通风、不漏水的房中，在贮存的地面垫木架或粗树枝，以利空气流通。料堆不宜过大，以防止其自然发热变质。可用灌木枝编一细长圆筒，置于料堆中央，增加通风，必要时翻晒。此外，还需注意防鼠及防蛀。

第三节　天然草地改良

天然草地是一种可更新的自然资源，能为畜牧业持续不断的发展提供各种饲草。人们对草地进行合理利用与科学经营管理，则可发挥天然草地自然生产的优势，获得稳产、高产地，使之持续利用；反之，人类不合理利用以及自然环境的恶化，则会导致草地退化，生产力水平降低，加剧草、畜矛盾。为协调草地植物生产和动物生产，保持草地生态平衡，提高生态效益，须对天然草地进行改良。天然草地的改良，主要是采取地面整理、改善和调节土壤基况、清除有毒有害草、草地封育、补播等更新复壮措施，改变草地植物组成，提高牧草产量和改善牧草品质[46～49]。

一、草地封育

（一）草地封育的意义

草地封育也就是封滩育草或称划管草原。所谓封滩育草，就是把草地暂时封闭一段时期，在此期间不进行放牧或割草，使牧草有一个休养生息的机会，积累足够的营养物质，逐渐恢复草地生产力，并使牧草有进行结籽或营养繁殖的机会，促进草群自然更新。封滩育草，简单易行且经济，在短期内就可以收到明显效果，为改良天然草地的一种行之有效的措施，已在我国各地普遍采用。草地封育已在牧区贮草备荒、抗灾保畜中起到很大的作用。

（二）草地封育的技术

1. 封育地段选择

这要根据利用目的、植被类型和草场的退化情况而定。一般来说，为了培育打草场，应选择地势平坦、植被生长较好，而且以禾本科牧草为主的草场；若为培育退化草地，应选择退化严重的草地进行封育；为了固沙，可选择流动沙丘或半固定沙丘草地。

2. 封育保护措施

封育草地应设置保护围栏，围栏应因地制宜，以简便易行、牢固耐用为原则。可用刺铁丝围栏、网围栏，也可以用垒石墙、生物围栏（种植有刺的植物）。有的地方可以通过人为的控制放牧或禁牧休牧方法，达到封育的目的。

3. 封育时间

封育时间要依据具体情况而定，短则几个月，长则数年。一般荒漠草原封育 2～3 年，南方草山 1 年。草地不宽裕的牧户，可行季节封育，如生长季节封闭，冬、春利用；或每年 2 段封闭，即春、秋封育，夏、冬利用。也可实行小块草地轮流封育。

4. 封育综合改良

单一的草地封育措施虽然可以收到良好的效果，但若与其他培育措施相结合，其效果会更为显著。单纯的封育措施只是保证了植物的正常生长发育的机会，而植物的生长发育能力还受到土壤透气性、供肥能力、供水能力的限制。因此，要全面地恢复草地的生产力，最好在草地封育期内结合采用综合培育改良措施，如松耙、补播、施肥和灌溉等，以改善土壤的通气状况、水分状况，个别退化严重的草地还应进行草地补播。

5. 封育后草地的利用

草地封育后，牧草的生产力得到一定的恢复，应选择适当时期进行轻度放牧或割草，以免牧草生长过老，草质变劣，适口性降低。

二、草地补播

（一）草地补播的意义

草地补播是在不破坏或少破坏原有植被的情况下，在草群中播种一些适应当地自然条件的、有价值的优良牧草，以增加草群中优良牧草种类成分和草地的盖度，达到提高草地生产力和改善牧草品质的目的。对退化严重的草地进行人工补播是重要的改良措施之一，已成为各国更新草场、复壮草群的有效手段。

（二）草地补播技术

1. 补播地段的选择与处理

选择补播地段应考虑当地降水量、地形、土壤、植被类型和草地退化的程度。在没有灌溉条件的地区，补播地区至少应有 300 cm 以上的降水量。地形应平坦些，但考虑到土壤水分状况和土层厚变，一般可选择地势稍低的地方，如盆地、谷地、缓坡和河漫滩。在多沙地区，可以选择滩与丘交界地带，这样的地方风蚀作用小，水分条件也较好。此外，可选择草原地区的撂荒地，以便加速植被的恢复。

在有植被的地段，补播前进行一次地面处理是保证补播有成效的措施之一。地面处理的方法可采用机械进行部分地耕翻和松土，破坏一部分植被；也可以在补播前进行重牧或采用化学除萎剂消灭一部分植物，减少原有草群的竞争，有利于播入牧草的生长。

2. 补播牧草种的选择与处理

根据草地改良目标选择适应性强、产量高、饲用价值大的草种。最好选择适应当地风土气候条件的野生牧草或经驯化栽培的优良牧草进行补播。一般来说，在干草原区应选择具有抗旱、抗寒和根深的牧草补播；在沙区应选择超旱生的防风固沙植物；局部地区还应根据土壤条件选择补播牧草种类，如盐渍地应选耐盐碱性牧草。补播草地，用于割草的应选上繁草类，用于放牧的应选下繁草类。根据我国不同地区不同类型草地，可选择的补播草种如下：

①草甸草原和森林草原有羊草、无芒雀麦、鸭茅、梯牧草、溚草、草地早熟禾、草地狐茅、披碱草、老芒麦、黄花苜蓿、各种三叶草、紫苜蓿、山野豌豆、广播野豌豆、白花草木犀和直立黄芪等。

②干旱草原有羊茅、碱草、冰草、溚草、硬质早熟禾、杂花苜蓿、锦鸡儿、木地肤、冷蒿、达乌里胡枝子等。

③荒漠草原有沙生冰草、冷蒿、多种冰草、芨芨草、优若藜、木地肤等。

④沙质荒漠地区有琐琐、沙竹、沙蒿、沙拐枣、柠条、花棒（细枝岩黄耆）、三芒草、沙柳、沙生冰草、草木犀等。

处理种子的主要目的是提高补播质量和种子的发芽率。很多禾本科牧草种子有芒，豆科牧草种子硬实率高，因此，在种子播前要经过清选、去芒、破种皮、浸种等处理才能保证牧草播种质量和发芽率。在生产实际上，有时对补播牧草种子进行一些特殊处理，如种子包皮、丸衣种子等。

3. 补播方法

（1）播床准备

补播前播床要松土和施肥。松土机具一般用圆盘耙或松上铲，作业时松土宽度在 10 cm 以上，松土深度 15～25 cm。松土原则上要求地表下松土范围越大越好，而地表面开沟越小越好。这样有利于牧草扎根，同时增加土壤的保墒能力，改善土壤的理化性状。

（2）补播种子的时期、方法、播种量和播种深度

①补播种子的时期。原则上应选择原有植被生长发育最弱的时期进行补播。由于在春、秋季牧草生长较弱，所以一般都在春、秋季补播。具体补播时期要根据当地的气候、土壤和草地类型而定，可采用早春顶凌播种，夏、秋雨季或封冻前“寄子”播种。

②补播种子的方法。撒播可用飞机、骑马、人工撒播，或利用羊群播种。若面积不大，最简单的方法是人工撒播。在沙地草场，利用羊群补播牧草种子也是一种在生产上比较实用的简便方法。如内蒙古有的地区用废罐头盒做成播种筒挂在羊脖子上，羊群边吃草边撒播种子，边把种子踏入土内。据试验，一个 200 只的羊群，一半带上播种筒，放牧 5 km，每日可播种 12 hm^2。

条播主要是用机具播种，目前国内外使用的草地补播机种类很多，如美国“约翰·迪尔”商生产的条播机可以直接在草地上播种牧草。

③补播的播种量和播种深度。一般禾本科牧草（种子用价为 100%时）常用播种量为 15～22.5 kg/hm^2，豆科牧草为 7.5～15 kg/hm^2。由于草地补播

出苗率往往较低，可加大播量50%左右。牧草的播种深度不超过3～4 cm，各种牧草因种子大小的区别而有一些差异。

三、杂草防除

在草地上，除了可供家畜利用的饲用植物以外，往往还混生一些家畜不采食的，甚至对家畜有毒有害的植物，统称为草地杂草。这些草地杂草占据草地，使草地生产能力和品质下降，还可造成家畜中毒死亡，给畜牧业生产带来损失。因此，防除有毒有害的植物是草地培育改良的一项重要任务。

（一）有毒有害的草地植物

1. 有毒植物

有毒植物指在自然状况下，以青草或干草形式被家畜采食后，使家畜的正常生命活动发生障碍，从而引起家畜生理上的异常现象，甚至因此而导致家畜死亡的植物。造成家畜中毒的有毒植物含有的有毒物质主要是生物碱类、有机酸、单宁等。有毒植物所含的有毒物质及其毒害作用因植物年龄和外界环境条件而异。

天然草地上的有毒植物种类繁多，可以归纳为常年有毒植物和季节性有毒植物。常年有毒植物，如乌头、北乌头、白屈菜、野罂粟、沙冬青、变异黄芪、小花棘豆、毒芹、天仙子、醉马草、藜芦、问荆、木贼、无叶假木贼、毛茛、龙胆等。季节性有毒植物，如蝎子草、杜鹃、水麦冬、白头翁、唐松草、木贼麻黄、芹叶铁线莲、草玉梅、橐吾等。

2. 有害植物

有害植物本身并不含有毒物质，但因植物体形态结构特点，能造成家畜机械损伤，降低畜产品品质；有的含有特殊物质，虽为家畜所采食而不中毒，但能使畜产品变质。这些均属有害植物，如针茅属种子、苍耳、蒺藜、白刺花、鬼针草能刺伤畜体，造成家畜机械伤害；葱属植物能使乳品变得有异味；十字花科的独行菜使肉色变黄；山羊采食大戟科某些植物，山羊本身没有中毒现象，但人吃了所产的奶可引起中毒。

（二）杂草的防除方法

草地杂草的防除，首先应是合理利用草地，辅之以更新复壮措施，促进优良牧草生长，抑制有毒有害草，使其从种群中消失，即综合防除。该方法收效较慢，但行之有效。当杂草在草地上滋生较多时，可采用机械措施、化学措施、烧荒及生物防除等方法清除。

1. 机械措施

指用人力和机械将毒害草铲除的方法。这种方法需费大量劳动力，只适用于小面积草地。

2. 化学措施

指利用化学药剂杀死有毒有害草的方法。凡能杀死杂草的化学药剂，均称为除莠剂。化学除草比利用机械除草更经济和节省劳力，见效快、不受地形限制、防止土壤侵蚀、有利于水土保持，是清除有毒有害植物最有效的方法。化学除杂往往与补播结合，用以改良草地。常用的除莠剂有 2，4-D 钠盐等。为了安全地、经济有效地使用除草剂，必须先进行小区试验，以便确定各种牧草对药液的敏感性、用药量和用药浓度。喷药时，应选择晴朗、无风、温度适宜（以 20 ℃左右为宜）的好天气，喷药后，保证至少 24 小时无雨，杂草幼苗期和盛长期的喷药效果最佳。喷药后，要经过 20～30 天才能允许放牧利用，以免造成家畜中毒。

3. 烧荒

草地上的毒害草繁衍或草地利用不充分而造成大量枯草，可以用烧荒的方法去除。烧荒可去除毒杂草及枯草，改善它们的植被结构，同时也会烧死一部分害虫的蛹及卵，减少虫害。特别是以禾草为主的草地，效果较好。对于以豆科草类、蒿类、灌木、半灌木为主的草地，烧荒可能伤及地表的更新芽，则不轻易采用。烧荒应在晚秋或春季融雪后进行，烧荒前做好防火准备，选择无风天烧荒，避免风将火种远扬他处。烧荒后，彻底熄灭余火，以免引起草原火灾。

4. 生物防除

生物防除是利用毒害草的“天敌”生物来除去毒害草，对其他生物无害，如利用昆虫、病原生物、寄生植物或选择性放牧等。美国在 1946 年采用双叶虫甲，在西部草原区防除了一种有毒的植物黑点叶金丝桃获得成功。生产上也有利用山羊选择性放牧，从而降低草地中飞燕草比例的成功案例。生物防除对草地除杂有巨大潜力，但尚需进一步深入研究。

四、草地松耙

草地经过长期的自然演替和人类生产活动的影响，土壤变得紧实，优良牧草长势减弱，降低草地的生产力。为了改善土壤的通气和透水状况，加强土壤微生物的活动，促进土壤中有机物质分解，需对草地进行松土改良，常用的方法有划破草皮、耙地等。

（一）划破草皮

1. 划破草皮的作用

所谓划破草皮是在不破坏天然草地植被的情况下，对草皮进行划缝的一种草地培育措施。划破草皮能使根茎型、根茎疏丛型的优良牧草大量繁殖，生长旺盛，有助于牧草的天然播种，促进草地的自然复壮。

2. 划破草皮的方法

选择适于划破草皮的草地类型。一般寒冷潮湿的高山草地地面往往形成坚实的生草土，可以采用划破草皮的方法。有些气候虽不太冷，但土壤水分常年较多的草地形成较厚的生草土层，在土壤通透性不良的情况下，也可采用划破草皮的方法进行改良。这种措施不适于陡坡和基岩上覆土层较薄的地方，也不适宜特别干旱的草地。选择适当的机具是划破草皮的关键，目前具有燕尾犁或无壁犁的松土补播机，可以进行大面积划破草皮的作业。划破草皮的深度应根据草皮的厚度来决定，一般以 10～20 cm 为合适，行距以 30～60 cm 为宜。划破的适宜时间应视当地的自然条件而定，有的适宜在早春或晚秋进行。早春土壤开始解冻，水分较多，易于划破。秋季划破草皮后，可以把牧草种子掩埋起来，有利于来年牧草的生长。划破草皮应在地势平坦的草地进行，在缓坡草地上应沿等高线进行划破，以防止水土流失。

（二）耙地

1. 耙地的作用

耙地是改善草地表层土壤空气状况的常用措施，是草地进行营养更新、补播改良和更新复壮的基础作业。耙地可以清除草地上的枯枝残株，以利于新的嫩枝生长。通过耙地，还可切碎生草土块，疏松土壤表层，改善土壤的物理性状，减少土壤水分蒸发。同时，一些杂草、匍匐性植物和寄生植物得以被清除。此外，耙松的表土为牧草种子的萌发生长创造良好的生长条件，有利于天然植物落下的种子和人工补种的种子入土出苗。

耙地对草地也会产生一些不良作用，如会直接耙出许多植物，切断或拉出植物根系，并使其受到损伤。另外，因耙去牧草丛中的枯枝落叶，会使一些牧草的分获节和根系暴露出来，植物容易在夏季旱死或冬季冻死。

2. 耙地的方法

（1）耙地的时间

耙地时间最好在早春土壤解冻 2～3 cm 时进行，此时耙地，一方面可以起保墒作用；另一方面春季草类分蘖需要大量氧气，耙地松土后土壤中氧气增加，可以促进植物分蘖。土壤非特别黏重的草地，也可在夏季水分适中时耙地，此时耙地入土效果好，植物恢复生长快。土壤特别干燥、特别潮湿及秋季，都不要耙地。

（2）耙地的工具

常用的耙地工具有两种，即钉齿耙和圆盘耙。钉齿耙的功能在于耙松生草土及土壤表层，耙掉枯死残株，刮去苔类。圆盘耙耙松的土层较深（6～8 cm），能切碎生草土块及草类的地下部分，因此，在生草土紧实而厚的草地上，使用缺口圆盘耙耙地的效果更好。近年来，各地生产的不同型号的松土补播机，不仅可松耙土壤，还兼补播优良牧草，改良效果也较好，缺点是对草地破坏性较大。

（3）适宜耙地的草地类型

一般认为以根茎状或根茎疏丛状草类为主的草地，耙地能获得较好改良效果。因为这些草类的分蘖节和根茎在土中位置较深，耙地时不易拉出或切断根茎，松土后因土壤空气状况得到改善，可促进其营养更新，形成大量新枝。耙地最好与其他改良措施如施肥、补播配合进行，可获得更好的效果。

五、草地施肥

经常利用的草地往往出现营养亏缺现象。草地营养缺乏，也是草地退化的主要原因之一。草地施肥的目的是为了避免因土壤有效养分亏缺而造成牧草生长受限的情况发生。施肥是迅速改善草地营养状况的基本途径，但天然草地施肥对草地生物多样性有较大影响，值得商榷。

（一）割草地施肥

主要在春季植物萌发后或分蘖拔节时或在夏、秋割草后进行，以化肥施肥为主。春季施肥用量为：N，45～60 kg/hm^2；K_2O，30～45 kg/hm^2；P_2O_5，30～40 kg/hm^2。这三种肥料可同时施入，也可单独施用。目前，在生产中应用日益广泛的复合肥和缓释肥使施肥效益大大提高。刈割后的施肥以磷、钾肥为主，施用量为：P_2O_5，25～30 kg/hm^2；K_2O，30～45 kg/hm^2，不宜施氮肥。秋季施厩肥可使牧草免受冻害。

（二）放牧地施肥

以禾草为主的放牧地施肥，或禾草一杂类草的放牧地施肥，应在每次放牧之后进行；如果每年施用一次，宜在春、夏两季来临之际进行。春季放牧后施氮肥（N）30～45 kg/hm^2、磷肥（P_2O_5）30～45 kg/hm^2、钾肥（K_2O）30～45 kg/hm^2；在第二次、第三次放牧后，各施氮肥30～45 kg /hm^2。

我国草地施肥尚处于初始阶段，大面积天然草地施用氮、磷、钾化肥尚不多见。有研究指出，以长期放牧利用为主的天然草地，家畜采食牧草获得的绝大多数营养元素会通过家畜代谢后的排泄物退还于草地系统，因此，以放牧利用为主的草地，对肥料投入的需求可能较低，但利用过度、退化严重的个别放牧地需要结合其他改良培育措施进行施肥。

六、草地灌溉

在我国北方，草地生产中的最大制约因素是水分不足。草地灌溉被认为是改良退化草地的有效途径。

天然草地的灌溉以采用漫灌方式较为广泛。漫灌的优点是工程简单、投资少、收效大，有的水源带有大量有机肥料，起到增加土壤肥力的作用。漫灌的缺点是耗水量大，灌水不均匀，一般多在平缓草地上采用。若坡度大时，可采用阻水渗透灌溉方式，如通过挖水平沟、鱼鳞坑、修堤坝等拦阻水势，使水沿坡度的沟、坑慢慢下流渗透，达到灌溉目的。这是对特殊地形地势草地的漫灌方式。草地漫灌，最好每年进行2～3次。豆科牧草较多的草地，淹浸时间不宜过长，因为豆科根系多数对潜水敏感，漫灌时间长，易受涝害而烂根或死亡。低洼草地应注意与排涝相结合，以免引起草地次生盐渍化。

草地灌溉应根据牧草种类、草地类型、产量、土壤和气候条件来决定灌溉制度。多以产量做指标来确定需水量，一般干草原地区为3 000～4 500 m^3/hm^2，荒漠地区为4 500～6 000 m^3/hm^2。草地灌溉时需注意：灌溉水中含有过多的可溶性盐类时，不仅破坏牧草的生理过程，影响牧草的生长发育，而且会导致土壤盐碱化，恶化草地的生态环境。一般认为，矿化度大于5 g/L的水或水中泥沙过多时，不能用于草地灌溉。

第四节　人工草地

人工草地（Tame Grassland，Artificial Grassland）是指利用农业综合技术，在完全破坏了天然植被的基础上，或在耕地上通过人工播种建植的新的人工草本群落；以饲用为目的播种的灌木或乔木人工群落，也属于人工草地的范畴[40,41]。

传统畜牧业受天然草原季节性变化的影响。建立人工草地，既可提高饲草的产量和品质，缓和草、畜矛盾，促进畜牧业稳定发展，又可防风固沙、保持水土、改善生态环境、防治草地退化，具有重要的现实意义。

一、人工草地建植的关键技术

（一）播前准备

1. 建植地的选择

人工草地建植地应考虑交通道路和交通工具的状况，选择地势较平坦的地区，以便机械操作；还要考虑到距离居民点和牲畜棚圈较近的地段，以便管理、运输和饲喂。

2. 地面杂草杂物的清除

为使播种的牧草良好地生长，播种前地面的整理工作极为重要，要彻底清除地面杂草杂物，为牧草和饲料作物的生长发育提供良好条件。在灌木丛生的地方，可用灌木铲除机清除地上生长的灌丛，也可用捡石机或人工清除地面上的石块。地面凹凸不平（如有土丘、壕沟、蚁塔）的地方，要进行平整地面工作，以保证机械作业。为彻底消灭杂草，烧荒是一种好办法。烧荒可以消灭野生植物的茎秆，消灭病、虫害，但烧荒必须谨慎，打好防火道，以免引起草原或森林火灾。

3. 基本耕作

基本耕作又称犁地、耕地、耕翻。基本耕作对土壤的作用和影响很大，通过耕翻可改变土壤中三相比例，熟化土壤，从而使整个耕作层发生显著变化。耕翻的主要工具是犁，分为有壁犁和无壁犁。具体耕翻深度要根据土壤特性、种植作物种类以及深耕后效等情况灵活掌握。如土层厚的可深一些，土层浅的不宜太深；土层黏重的宜深一些，土层疏松的宜浅一些。一般以30～40 cm为宜。

4. 表土耕作

表土耕作是基本耕作的辅助性措施，也是必不可少的措施。它包括耙地、耱地、镇压等作业，作业深度一般限于表层10 cm以内。表土耕作对于提高耕作质量，特别是为播种创造良好的表层土壤条件具有重要作用。耙地、耱地要掌握时间，早春土壤墒情较好，耙地、耱地容易使土块细碎。土块过大，种子不易和土壤接触，不利于种子萌发出苗，容易造成断垄。地面土块过大，也常压死幼苗。因此，播前整地是人工草地建设中保证苗齐苗壮的先决条件，也是人工草地高产的重要前提。

（1）耙地

耙地对于平整土壤表面、耙碎土块、混拌土肥、疏松表土以及轻微镇压等发挥重要作用。在生产实践中，由于土地情况的不同，耙地的主要任务以及所应用的农业机具也不同。

在干旱、半干旱地区，刚耕翻过的土地，应耙平地面，耙碎土块，耙实土层，耙出杂草的根茎，这些都是非常重要的作业程序，可达到保墒目的，为播种创造良好的地面条件。耙地的工具为钉齿耙。采用重型圆盘耙可以对黏重的土壤进行碎土和平土，对多草的荒地具有杀伤野生杂草的作用。在已耕地上施肥，由于不能再进行深耕，用圆盘耙耙地可以起到混合土肥的作用。播种出苗前，如遇土壤板结，用钉齿耙耙地可破除土壤板结，利于幼苗出土。耙地的方式有顺耙、横耙和对角耙等。

（2）耱地

耱地常常在深翻耙地后进行，其作用是平整地面、耱实土壤、耱碎土块，为播种创造良好条件。在质地轻松、杂草少的土地上，有时在犁地后，以耱地代替耙地；有时在镇压过的土地上进行耱地，以利保墒。播种后进行耱地，有覆土和轻微镇压的作用。

（3）镇压

镇压的主要作用是使土壤变紧，同时还能压碎大土块，平整地面。在下列情况下常采用镇压：

①在气候干旱的北方地区，播种前后常需镇压，有保墒效果。

②牧草种子很小时，播种前后常需镇压。

③在沙土等疏松土壤上机械播种时，播前镇压有利于保证播种深度；播后镇压有利于促使土壤与种子紧密接触，促进种子发芽。

④由于土壤疏松，种子发芽生根后，幼苗根部接触不到土壤，吸收不到土壤水分和养分，容易发生“吊根”现象，造成幼苗死亡。所以，耕后立即播种的土地，播前应全面镇压，播后还要进行播种行的镇压。

5. 播前施肥

牧草播种之前伴随着土地耕翻施入有机肥或迟效性的化学肥料或少量的速效肥料作为基肥，也称底肥，以促进牧草苗期的生长发育。根据土壤条件和牧草品种的不同，基肥种类和施用量也不同。一般苜蓿人工草地播前施入15 000～22 500 kg/hm^{2}有机肥，或氮磷复合肥（如磷酸二胺 300～600 kg/hm^2）。

（二）播种技术

1. 草种选择

一般可选用当地野生多年生牧草，或经过引种试验后适宜当地生长的优良品种，如禾本科的垂穗披碱草、无芒雀麦、早熟禾、羊草、看麦娘等；豆科的紫苜蓿、胡卢巴、岩黄耆等。

2. 种子处理

（1）种子清选

播种前，测定牧草种子纯净度，进行牧草种子清选以保证播种材料纯净度高、粒大、饱满、整齐一致、生活力强、健康而无病虫害，这是建植优质高产人工草地的基础。

（2）禾本科牧草种子的去芒处理

多年生禾本科牧草种子多数具芒、髯毛或颖片等附属物，这些附属物在收获及脱粒时不易除掉。为了增加种子的流动性、保证播种质量以及烘干、清选工作的顺利进行，必须预先进行去芒处理。在生产实际中，去芒常采用机械处理的办法，即采用去芒机，特别是锤式去芒机处理，包括去芒、筛离、通风排气三个工作环节。当缺乏去芒专用机具时，也可采用人工的办法，如将种子铺于晒场上，用环形镇压器或碾子碾，然后筛除，也可收到去芒之效果。

（3）硬实种子的处理

很多牧草的种子，特别是豆科牧草种子，在适宜的水热条件下，由于种皮的不透水性，不能吸水膨胀，长期处于干燥、坚实的状态，这些种子通常被称为硬实种子。具有硬实种子的特性，称之为硬实性。常见牧草种子的硬实率：紫苜蓿10%，黄花苜蓿30%，红三叶14%，红豆草10%等。这些种子萌发慢，有的甚至长期不萌发，若不进行处理，会造成出苗不齐或者不出苗。为了提高牧草种子的田间出苗率，保证播种质量，在播种之前应进行种子处理，处理方法包括物理擦破种皮、变温处理、酸碱处理等机械方法和化学方法。

（4）豆科牧草根瘤菌接种

根瘤菌可固定空气中游离的氮，增加土壤氮素，提高土壤肥力，从而提高豆科牧草的产量并改善其品质。在下列情况下可以考虑接种根瘤菌：土壤条件不良（酸碱性太强、过于贫瘠、干旱等）时；某一豆科牧草首次种植在某一块地上，特别是新垦的土地时；种植4～5年以后再次种植同一种牧草时；雨季或长时间高温后，土中根瘤菌减少时。生产实际中，尽管同一族中的一些根瘤菌可以互接，但最好是用相同族类的根瘤菌接种。

3. 单播方法

单播是指播种单一的牧草。单播的形式分为撒播、条播和带肥播种，采用何种方法则依据牧草种类、土壤和气候特点等而定。

（1）撒播

此法是将牧草种子尽可能均匀地撒在土壤表面，然后轻耙覆土，目前有人工撒播和机械撒播的办法。在寒冷地区还采用不覆土撒播法，即在冬、春季节将牧草种子撒在土面上不覆土，借助结冻与融化的自然作用把种子埋入土中。撒播适宜于降水量较充裕的地区。

（2）条播

每隔一定距离将牧草按行种植，随播随覆土的播种方法。条播行距的宽窄因牧草种类和利用方式的不同而异：行距太宽，则因水、肥利用不充分而影响高产；行距太窄，则因水、肥条件不足而影响其良好生长。在潮湿地区或有灌溉条件的干旱地区，除了收种地外，通常采用密条播，行距一般为15～20 cm；在旱作条件下，一般采用 30 cm 的行距；牧草种子生产田一般采用 45～60 cm 的宽行距条播。

（3）带肥播种

利用播种机将牧草种子和肥料同时放入不同深度的土层，肥料在种子之下 4～6 cm 处。此法是一种较为先进实用的播种方法。

4. 混播方法

混播中常用的豆科牧草有紫苜蓿、红豆草、三叶草、百脉根、沙打旺等，常用的禾本科牧草有无芒雀麦、老芒麦、梯牧草、黑麦草、鸡脚草、披碱草等。混播牧草各成分的比例，必须根据混合牧草的利用年限和利用方式来确定。混播牧草利用年限长短不一，所以禾本科与豆科牧草的比例也不同，一般当利用年限短时，豆科牧草可多增加些；利用年限长时，则禾本科牧草比例应加大[50]。

（1）混播牧草的播种量

①按单播时的播种量计算（常见牧草单播时的播种量见表 2-3）。此法比较简单实用，将单播的播种量乘以该草在混合牧草中所占的百分比，即可计算出该草种在牧草混播时的播种量，各种牧草的播种量之和，即是混合牧草的播种量。

播种量计算公式：$K=hT/X$，其中的字母分别表示如下：

K 指混播时某种牧草的播种量；

h 指该草种单播时种子用价为 100％的播种量；

T 指该草种在混合牧草中所占的百分比（%）；

X 指该草种的实际用价率（%，即该草种的纯净度×发芽率）。

混播牧草的各种牧草之间具有种间竞争，种数越多，竞争越激烈。因此，按单播播种量计算，有时过低，建议由3～4种草种组成的混合牧草应增加播量25%，5～6种草种组成的应增加播量50%。

②按牧草营养面积计算。此法依据每粒种子所需营养面积计算。

其计算公式：$K=100\,000\,PT/MX$，其中的字母分别表示如下：

K 指混播时某种草种的播种量（kg/hm^2）；

P 指该草种种子的千粒重（g）；

T 指该草在混合牧草中所占比例（%）；

M 指该草种种子的营养面积（cm^2）；

X 指该草种的实际用价率（%）。

采用此法计算播种量较准确和合理，但必须要求有适用于每个气候带的各种牧草中等标准的营养面积指标，这个指标必须由试验来确定，因此，在生产上很难实际应用。

表 2-3 主要牧草适宜播种量（种子用价 100%的理论播量及覆土深度）

草种名称	种子用价 100%的理论播量（kg/hm^2）		种植覆土深度（cm）		
	撒播	宽行条播	轻质土	中黏土	重质土
禾本科草					
老芒麦	18.75～22.5	11.25～15	4.0	3.0	2.0
鸭茅	15～18.75	11.25～15	2.0	1.5	1.0
冰草	7.5～11.25	3.75～7.5	1.5	1.0	0.5
无芒雀麦	15～18.75	11.25～15	3.0	2.0	1.0
草地看麦娘	12.75～16.5	6～7.5	1.5	1.0	0.5
草地早熟禾	15～22.5	11.25～15	2.0	1.0	0.5
高燕麦草	37.5～60	22.5～30	4.0	2.5	1.5
多年生黑麦草	11.25～15	5.25～9	3.0	2.0	1.0
梯牧草	7.5～11.25	4.5～6	2.0	1.0	0.5
垂穗披碱草	15～18.75	7.5～11.25	4.0	3.0	2.0
弯穗披碱草	15～22.5	11.25～15	4.0	3.0	2.0
羊草	15～22.5	11.25～15	4.0	3.0	2.0

续表

草种名称	种子用价100%的理论播量（kg/hm²）		种植覆土深度（cm）		
	撒播	宽行条播	轻质土	中黏土	重质土
苏丹草	22.5～30	11.25～15	4.0	3.0	2.0
扁穗雀麦	18.75～22.5	11.25～18.75	5.0	3.0	2.0
雀麦	15～18.75	7.5～11.25	4.0	3.0	2.0
意大利黑麦草	11.25～15	5.25～9	3.0	2.0	1.0
燕麦	18.75～22.5	11.25～15	7.0	5.0	3.0
饲用粟	30～37.5	15～22.5	2.0	1.5	2.0
豆科牧草					
紫苜蓿	15	7.5	2.0	1.5	1.0
红三叶	15	7.5	2.0	1.0	1.0
白三叶	7.5～11.25	3.75～7.5	1.0	0.5	0.5
杂三叶	15～22.5	7.5～11.25	2.0	1.0	1.0
草木犀	15	7.5	3.0	2.0	1.0
黄花苜蓿	15	7.5	2.0	1.5	1.0
红豆草	75	30～45	4.0	3.0	2.0
百脉根	11.25～15	5.25～7.5	1.0	0.5	0.5
春箭舌豌豆	75	30～45	8.0	6.0	4.0
冬箭舌豌豆	90	22.5～37.5	5.0	4.0	3.0
栽培山黧豆	150～187.5	112.5～150	6.0	5.0	4.0
羽扇豆	187.5～225	150～187.5	4.0～5.0	3.0～4.0	2.0～3.0
金花菜	105～135	75～97.5	5.0	5.0	2.0
紫云英	22.5～37.5	15～22.5	5.0	3.0	2.0
天蓝苜蓿	15～22.5	7.5～11.25	3.0	2.0	1.5
豌豆	112.5～150	75～112.5	6.0	4.0	3.0
绛三叶	30～37.5	15～22.5	3.0	2.0	1.5
猪屎豆	22.5～52.5	15～22.5	6.0	5.0	4.0
地三叶	22.5～30	15～22.5	3.0	2.0	1.5
胡卢巴	150～187.5	75～112.5	7.0	5.0	3.0

（2）混播牧草的播种方法

混播牧草的播种方法与技术，是指各种牧草及其个体在空间上的合理配置，方法有如下五种：

①同行混合播种。各种牧草播在同一行内，行距 15 cm。

②交叉播种。一种或几种牧草播于同一行内，而另一种或者几种与前者成垂直方向播种。

③间条播。又分窄行间条播及宽行间条播两种，窄行行距 10 cm，宽行行距 30 cm。当播种三种以上牧草时，一种牧草播于一行，而另两种播于相邻的另一行，或者分种间行播。

④宽窄行相间播。15 cm 窄行与 30 cm 宽行相间条播，在窄行中播种不喜光或竞争能力较强的牧草，而在宽行内播种喜光或竞争能力较弱的牧草。

⑤撒一条播。行距 15 cm，一行采用条播，另一行进行宽幅的撒播。

5. 播种深度

牧草播种要掌握好播种深度，过深则土壤温度低，不利出苗；过浅则容易被风刮跑。影响牧草播种深度的因素主要有种子大小、土壤含水量、土壤类型等。

一般来讲，牧草以浅播为宜。由于豆科牧草的子叶出苗顶土困难，一般应比禾本科牧草播得更浅一些。一般在沙质土壤上以 2 cm 为宜，大粒种子以 3～4 cm 为宜，黏壤土 1.5～2 cm 为宜，较黏重的土壤应更浅。

6. 播种时期

多年生牧草的播种时期一般分为春播、夏播和秋播。在我国南方和北方温暖地区一般进行秋播，播种时间前者为 9 月，后者为 8 月到 9 月初，过迟则牧草容易受冻不能越冬而死亡。我国东北和西北寒冷地区多为春播，一般在解冻后及时播种，推迟播种期往往会影响牧草的出苗和生长。这些地区也可进行秋播，但宜早不宜晚，要使牧草在冬季来临前有足够的时间进行生长以贮备一定的营养物质，利于安全越冬。

（三）播后管理

建植的人工草地要采取各种农业技术措施进行管理与合理利用，才能维持高产优质。不合理的违背科学的管理，往往会造成草地退化，导致草地生产力降低。

1. 灌溉

灌溉的适宜时间因牧草种类、气候与土壤条件而有所不同。干旱地区建植的人工草地最好进行灌溉。禾本科牧草从分蘖到抽穗，豆科牧草从分枝到开花需要大量水分，也是灌溉的最佳时期。草地在每次刈割后应进行灌溉。在冬季积雪少且干旱的地区，在牧草生育的各个时期都应特别注意适时灌水。

2. 防除杂草

当牧草还未长出时，可能有许多杂草生长，须及时拔除。待牧草长出后，可抑制杂草生长，这时可不必去除。

3. 适时疏耙

目的是疏松土壤（破除板结层）保墒，一般是春耙。在草地被利用后也要进行耙地，头两年应轻耙，以后随年限增长。土层较坚实的，可采取重耙。

4. 补播

草地被利用几年后，牧草结构不平衡，有的局部退化，生产能力降低，应结合疏耙、施肥进行补播。

5. 人工草地的施肥

在多年生混播草地，播前应施足基肥。在牧草生长期间的追肥，可结合春灌或刈割，放牧后进行。春、夏季参考的施肥量：磷钾肥 30～45 kg/hm^2、钾肥 30～45 kg/hm^2、氮钾肥 38～75 kg/hm^2。秋季一般追施磷肥，以利越冬。

6. 新建植草地的保护与利用

新建植的人工草地第二年返青时，一定要严格禁止放牧，当年仅能轻度利用。

二、大力发展人工饲草地，促进农牧结合

农牧结合的核心纽带是饲料，其来源于种植业，耗散于畜牧业，以厩肥等物质形式返回土壤，以役畜动力形式作用于农业系统。饲料充足，则六畜兴旺；肥料充足，则五谷丰登。长期以来，我国饲料已表现出能量饲料不足、蛋白饲料缺乏、青粗饲料季节供给不平衡、农副产品（秸秆等青贮、氨化）利用不充分等特点。因此，增种人工草料，建设人工草地，开展形式多样的农牧结合很有必要。

在农牧结合生态工程中，应特别注意改革耕作制度，建立粮食一经济作物一饲料作物三元耕作制，增加优质高产饲料作物的种植面积。积极开展草、田轮作，冬闲田或秋闲田种草。可将南方双季稻田或低产稻田改为水稻、玉米、豆类、饲草或饲料作物轮作田，北方玉米单作改为玉米、豆类、牧草间套种。此外，农牧结合可以在一个生产单位内实施，发展农、林、牧结合的家庭牧场或种、养结合的立体开发模式，也可以是异地农牧结合，包括异地

育肥、异地供草即牧区繁农区育、农区草牧区用等形式，建立高效节粮型的畜牧业生产体系[51~53]。

第五节 草地作业的主要机具

国内外生产实践证明，草地牧业生产要实现高效可持续发展，需满足两个条件：一是经营规模足够大，二是生产加工要实现机械化。因此，大力发展我国草地作业机具，实现牧业生产机械化，具有重要的现实意义。草地作业机具主要涉及土地耕作、牧草播种、草地田间管理、干草收获与调制以及青贮等机具[49,54,55]。

一、土壤耕翻机具和整地机具

1. 土壤耕翻机具

翻耕土地时使用较多的是铧式犁，其次还有圆盘犁、凿式松土机、旋耕机等。使用时，应根据地块大小和土壤阻力的不同来选择适宜的耕作机械及配套动力。圆盘犁适于在多草、多碎石的土壤中工作，圆盘耙主要用于犁耕后的碎土作业。旋耕机碎土能力强，耕后地表细碎平整，土肥掺和均匀，可一次完成耕耙、平整等作业。

2. 整地机具

整地机具包括各种耙、镇压器、中耕机械等，用于耕翻土壤前的浅耕灭茬或翻耕后的耙地、耢糖、平整、镇压、打垄作畦及松土除草等作业。有些土壤耕作机械可一次完成两项或多项耕作作业，称为联合耕作机，如耕耙犁等。

在干旱、半干旱地区，为保护土壤水分，防止水土流失，宜采用土垡不翻转的深松耕机械；在湿润、半湿润地区，宜采用具有良好翻垡覆盖性能的耕作机械，如滚垡型铧式犁；在土质黏重的土壤耕作时，宜采用剪裂断条、碎土性能好的耕作机械，如窜垡型铧式犁、旋耕机等。

二、牧草播种机具

牧草播种机具按功能可分为补播机具和种植机具两种，前者主要用于退化天然草地的更新和改良，后者主要用于人工草地的播种。

1. 牧草补播机具

牧草补播机具是一种免耕播种机，按其开沟器类型分为松土铲式和旋转刀盘式两种。松土铲式补播机由机架、松土铲、圆犁刀、排种装置、覆土镇压装置、传动装置、深度调节装置等组成。作业时，圆犁刀切入土内，先将草根切断，随后松土铲开出犁沟并在草皮下松土。牧草种子经排种装置播入沟中，经覆土镇压后完成补播作业。旋转刀盘式补播机由拖拉机动力输出轴通过传动装置驱动钳齿形刀盘，切开草地土层，随后由开沟器开出整齐沟槽，种子播入沟中后由镇压轮镇压。开沟器开沟能力强、碎土性能好、松土性能差，适用于土层板结的草地。牧草补播机具还设有施肥与喷药装置，在补播的同时施肥或施用除莠剂。

滚筒式条播机对原有植被破坏小，落种器仅松动种子萌芽生长所需的周围土壤，不存在翻垡的有害现象。该机适用于牧草补播，但要求种子具有良好的流动性。

2. 种植机具

(1) 种子清选机

种子清选机包括清种机和选种机。清种机用于从种子中清除杂物，选种机则用于从清除杂物后的种子中选出饱满健壮、生活力强的籽粒。目前，牧草种子清选机械常见的为复式种子清选机。

复式种子清选机采用多种清选部件，能一次性完成清种与选种作业。常用的复式种子清选机装有气流清选、筛选和窝眼滚筒三种清选部件。物料喂入后，经前、后吸风道两次气流清选，清除轻杂质和瘪轻、虫蛀的种子，又用前、后数片平筛和窝眼筒分别按长、宽、厚三种尺寸，去掉其余杂质和过大过小的种子。通过改变吸风道的气流速度，更换不同筛孔尺寸的平筛筛片或调节窝眼筒内收集槽的承接高度，可以适应和满足不同种子和不同的选种要求。

(2) 种子处理设备

牧草作物种子在播种前采用生物学、化学、物理学和机械的方法进行处理，以提高其发芽率和出苗率，促进幼苗生长，减少病虫害，创造稳产、高产的条件。常用的种子处理设备包括种子拌药机、种子表面处理机械和种子包衣机等，以及用高频电流、Y 射线、红外线、紫外线、超声波等物理方法处理种子的设备。

(3) 播种机

播种机的种植对象是牧草和作物的种子或加工后的丸粒化种子，用于建立人工草地。根据播种方式的不同，播种机有撒播机、条播机和点播机等。

三、田间管理机具

1. 喷灌机具组

喷灌是一种具有节水、增产、节地、省工等优点的先进节水灌溉技术。喷灌系统由水源、水泵、动力及管路系统、喷洒器等部分组成。几种常用牧草喷灌机组是小型汽油喷灌机、中型动力喷灌机和大型动力喷灌机。

中、小型喷灌机，可配多个喷头，安装和移动方便，适用于山地或平原较小地块的喷灌。大型动力喷灌机又分为绞盘式喷灌机、圆形喷灌机和平移式喷灌机。圆形喷灌机和平移式喷灌机装有多个喷头，装多喷头的薄金属支管支承在若干个可以自动行走的塔车上，各个塔车都有一套调速、同步安全控制盒驱动的机构，整个支管系统在电力或水力驱动下，自动协调地做缓慢直线运动，或环绕一端做回旋运动，喷灌效率较高。

2. 草地施肥机械

在国内，相对于放牧型的天然草地，刈割型的草地施肥较为常见。草地施肥机械，常用的有厩肥撒布机和化肥撒布机等。

（1）厩肥撒布机

兼运肥与撒肥之用。一般在厩肥运输的尾端装上一个或数个撒肥轮，另外，在车厢底部安装数个输送链。作业过程中，输送链不断地将厩肥向车尾输送，撒肥轮将厩肥碎裂成小块，均匀地撒向草地。

（2）化肥撒布机

按其结构有离心式和扇形摆动式等形式。离心式与播种用的撒播机相同。扇形摆动式的撒肥装置是一个做扇形往复摆动的撒肥管，其结构简单、使用广泛，撒布颗粒化肥均匀度好，质量高。但当撒布结块化肥时，应事先将其碾碎成细颗粒或在肥料箱底部放置筛网，以提高撒肥质量。

3. 喷药机械

（1）液力喷雾机

液力喷雾机的特点是液滴喷射较远，分布比较均匀，在植物上附着性较好，受气候的影响也较小。其缺点是雾滴大，需要大量的水稀释，且药液容易流失，消耗功率也比较大。草地作业中常用的为自行式喷雾车和喷杆喷雾机。其中，喷杆喷雾机具有结构简单、操作调整方便、喷雾速度快、喷幅宽、喷雾均匀、生产率高等特点，适于大面积草地喷洒化学除草剂和杀虫剂。

（2）气力喷雾机

利用高速气流将雾滴破碎，使之进一步雾化并随气流一起输送的机械，其雾满直径一般为 75～100 μm。气力喷雾机的特点是雾滴小、均匀，药液不易流失，损失小，且有利于环保；稀释水用量小，覆盖面大，防治效果好，使用范围广。在草地作业中，应用较多的气力喷雾机有背负式喷雾喷粉机等。

背负式喷雾喷粉机是采用气流输粉、气压输液和气力喷雾原理，由汽油机驱动的小型便携式机具，是一种多用途的喷洒机械。它以喷雾为主，但通过更换少量部件也可进行喷粉、喷播九粒种子和超低量喷雾等作业，在小规模农业中应用很广，在草地的病虫害防治中应用比较普遍。

四、干草收获与调制机具

1. 畜力干草收获机具

畜力干草收获机具包括畜力割草机、畜力搂草机、畜力集草机和畜力垛草机等。适用于一般的割草地，但生产效率低。因畜力来源方便，所以，我国牧区仍有应用。

2. 机力干草收获机具

有横向或侧向搂草机、集草机或集垛机、垛草机或运垛机等，是我国目前条件下具有较好经济效益的收获机具系统。适用于牧区广大天然草地。

3. 集垛收获机具

除机力割草机外，尚有侧向搂草机、集垛机、运垛机。适用于大面积、较平坦的草地。主要生产自用干草，运输距离较短。我国于 20 世纪 70 年代开始研制大型集垛机，并已投入生产。

4. 小方草捆收获机具

包括割草压扁机、捡拾压捆机、草捆装运机等，生产小方草捆。在我国生产商品干草地区使用较多。

5. 大圆草捆收获机具

有割草压扁机、捡拾大圆捆机、圆捆装载机等，生产大圆草捆。它是 20 世纪 70 年代发展的牧草收获机具，我国已有应用。

6. 田间捡拾压块机

包括割草压扁机、捡拾压块机、草块运输车，可捡拾草条，切碎后压制成圆形或方形断面草块。草块密度大、体积小，便于运输、贮存和实现喂饲机械化。因机具结构复杂、笨重、耗能量大、产品成本高等原因，生产应用受到限制。

7. 旋转收获机械

有旋转割草机、旋转搂草机、干草装载车等，生产碎散草。适用于高产栽培草地。生产效率高，但应用受到一定限制。

8. 牧草干燥设备

为了生产高质量干草，除了适时收获外，还应尽量缩短干燥时间，保持干燥均匀。常规生产干草是将收割牧草晾晒田间，进行自然干燥，但难以避免因曝晒和淋雨造成的营养损失。使用牧草干燥设备，以热空气或热蒸气做干燥介质，加速水分蒸发或添加化学药剂促进牧草干燥。滚筒式牧草干燥设备是由滚筒式的叶板将牧草翻动，使牧草在滚筒内与干燥介质接触。直流式的滚筒干燥设备只有 1 个滚筒，牧草从滚筒的一端进入，从另一端排出，只经过一个干燥行程。回流式滚筒干燥设备是将 2～3 个不同直径的滚筒装在一起，牧草从一端先进入内滚筒，到达另一端后，再从两个滚筒之间的环形通道进行回流，如此经过 2～3 个干燥行程之后，牧草从外滚筒的出口端排出。这种干燥设备的优点是生产效率高、占地面积小，但热量消耗大、生产成本高。可用于生产高质量干草，再将其加工成干草粉，生产颗粒饲料。

五、青贮机具

青贮料的收获有分段收获和联合收获两种。分段收获是将青贮作物人工或收割机割下，运回场内，用铡草机切碎再装入各种青贮建筑物内，它的设备简单，但劳动生产率低，收获时间长。联合收获是用收获机收割青饲料的同时将其切碎，抛入后面的自卸拖车，再拉回场内直接卸入或通过风送机吹入青贮建筑物，整个过程可以达到全盘的机械化。

1. 青贮料收获机

青贮料收获机的种类很多，目前常见的主要有两种：甩刀式青贮料收获机和通用型青贮料收获机。

甩刀式青贮料收获机利用同一部件进行收割切碎和抛送，其结构很简单，可根据地面平整情况、牧草高低等调节留茬高度、行走速度、甩刀速度及轮距。一般只能用来收获青绿牧草以及青绿的燕麦、甜菜茎叶等饲料作物，由于其切碎质量较差，应用受到一定局限。和干草收获机械中某些机器类似。

通用型青贮料收获机一般是在同一机身上配用全幅割台、中耕作物割台和捡拾装置三种附件，以适应不同类型的青贮料收获。其结构较甩刀式复杂，但它适应性广，因此，国外应用很普遍。

目前常见的青贮饲料收获机械有 JAGUAR 系列、9QL-2.1 型等。其中，9QL-2.1 型青贮饲料收获机在田间收获时，可一次性完成切割、喂入、铡切、揉搓、抛送等作业，用于收获种植面积较大的青贮玉米、高粱等高秆、粗茎作物，也可用于收获摘穗后的玉米秸秆。

2. 切碎机械

(1) 饲草切碎机

饲草切碎机也称作切草机，通常所说的铡草机、青饲切碎机、秸秆切碎机等都属于饲草切碎机。铡草机是一种小型切碎机，体小轻便、机动灵活，适合于农牧民用来铡切麦草、稻草、谷草、豆秸、花生蔓等。青饲切碎机又称青贮切碎机，为大、中型切碎机，结构比较完善、生产效率高，并能自动喂入饲料和抛送切碎段，适宜切碎青玉米、青苜蓿等青刈和青贮饲料。秸秆切碎机可用于铡切干秸秆与青贮料，故又称秸秆青贮饲料切碎机。

饲草切碎机由喂入装置、切碎器、传动装置和机架等部分组成，按切碎器差异分为轮刀（圆盘）式、滚刀（滚筒）式两种。大、中型切碎机为了抛送青贮料一般都为轮刀式，而小型铡草机以滚刀式居多，具有自动喂入、使用方便、操作安全、生产效率高、性能稳定等特点。

(2) 饲草粉碎机

饲草饲料的粉碎方式主要有击碎、磨碎、压碎、锯切碎四种。目前，厂家生产的饲草粉碎机往往是几种粉碎方法同时使用。常见的粉碎机类型有锤片式、劲锤式、爪式和对辊式四种。粉碎秸秆饲料，采用锤片式粉碎机最为适宜。对辊式粉碎机是由一对回转方向相反、转速不等的带有刀盘的齿辊进行粉碎，主要用于粉碎油料作物的饼渣、豆饼等。一般要求粉碎时，饲料含水率不超过15%。

(3) 饲草揉切机

揉切机由进料口、工作室、出料室、传动装置、机架和电机组成，是一种新型秸秆粗饲料加工机具。工作时，物料由进料口喂入后进入工作室，动刀在转子轴的带动下旋转，物料在动刀和定刀组之间被铡切、揉切，加工后的物料经由出料室侧壁上的出口排出。适用于青、干玉米秸秆，稻草、麦秸以及多种青绿饲料的揉切加工，对于多湿、韧性强等难加工物料（如芦苇、荆条等）也有很强的适应性。常见的饲草切碎机，如9ZC系列铡草机、9QS1300青贮饲料切碎机、9Q-60型青干饲草切碎机、9FC型系列干草粉碎机、9SC-360型锤片式饲料揉搓机、9SC-400饲草揉搓机、9ZPR系列圆盘式揉搓切碎机等。

3. 青贮机械

传统的青贮采用窖贮或地面青贮，此处主要介绍与拉伸膜青贮和灌装青贮新技术相关的青贮机械。

（1）拉伸膜青贮机械

拉伸膜青贮是用高压力打捆机将牧草制成圆柱形草捆，然后采用专用裹包机、青贮拉伸膜将草捆紧裹包。若是玉米秸秆、甘蔗尾叶或芦苇等其他作物，则需先用揉碎机或切碎机将秸秆揉碎或切短，再进行打捆和裹包。圆捆青贮分大型圆捆青贮和小型圆捆青贮两种。其成套设备主要有牧草（鲜草或半干）打捆机、裹包机和切碎机、揉碎机等。大型圆捆青贮除通用割草机和搂草机外，还需大型圆捆打捆机和大型青贮裹包机，用 36～77.5 kW 以上拖拉机牵引，自动捡拾，适用于牧草、苜蓿的青贮，生产能力为 18～30 t/h，密度可达 0.5 g/m^3。小型圆捆青贮通用割草机、搂草机外，还需小型圆捆打捆机动车和小型青贮裹包机。若青贮秸秆类作物需使用揉碎机和切碎机，用 10.29 kW 小型四轮拖拉机做动力，适用于牧草、苜蓿以及秸秆作物，生产能力为 3 t/h。

（2）灌装青贮机械

将秸秆切碎后，用袋式灌装机械将秸秆高密度地装入由塑料拉伸膜制成的专用青贮袋，在厌氧条件下实现青贮。其核心设备是灌装机，适合于玉米秸秆、牧草、高粱等的大量青贮。该技术青贮含水率高达 60%～65%，一只 33 m 长的青贮袋可灌装近100 t秸秆，灌装机灌装速度每小时 60～90 t。大袋可装150 t，塑料袋每个 300 美元。1983 年内蒙古赤峰市曾从美国 ALBAG 公司引进150 t的袋装设备，试用成功。现在，上海凯玛新型材料有限公司经营该项业务。大型塑料袋青贮技术适宜在大型养牛场推广。

与传统窖贮相比，圆捆青贮和袋式青贮投资少、见效快，青贮质量高、损失少、保存期长，贮存与取饲方便。常见的青贮机械有 9BM 系列、MP550 系列、SWM0810 型、爱农 AN-35 型、92YL-0.5 型、MK5050-G 型等。

第三章　草地与民族地区的旅游

草地自然景观千姿百态，民族文化丰富多彩，广袤无垠的草地使人胸怀开阔。这是不少旅游者到了草地后的共同感受，大家也特别希望把草地旅游办成高规格的文明旅游业，实现从业者和旅游者利益的双丰收，从而推动草地旅游业长盛不衰。因为草地旅游意义重大，不仅可以活跃牧区社会经济，有利于民族间相互了解、增进友谊、加强民族团结和合作，还有利于增强人们合理利用与科学保护草地资源与生态的意识。

第一节　草地生态旅游

“天苍苍，野茫茫，风吹草低见牛羊”，这是古人眼中的草原景象。“蓝蓝的天空，清清的湖水，奔驰的骏马，洁白的羊群”，这是现代人描述的草原风光。一望无际、辽阔悠远的大草原，从来都是人们赞美的对象，也总是令人心驰神往。近年来，草地旅游因其独特的自然和人文景观，受到越来越多人士的喜爱。提到草地旅游，首先让我们来了解一下草地旅游组成的基本景观要素。

草地旅游资源包括草地的自然景观（图 3-1）和由草地畜牧民族的民俗、风情（图 3-2）、历史遗迹（图 3-3）等构成的人文景观。草地的自然景观和人文景观组成一定范围的风景名胜景点或地理区域，具有供人们观赏、休憩、娱乐、旅游、狩猎的价值或具有特殊文化教育、探险、科学研究、科学考察的价值。

一、草地自然景观的观赏

草地自然景观指的是草地特殊的地理要素、自然现象和特殊的草地自然地带性等构成的自然景观。

（一）特殊的野生植物群落

特殊的野生植物群落，如一望无垠的内蒙古针茅草原、绿色地毯般的青藏高原小型蒿草草甸、荒漠中的梭梭林、沙海中的芦苇沼泽等。

（二）特殊的野生动物群体

特殊的野生动物群体，如羌塘草原的藏野驴群、内蒙古草原的黄羊群、青藏高原沼泽的黑颈鹳、松嫩沼泽中的丹顶鹤群等。

（三）特殊的草地自然地貌景观

特殊的草地自然地貌景观，如宽阔的高原、纵深的峡谷，西北干旱草地中的戈壁滩、风蚀谷、雅丹地貌，南方草地中的喀斯特地貌等。草地自然地带性景观，如“天苍苍，野茫茫，风吹草低见牛羊”的内蒙古大草原风光（图 3-4），林草相间、风光绚丽的天山牧场，九寨沟亚高山牧场的风景区，游人特别喜爱的百花争艳的五花草甸（图 3-5），在合理利用和管理条件下，保持四季常绿的热带改良草地（图 3-6）等。草地自然保护区既有特殊的保护价值，又是开展科研、从事草地教学实习的基地。

二、参观放牧家畜，了解其在草地生态系统中的地位和作用

家畜是被人类高度驯化的动物，是人类长期劳动的社会产物，具有独特的经济性状，能满足人类的需求，已形成不同的品种，在人工养殖的条件下能够正常繁殖后代并可随人工选择和生产方向的改变而改变，同时其性状能够稳定地遗传下来。一般较常见家畜的饲养方式有舍饲、圈饲、系养、放牧等。家畜放牧是草地放牧生态系统最重要的利用活动，是实现系统功能的关键一环。草地常见的放牧家畜包括牛、羊、马等。

根据不同家畜的食性和需求特点，牧民们在长期的牧养进程中总结出了某一家畜特定的放牧管理方式，加上不同牲畜的体形、颜色、行为等都不同，也就形成了草地上特别的放牧景观。一天中不同时间，一年中不同季节，都可能见到成群的牛、羊在蓝天白云的陪伴下，在牧民悠扬的歌声、琴声中，或悠闲啃食，或驻足远望，或嬉戏奔跑，或安静哺育，这些都是非常温馨、惬意、和谐的画面。

（一）主要放牧家畜

1. 牦牛

牦牛是高寒地区的特有牛种，草食性反刍家畜。分布于我国的四川、青海、西藏、新疆等省（区）。牦牛是世界上生活在海拔最高处的哺乳动物，主

要产于中国青藏高原海拔3 000 m以上地区。牦牛性情温和、驯顺、善良，具有极强的耐力和吃苦精神，对于世代沿袭着游牧生活的藏民族来说，牦牛具有无可替代的重要地位。在高寒恶劣的气候条件下，无论是烈日炎炎的盛夏还是冰雪袭人的寒冬，牦牛均以其耐寒负重的秉性坚韧不拔地奔波在雪域高原，担负着“雪域之舟”的重任。可以说，在藏民族的衣、食、住、行当中处处都离不开牦牛，牛乳、牛肉、牛毛为在世界屋脊上勇敢而顽强地生存下来、历经艰难困苦的藏民族提供着生活、生产必需的资料来源，牦牛因此成为一代代在青藏高原上繁衍生息、发展成长起来的藏民族生命与力量的源泉。人们喝牦牛奶，吃牦牛肉，烧牦牛粪。牦牛的毛可做衣服或帐篷，皮是制革的好材料。牦牛既可用于农耕，又可用作高原运输工具。牦牛还有识途的本领，善走险路和沼泽地，并能避开陷阱择路而行，可做旅游者的前导。

2. 藏羊

藏羊又称藏系羊，是我国三大原始绵羊品种之一。主要分布在青藏高原，青海是主要产区，分布广，家畜中数量比重最大。依其生态环境，结合生产、经济特点，可分为高原型、山谷型和欧拉型三类。高原型占全省的90%，是藏羊的主体，主要分布在高寒牧区。高原型藏羊体格大、身躯长、胸深广、前胸发达开阔，背腰平直，整个体形似长方形，耐高寒、耐干旱性能好，产毛、产肉性能强，羊毛品质高。

3. 蒙古马

蒙古马是中国乃至全世界较为古老的马种之一，主要产于内蒙古草原。蒙古马体格不大，平均体高1.2～1.35 m，体重267～370 kg，身躯粗壮，四肢坚实有力，体质粗糙结实，头大额宽，胸廓身长，腿短，关节、肌腱发达，被毛浓密，毛色复杂。蒙古马耐劳，不畏寒冷，能适应极粗放的饲养管理，生命力极强，能够在艰苦恶劣的条件下生存，8小时可走60 km左右的路程。经过调驯的蒙古马，在战场上不惊不诧，勇猛无比，历来是一种良好的军马。

此外，产于新疆的哈萨克马也是一种草原型马种，其形态特征：头中等大，清秀，耳朵短，颈细长、稍扬起，耆甲高，胸稍窄，后肢常呈现刀状。现今主要分布在伊犁哈萨克州一带。河曲马也是我国的一种古老而优良的地方马种，是我国地方品种中体格最大的优秀马。历史上常被用作贡礼，原产于黄河上游青、甘、川三省交界的草原上，因地处黄河第一大拐弯，故名河曲马。河曲马性情温顺、持久力较强、疲劳恢复快，是良好的农用挽马。

（二）放牧家畜的生态地位与作用

家畜放牧促进了草地植被的演替进程。放牧时，牲畜最先采食草地上的高草类，由于长期的啃食和践踏，高大型草类的生长受到抑制，与此同时，草层下部有机会接受更多的光照，下繁类禾草、低矮豆科牧草和杂类草的发育开始活跃，并逐渐成为优势种，如草原下层的冰草、隐子草等。家畜经常采食的牧草很少开花结实，以种子繁殖的禾本科草和杂草的数量逐渐减少，而不被采食或少被采食的草类得以发育，数量增加，从而草地植物群落外貌发生了改变。此外，在放牧过程中，家畜在草地上排泄的粪便改善了草地土壤的肥力，为牧草生长提供了养分。由此可见，适当放牧，对草地有益。在天然草地中，除了放牧的牛、羊、马等家畜外，还有很多其他野生动物如鹰、驴、鹿、狼、兔、鼠等，它们的活动在维持草地动物多样性及整个草地生态系统平衡中也发挥着重要的作用[56]。

1. 放牧家畜可显著提高草地生态系统中的物质循环和能量流动效率

对于一个自然生态系统而言，并不一定必须具备消费者，只要有生产者（主要指植物）和分解者（主要指微生物），就可以形成“生产一分解一再生产”的完整物质循环，并持续地进行下去。但是，与具有结构完整的“生产者一消费者一分解者”生态系统相比，没有消费者的生态系统的物质循环和能量流动的效率会大大降低。因此，没有消费者的生态系统的稳定性差，生态效益也相对有限。

牛、羊、马等草地动物是草地生态系统中的重要消费者。牛或羊采食植物的枝叶后，在相对较短的时间内就可以以排泄物的形式将食物残渣排出体外。动物的排泄物进入土壤后，分解转化的速度大大加快，为植物生产提供营养物质的效率大幅度提高，单位时间内可供植物利用的营养物质的流量也就显著增加，从而促进了草地植物的生长发育。与此同时，丰富的植被又为动物种群的增长和系统进化提供了充足的营养条件。因此，牛、羊等草地消费者可以有效提高草地生态系统中营养物质的循环效率，促使生态系统更加繁荣，并且由于生态系统中物种多样性的提高，系统的稳定性也更强，整体生态效益也更大。

2. 放牧家畜可提高草地生态系统的稳定性

在生态系统中，生产者所生产的物质和固定的能量沿食物链、食物网流动。食物网体现了各种生物通过物质循环和能量流动而建立起来的错综复杂的、普遍的相互联系，这种联系就像一张无形的网，把所有的生物联系在一起，使它们彼此之间都有着某种直接或间接的关系。当其中任何一种因素发生变动时，都会有多种生物因素对其产生制约作用，进而促使系统尽快恢复稳定。所以，食物关系是生态系统中一种重要的调节机制，而动物则是食物关系中的主要因素，因此，多样性的动物是生态系统稳定的基础。

草地中的动物，以其特有的生活方式改变着植物、环境和生态系统过程。如驼鹿通过选择取食落叶植物改变森林优势物种，进而影响生态系统的生物地球化学循环；海狸鼠修筑水坝形成的许多水域，在逐步演化成湿地和草甸后，其地理特征和植被面貌可保持几个世纪；草原土拨鼠长期栖息的地区，草地植被形成明显不同于周围的斑块，在改变营养循环的同时，影响着其他动物对草地的利用；地下鼠挖掘形成的土丘，对生态系统的影响可持续几千年[57～59]。

在草地生态系统中，放牧家畜的采食、践踏行为，以及地下动物的挖掘行为等所产生的影响可能涉及生态系统中的多个组成层次。如它们取食的空间及部位涉及植物的地上及地下部分，能导致植物生活史特征及生存策略发生重大改变，直接影响动、植物群落的组成，同时也可使土壤营养离子的生物地球化学循环发生重大改变。这些变化一方面增加了植物的生产力和种群的丰富度，对植物群落的稳定性产生正效应；另外一些变化则可能会引起植物物种的替代，导致草地生产力水平下降和植物群落丰富度的减少。

3. 草地动物与草地生态系统协同进化

在生物进化过程中，除了非生物的自然选择因素外，生态系统中相互关联的各种生物也是互为选择的条件。一个物种的进化必然会改变其他物种进化的环境条件和自然选择的压力，从而引起其他物种随之发生相应的变化。一般情况下，两个或更多物种的进化互相影响，形成一个相互作用的协同进化系统。事实上，生物因素和非生物因素都可以构成自然选择的因素，整个生态系统都表现出了协同进化的关系。在这种协同进化关系中，动物因其特有的主动性而发挥着重要的作用。

草食动物与植物之间存在着协同进化的关系[60]。草食动物的啃食可以对植物造成严重损害，这无疑对植物是一个强大的选择压力。在这种压力下，几乎所有的植物都要靠增强营养繁殖和再生能力来适应草食动物的啃食。如很多植物在茎和叶上长有毛或刺来抵御动物的啃食。某些植物甚至还发展了化学防卫，如生大豆中含有抗胰蛋白酶，抗胰蛋白酶是一种抗营养因子，它可以使胰蛋白酶失活，降低动物对蛋白质的消化能力，导致营养不良。在长期进化过程中，草食动物与植被之间形成了非常复杂的相互作用。有许多植物需要依靠草食动物的啃食才能维持生存，而大型草食动物（如各种有蹄类动物）对整个植物群落结构的影响显著。通过大型草食动物的啃食活动，可以淘汰一些对啃食敏感的植物，抑制抗啃食能力较强植物的生长，从而减弱种间竞争，使其他植物也能得以生存，这在一定程度上改变了物种的多样性。所以，大型草食动物的存在可影响植物群落的结构和物种组成，就像捕食动物的存在可影响猎物群落的物种多样性一样。

就动物而言，其在自然生态系统中的作用已远远超出仅仅为满足采食物的需求和栖息地的利用，它们的存在与土壤的生物地球化学循环、植被演替、景观改变等密切相关。放牧家畜与草地植被之间的相互作用，是改变草地生态系统内部各构件配置的最基本动力，并对其结构和功能产生综合性效应。采食、践踏作用，不仅改变了各类植被的行为、生活史对策、群落组成，同时也诱导出物理、化学防卫，如退化草地中，各种有毒有害植物种类的增加、鼠害严重的草地逐渐沙化等。

因此，深入了解家畜放牧在草地生态系统中的地位与作用，制定合理的家畜放牧的规章制度，对促进草地畜牧业的发展和维护草地生态系统平衡都具有重要意义。

三、草地畜牧业产品制作的体验

草地畜牧业是利用草地直接放牧牲畜，或将草地作为饲草刈割地以饲养牲畜的畜牧业。根据我国草地的植物群落着生的性质，可以分为天然草地、人工草地、半人工草地三类。生活在草地上的肉牛、羊、马、兔、鹅等草食畜禽是草地牧场主要的生产资料。放牧家畜对人类做出了巨大的贡献，家畜不但能作为搬运工具，也能提供畜产品——乳、肉、毛、皮等。牧民在长期的生产和生活中形成了独具特色的民俗风情，主要包括草地畜产品的生产和加工，如各种奶品的制作（挤奶、捣酸奶、晾奶皮子、熬奶茶），肉品的制作（做牛肉干），皮、毛产品的制作等。

（一）奶品制作

奶品的制作流程和工序如下：

1. 挤奶

人工挤奶的一般操作是先用温水清洁和按摩乳房，挤奶人坐于母牛右侧，双手各以拇指与食指握住母牛两个乳头基部，然后依次以中指、无名指、小指用力挤压将奶挤出。为了减轻劳动强度，提高挤奶效率，现在也采用电动方式挤奶。挤奶杯是金属或塑料制造的，其中间有一橡皮套筒，使挤奶杯内部形成乳头下和侧壁两个空腔，挤奶时，乳头下腔在脉动器的作用下产生交替真空，其动作极似犊牛吸奶，不仅有吮吸动作，还有轻微的按摩作用。

2. 乳品的加工制作

刚挤出的鲜奶可加工成各种形态和风味的乳品，包括液体奶、酸奶、奶粉、奶酪、奶糖及其他乳制品（图 3-7）。新产的鲜奶不宜直接饮用，必须进行杀菌。目前，灭菌的方法主要有巴氏灭菌法和超高温灭菌法。巴氏灭菌法（pasteurization），亦称低温消毒法、冷杀菌法，是一种利用较低的温度既可杀死病菌又能保持物品中营养物质风味不变的消毒法。具体操作方法是将混合原料加热至 68～70 ℃，并保持此温度 30 分钟，随后急速冷却到 4～5 ℃。超高温灭菌法又称超高温瞬间灭菌，指灭菌时温度高于 100 ℃，但是加热时间很短，对营养成分破坏小，经过这样处理的牛奶的保质期会更长[61]。

3. 酸奶制作

酸奶因饲用价值远远超过新鲜牛（羊）奶，并含有多种乳酸、乳糖、氨基酸、矿物质、维生素、酶等，且适口性好而受到大众喜爱。酸奶包括凝固型和搅拌型两种类型，它们的共同点是需在杀菌后的乳液中接入发酵菌种进行发酵，然后冷藏。

4. 奶粉制作

奶粉包括全脂（全脂加糖）奶粉、脱脂奶粉、调味奶粉等。它们生产过程的主要不同在于标准化过程中或是全脂加糖，或是分离脂肪，或是添加营养强化剂等其他辅料。

其他乳制品还包括炼乳、奶油及干酪等，它们的制作过程与前面提到的奶制品有相似之处。

（二）毛产品制作

1. 剪毛

羊毛是绵羊的主要产品，剪毛就是收获毛产品，这对于牧民来说是一种重要的生产活动。

细毛羊、半细毛羊及生产同质毛的杂种羊，一年内仅在春季剪毛一次；粗毛羊和生产异质毛的杂种羊，可在春、秋季节各剪毛一次。剪毛时间以当地气候变化而定。我国西北牧区春季剪毛一般在 5 月下旬至 6 月上旬，青藏高寒牧区在 6 月下旬至 7 月上旬，农区在 4 月中旬至 5 月上旬。秋季剪毛多在 9 月份进行。

剪毛方式主要分为手工剪毛和机械剪毛两种。手工剪毛是用一种特制的剪毛剪进行剪毛，劳动强度大，每人一天大约能剪 20～30 只羊。机械剪毛是用一种专用的剪毛机进行剪毛，速度快、质量好，效率比手工剪毛可提高 3～4 倍。目前，世界养羊业发达的国家不断改进剪毛工艺，采用快速剪毛法，能显著提高生产效率，如在新西兰一个熟练的剪毛工人，平均每天可剪绵羊 260～350 只，最高纪录是 9 小时剪 500 只绵羊。我国在新西兰道思快速剪毛法的基础上，结合新疆细毛羊的特点和我国机械剪毛工艺的优点，也研究出了机械剪毛新工艺，并在生产中应用广泛[62]。

2. 毛毡制作

毛毡是将羊毛或其他兽毛经加湿、加热、加压等物理作用而制成的块片状无纺织物，其原理是羊毛纤维表面的鳞片状的结构在外力作用下可以缠结黏缩在一起，形成稳定的毡状物[63]。制毡的原料一般选用绵羊毛、山羊毛和骆驼毛等[64～69]。传统手工制毡的过程包括采毛、净毛、弹毛、铺毛、加温加湿、擀压、整形成毡等几个环节[70]。因无须纺织即可得到结构密实、性能稳定的织物，制毡技术很早就被中亚游牧民族所掌握，被认为是人类最古老的纤维处理技术之一[65,71～73]。考古证据显示，毛毡在中亚地区的使用至少已有8 000年的历史。毛毡制品取材便利、制作工艺简单，又具有较好的防潮防风、抗震保暖等实用性能，千百年来一直是游牧民族钟爱的生活纺织品材料[74,75]。

位于中国西北部的新疆是中国境内最早使用毛毡制品的地区之一[71]。由于处于亚欧大陆腹地，毗邻中亚和南西伯利亚大草原，新疆自青铜器时代就已定居有大量古代游牧民族。从考古资料中可知，这些远古居民放牧绵羊、山羊、牛等牲畜，过着以渔猎畜牧为主的生活，苦寒干燥的气候环境和兽毛采集的便利让他们很早就掌握了毛毡制作的技术。毡帽、毡靴、毡袜、毡毯、毡房等服饰及生活用品，从古至今一直是新疆游牧民族物质文明的重要组成部分。制毡工艺在新疆地区代代传承，毛毡制品在不同历史时期亦均显示出具有时代特色的风貌[76]。

3. 花毡制作

花毡是广泛流行于新疆近现代各少数民族之中的日用毛毡制品，尤其以哈萨克族和柯尔克孜族的花毡最具代表性。擀制花毡的工序[77]大体如下：

第一，对羊毛进行初步处理，包括采毛、净毛、弹毛三个环节。

第二，染色排花，包括用植物染料煮染羊毛和依据构图设计将染色羊毛在芨芨草帘上排出花样两个环节。

第三，擀制花毡，包括铺毛、加温加湿、卷毛擀压、整形成毡四个步骤。

擀制好的花毡经过清洗晾晒成为成品，可用来铺垫装饰，是少数民族喜爱的生活纺织品。

除了擀制花毡以外，新疆近现代少数民族还广泛采用嵌花、绣花、补花、印花等工艺手段显花，形成风格各异的花毡品种[78]。嵌花毡是将不同色彩的毛毡剪成图案再用毛线缝合在一起制成，绣花毡以刺绣显花，补花毡将色布贴补缝缀在素色毡面上，印花毡则是使用花版或木模将图案转印在素色毡面上[79]。新疆近现代花毡工艺是对新疆古代制毡技术的继承和发扬，体现了新疆少数民族高超的工艺技巧和朴素的审美趣味（图 3-8）。

由此可见，通过草地旅游，不仅可以欣赏到草地独特的自然景观和放牧景观，而且还可了解到草地生态系统功能和草地畜牧业与人类生产、生活紧密相关，以及不同游牧民族的历史与文化等相关知识。

第二节 草地旅游资源开发与环境保护

草地旅游是旅游业的重要组成部分。草原地区天然的地理环境、自然风光、民族风情、历史文化等都是旅游的重要资源。我国是世界上草地类型最多的国家，《中国草地资源》将其分为 18 个大类，37 个亚类、1 000多个草地型，草地面积占国土面积的 41.7%。截至 2010 年，我国已划定草原和草甸生态系统类型的自然保护区面积达1 600×10^4 hm^2，这些自然保护区为开展草地旅游创造了良好的条件。随着我国旅游业的快速发展，旷远而壮丽的草地旅游正吸引越来越多游客的喜爱。

一、草地旅游资源

（一）丰富的动植物资源

草地植被类型丰富，包括草原（图 3-9）、草甸（图 3-10）、草本沼泽及灌草丛等。盛产麝香、虫草、贝母、鹿茸、雪莲等名贵草药，以及油麦吊云杉、油松、高山柏、桦木、红花绿绒蒿等珍稀植物。除了放牧的家畜，草地中还有藏羚、野牦牛、雪豹、狼、黑颈鹤、白天鹅、藏鸳鸯、白鹳、梅花鹿、小熊猫等大量野生动物。

（二）千姿百态的地理生态景观

我国的主要草原区均分布于高原和中、高山地，以山地地貌为主，山脉绵延、地势高耸、地形复杂，海拔较高，河流密布，湖泊、沼泽众多，雪山冰川广布，这些高山、峡谷、名川、奇花异草（图 3-11）、珍禽异兽共同构成了原生态的多彩地理景观（图 3-12）。

同时，多数草地旅游资源具重要的生态地位，如地处青藏高原腹地的三江源，即长江、黄河、澜沧江三条大河的发源地，不仅是水草丰美、湖泊星罗棋布、野生动植物种群繁多的高原草甸区，亦是我国最主要的水源地和全国生态安全的重要屏障，被誉为“中华水塔”。

高原气候最热月平均气温多不到 20 ℃，与邻近的大中城市有 10 ℃以上的温差，夏季凉爽宜人的气候为人们调理身心和盛夏避暑提供了良好条件，夏季到草原旅游（图 3-9）已成为人们的一种时尚追求。

（三）多姿多彩的民族风情与文化

迷人的少数民族风情和独具特色的少数民族美食风味是草原吸引游客的又一原因。我国的主要草原区是蒙、满、哈萨克、藏、裕固等少数民族聚居区，雄伟壮观的宗教寺庙，骑马射箭、手抓羊肉、篝火晚会等多姿多彩的民俗风情、节庆活动深为游客所喜爱（图 3-13）。

二、草地旅游资源的开发利用

随着我国旅游业的快速发展，人们对旅游的兴致越来越高，因此，需要开发更多的旅游资源以满足人们日益增长的需求。其中，草地因具有较特别的自然和人文景观而成为当前生态旅游开发利用的热点。开展草地生态旅游，一方面可以让游客领略草地特色旅游资源的风光，另一方面可以改善草地牧民的经济收入，提升牧民保护当地自然资源和野生动植物资源的意识和热情。同时，旅游的收入也使牧民有力量投资草原基本建设和保护，维护、恢复和创造优美的草原生态环境，从而实现草原的可持续发展[80]。要实现草地资源开发利用与环境保护的协同发展，开发利用时应注意以下事项：

（一）不破坏生态环境

草地旅游资源生态环境脆弱，旅游开发要以不破坏草原的自然风貌和生物的多样性为前提，依据草原资源的环境条件进行不同程度的开发。在开发利用时要科学确定开发的强度，设计合理的旅游规模，使之严格限制在生态容量范围之内。开发方式上要体现“天人合一”的生态伦理观，产品的开发、基础设施的建设要与草地的生态环境相协调，尽量把旅游开发对生态环境的负效应减到最小。在具体为旅游景点做出科学构想和设计的同时，还要提出对地形景观、草皮植被、文物古迹、动植物、水体以及整个生态环境、旅游环境的保护方案，并合理划定保护范围和确定环境容量。此外，规划还得从总体布局上予以协调组织，避免在风景区布置不必要的服务设施。要根据具体景区的资源和环境特点，慎重确定旅游活动项目。对于那些会导致景区内水体、空气污染的旅游活动项目，要严格限制开发。应开发多种不破坏环境的具有草原特色的旅游产品，并在农牧户中进行专业化生产经营，加强营销、拓展客源，直至形成固定的消夏避暑游客群体，减少无效消耗，提高经营效益。对于那些以保护珍稀野生动植物为目的而设置的草地自然保护区，则要限制旅游活动的空间范围，科学划分“核心区”“缓冲区”和“实验区”，并将旅游活动尽可能控制在实验区范围内，适度向缓冲区发展。

（二）吸引当地牧民积极参与

当地公众的积极参与是草地旅游资源可持续利用的重要支撑。草地旅游资源的开发，可以替代当地牧民对草地资源的其他利用方式，缓减对生态环境的压力，并且通过旅游开发，可以弘扬当地传统文化，增强地方独有文化气氛，提高旅游资源的质量。在旅游开发中，牧民能从中获得一定的经济利益，有利于帮助他们建立起珍惜爱护草地资源的理念，将保护草地生态环境落实到各种具体的行动中（图 3-14）。

（三）不断丰富草地旅游资源产品

草地旅游资源受地质、气候等自然条件因素的长期作用，呈现出不同的地质地貌特点，并生成了多样性动植物生态环境，这些丰富的生态资源为开发类型多样的旅游产品提供了良好条件。据此，可设计草原自然风光、珍稀野生动植物资源（图 3-15）、草原科普知识普及、草原特殊地理与生态的科学考察、生态牧业景观、草原野营、民俗风情游等多种旅游产品，以提高旅游品质（图 3-15）。

（四）多渠道筹集旅游资源开发资金

由于资金短缺，我国草地旅游资源开发利用十分不充分。应该广开筹资渠道，从多个方面积极创造条件筹集旅游开发基金。可以以合作开发的形式吸引私人、集体、旅游企业等的参与，加快草地旅游资源向资产的转变。对于有代表性的草地资源，应争取国际组织的合作研究项目，增加旅游开发保护资金的来源。

三、草地资源环境保护对策

（一）合理布局，注重旅游与其他产业协调发展

草地旅游的资源条件和经营特点决定了它不可能在大面积区域内成为主

要的支柱产业，只能起一定的促进作用，但其无序发展造成的环境破坏却可能是更广泛的。因此，草地旅游开发应在掌握资源与市场的情况下，坚持适度开发和与其他产业协调发展的原则，尤其要协调好旅游与农牧林业的关系，使其相互促进，如旅游区附近的农牧业生产可围绕旅游需求生产特色产品，并通过旅游者的往来宣传扩大其知名度和销售量；开发多种不破坏环境的具有草原特色的旅游产品，并在农牧户中进行专业化生产经营，加强营销、拓展客源，直至形成固定的消夏避暑游客群体，减少无效消耗，提高经营效益（图 3-16，图 3-17）。

（二）加强草地资源建设

植被（包括农田）是草地旅游开发地区的景观、特产、饲草料和防风固沙体系的核心。首先，对已遭破坏的旅游活动区应停止使用，并结合国家生态环境建设工程通过种植手段进行草地旅游开发区的植被重建。在进行建设规划时应考虑旅游的需要，从美学角度注重各类型及其内部结构的协调，以形成既多样化又和谐的草地旅游景观资源。按不同功能需要建设专用基地，在有条件的地方，还可建立草原生态系统及其生物多样性展示园区，形成草地生态科普教育基地。

（三）以人为本，提高素质，强化管理

我国草地旅游可开发地区生态环境脆弱，经济发展水平较低，科技、文化和意识较为落后，而农牧民直接参与旅游经营又是草地旅游的重要特点。因此，以人为本、强化管理对实现草地旅游的可持续发展至关重要。

1. 运用法律手段保护旅游资源

运用法律手段保护旅游资源，就是给旅游者、旅游经营者和旅游管理者制定行为规范，使他们有法可依。其内容应包括旅游区建设项目的审批办法和权限、旅游资源保护的范围和内容、对违反保护条款者的处罚办法等。

2. 做好教育和宣传

做好教育和宣传，提高旅游经营者和游客对草地生态环境保护和草原区可持续发展的认识。应当树立资源环境道德意识和思考判断资源环境道德行为的善恶标准，要提高公民的资源意识、生态意识、环保意识以及可持续发展意识。要在人们心中树立保护资源环境的道德意识和理念，要使人们不仅以坚强的意志来调整自己的生活态度和生活习惯，还要有极大的勇气和热情支持旅游资源保护。在治理和保护草地旅游资源的同时，应重视游客的资源环境道德建设。旅游景区应采用适当方式让游客认识到，游客在游览消费旅

游资源的同时，也应自觉地维护旅游区的良好环境。

3. 引导和规范经营者兴趣和注意力

在对经营者兴趣和注意力引导和规范时，应将旅游景观和生态建设工程的（部分）投资、建设、利用与保护的责任分解落实到旅游企业和参与旅游经营的所有农牧民身上，并将执行的实效与其参与旅游经营获利的机会联系起来，在采集、用火和废弃物处理方面也应规范游人行为。

（四）建立监测与调控机制

草地旅游与草地生态系统和环境之间的影响是复杂和长期的，因而应对草地生态环境各主要因素、草地植被状况、旅游客源状况、游客心理预期等持续进行监测，并及时采取措施予以调控，以使其能够健康地发展。

（五）大力开展生态旅游，实现草地旅游资源永续利用

生态旅游是在生态学原则与可持续发展思想指导下，坚持社会、经济和生态平衡协调发展，以自然生态环境为基础，以满足人们日益增长的欣赏、研究自然和保护环境的需求为目的的一种旅游活动。旅游可持续发展是指旅游需求和旅游供应相结合的旅游系统的持续良性运行和发展，并且包括旅游资源经济效益的可持续发展，它是在现代旅游业迅猛发展、经营带来生态和环境质量破坏以及对经济社会产生巨大冲击下，旅游发展的必然趋势。生态旅游具有自然性、生态性、文化性、可持续性等特征，可以说是一种可持续发展的旅游形式。在广大草地旅游区域大力发展生态旅游是我国草地旅游业的现实选择。

（六）合理分配利益，保持草地旅游的长期稳定、兴旺繁荣，间接地促进草地牧业的发展

长期以来，我国草地资源利用因利益分配不合理，忽视对生态功能和服务的养护，造成生态系统退化，从而影响生态服务的发挥，导致了生产功能与生态服务的冲突。一是片面追求草地生产功能最大化，导致大量优质草地被大面积开垦，天然草地资源缩减，出现结构性和功能性的生态退化，生态服务功能受到显著损害。二是由于生产要素投入不足，使得草地系统输出和输入不平衡，难以维持正常的物质和能量循环过程，从而导致草地生产功能与生态功能发生冲突。这主要是由于草地资源是我国的公共财产资源，即使实行草地承包制度后，所有权和使用权依旧分离，加上缺少政策制度的约束，最终导致了牧民对草地资源的掠夺式利用。三是我国畜产品生产需求增长与

生态功能保护需求的矛盾愈加突出。在草地资源开发利用中，“重用轻养”的失误既阻碍了我国草地畜牧业的现代化进程，更加剧了我国草地生产功能与生态服务的冲突。如何合理分配利益，协调共生，保持草地旅游的长期稳定、兴旺繁荣，间接地促进草地牧业的发展显得尤为重要。

1. 牧业发展政策与生态建设政策协调并行

制定协调的农牧业发展政策和生态环境保护政策，如草地保护的生态补偿政策、草地综合治理的政府支持政策等，使经济发展和环境保护一体化，这是实现草地生产功能和生态功能协调共生的前提和基础。

2. 多目标、多功能地进行草地生态系统适应性管理

我国草地属于典型的生态脆弱带，要在这样脆弱的生态环境中实现工业化和城镇化的快速发展，只有对草地生态系统进行多目标、多功能的协调管理，这是实现草原地区生产、生活与生态相互协调，经济效益、社会效益和生态效益共生共赢的根本途径。

3. 行政管理与市场机制协调配合，实现草地资源的持续利用

草地资源的持续利用是保障草地多功能的前提和途径。草地畜牧业作为弱势产业，受自然因素制约大，如果没有政府强有力的政策支持，又要满足市场对草地畜牧产品不断增长的刚性需求，那么草地资源的可持续利用将难以为继。

第四章　天然草地野生优良饲用植物种质资源的开发和利用

第一节　野生饲用植物的概念和生态特性

一、野生饲用植物的概念

野生饲用植物（wild fodder plant）是指未经过人工驯化栽培，完全处在自然条件下，在天然草地上生长发育和繁衍后代的饲用植物，具有优良的抗性和品质[81～83]。

在实际的生产利用过程中，饲草作物（forage crop）或栽培牧草（cultivated herbage）与野生饲用植物之间的界限划分并不十分严格[84,85]。一些用作栽培的饲用植物，并没有像农作物一样经过长期栽培和选育，比如随着对草地退化治理的重视，草地工作者采集野生饲用植物种子，通过繁殖种子或育苗，直接进行大面积栽植或在草地上补播[83]。如冰草、硬秆仲彬草、柠条锦鸡儿、白沙蒿、驼绒藜等，既是饲用植物，又是防风固沙植物和保持水土植物，在治理沙地、恢复草地植被、改良草地生态环境中都发挥了重要作用[86]。此外，还有些来源于野生种质的栽培驯化的栽培牧草，同时还是优良的草坪草，如狗牙根、假俭草、草地早熟禾、结缕草等。

二、野生饲用植物的生态特性

野生饲用植物是在一定的自然条件下，经过长期的自然选择形成的，它本身就具有对当地生态环境高度适应性和抗逆性。野生饲用植物不但是牲畜赖以生存的物质基础，而且是饲用植物育种的丰富源泉[83,84]。野生牧草主要有以下特点：

1. 生态幅度广、生命力顽强

由于长期的自然选择、群落种间相互竞争和制约的结果，野生饲用植物具备了适应气候因子、土壤因子、地形因子、生物因子及人类活动的能力。环境与野生牧草间的互相选择和改造，导致野生牧草对环境的要求不严，生态幅度广，特别是抗性表现突出，如抗旱性、抗寒性、抗病虫能力。

2. 生育期短、生物量低

野生饲用植物对各类制约因子有极其敏感的适应性，如短命植物能在短时间的适宜气候条件下生长、开花、结实，完成其生活史。由于环境恶劣，野生饲用植物生育期缩短，一般植株低矮，生物量低，叶量少。当野生牧草在大田栽培条件下，被供给良好的水、肥条件时，其生育期可以延迟，株形增大，生物量提高。

3. 种子产量低、种用价值低

在野外恶劣的自然条件下，野生饲用植物营养生长与生殖生长均受到约束，种子数量和质量较差，而且为了躲避不良环境，野生植物种子常常存在较高的硬实和出现休眠情况，种子活力和发芽率低。

4. 群落一致性差

由于野生环境的不一致性，群落中各种野生植物的植物学特征、经济性状等也有差异，利于从中发现好的育种材料，进而选育出新的牧草品种，增加种质资源的数量和种类。

第二节　我国天然草地饲用植物资源

我国天然草地的饲用植物资源非常丰富，这些植物资源不仅是发展草地畜牧业的物质基础和廉价的饲料来源，而且也是筛选新的饲用作物和培育新的栽培品种的基因源和优良的天然基因库，同时对其他农作物的育种也有重要的利用价值[84,85,87]。

一、我国野生饲用植物种类及组成

我国地域辽阔，从北到南跨越温带、亚热带和热带三个气候带，全国地势西高东低，地形、土壤、气候条件多种多样，天然草地分布广、类型多、面积大，在温带有草原和荒漠，在青藏高原有高寒草甸和草原，在亚热带和热带有草山草坡。天然草地的面积达39 276×10^4 hm^2，占国土面积的40.9%，仅次于澳大利亚，居世界第二位[84]。天然草地上饲用植物种类丰富，组成复杂。20 世纪 80 年代全国第一次草地资源调查表明，我国草地饲用植物有6 352种、29 亚种、303 变种，分别隶属于 246 科的1 545属中，双子叶植物和单子叶植物是组成草地植物最基本和最主要的成分。其中豆科有 125 属1 157 种、6 亚种、69 变种，禾本科 210 属1 028种、15 亚种、98 变种，两科合计占饲用植物总数的 35.5%[83]。

二、我国野生饲用植物的主要特点

我国的野生饲用植物，除了种类丰富和组成复杂外，还具有以下的特点：

1. 优良饲用植物种类多

依据饲用价值、生产性能、在草群中的作用、生态生物学特性以及利用前景等内容，将我国饲用植物分为“优”“良”“中”“低”“劣”五等。在我国天然草地上，优等和良等饲用植物种类非常丰富，有1 165种，其中，优等占 295 种，良等占 870 种[83]。优良饲用植物占饲用植物（被子植物）总种类的 18.6%。这些优良饲用植物适口性好，家畜喜食或乐食；饲用价值高，粗蛋白质和粗脂肪含量分别在 10%和 1.5%以上，而粗纤维在 35%以下；生产性能也较好。它们在草地植物群落中起的作用比较大，适应性强，特别是对不良环境条件有较强的抵抗和忍受的能力，同时具有较高的饲用和经济价值，也具有栽培利用的潜力和前景。

2. 生活型及生态类型多样

生活型是植物对综合环境的长期适应，在表型上反映出来的植物类型，不同生活型的饲用植物其表型特征、形态结构、生理特性以及饲用价值也不一样。在草地饲用植物中，生活型多种多样，主要有草本和灌木植物。草本植物分为多年生草本、一年生或越年生草本，多年生草本在草地上种类最多，灌木植物可分为灌木、半灌木、小半灌木，此外，还有乔木、藤本和垫状植物等。同时，植物对环境条件中某一主导因子的适应关系也形成许多生态类型，如在对气候因子的适应中，有水分生态型、温度生态型、光生态型；在对土壤的关系中，有盐碱土生态型、沙生生态型、石生生态型。多种多样的生活型和生态型是饲用作物选育、引种和利用的科学依据。

3. 特有种及稀有种多

特有种是指仅产于我国或仅在我国有自然分布的饲用植物种类（包括种、亚种、变种或变型）。特有种，特别是地方特有种，对新饲用作物的发掘利用、遗传育种有特殊价值和科学价值。根据蒋尤泉等考证和研究，在优、良和中等的饲用植物中，禾本科的特有种有 118 种，如沙芦草、华雀麦、假枝雀麦、中华羊茅、蒙古早熟禾、华山新麦草、毛披碱草、无芒披碱草、异颖草等；豆科的特有种有 44 种，如阿拉善苜蓿、细叶扁蓿豆、西藏扁蓿豆、峨眉葛藤等；菊科的特有种有 13 种；藜科的特有种有 14 种；蓼科的特有种有 3 种；百合科的特有种有 5 种[83]。

第三节 我国野生饲用植物资源的分布

我国的饲用植物不仅分布广泛，分布区类型多样，且区系地理成分和起源复杂。根据我国气候条件的牧草种植区划，一般划分为十大牧草种植和分布区，不同自然地带都有可以发掘和利用的饲用植物[81]。

一、东北寒冷-半湿润区

本区包括黑龙江、吉林和辽宁三省，及内蒙古自治区的东部四盟市（呼伦贝尔市、兴安盟、通辽市和赤峰市）。常见的天然草地优良饲草种有：紫苜蓿、黄花苜蓿、羊草、无芒雀麦、老芒麦、披碱草、短芒大麦草、苦荬菜、冰草、秣食豆、草木犀、沙打旺、野豌豆、扁蓿豆、胡枝子、赖草、锦鸡儿、岩黄耆、木地肤、白三叶、红三叶、百脉根、白花草木犀、草地早熟禾、鹅观草等[86,88,89]。

二、内蒙古高原寒冷干旱/半干旱区

本区包括内蒙古自治区的中部七盟市（锡林郭勒盟、乌兰察布市、呼和浩特市、包头市、鄂尔多斯市、巴彦淖尔市和乌海市），宁夏回族自治区的中、北部，河北省的坝上地区。常见的天然草地优良饲草种有：紫苜蓿、无芒雀麦、老芒麦、披碱草、羊草、新麦草、冰草、毛叶苕子、箭筈豌豆、沙打旺、岩黄耆、柠条、碱茅、短芒大麦草、草木犀、尖叶胡枝子、沙蒿和华北驼绒藜等[86]。

三、西北寒冷荒漠区

本区包括新疆维吾尔自治区、内蒙古自治区西部的阿拉善盟、甘肃省河西走廊地区。常见的天然草地优良饲草种有：紫苜蓿、无芒雀麦、鸭茅、老芒麦、披碱草、新麦草、苇状羊茅、红豆草、百脉根、毛叶苕子、箭筈豌豆、冰草、木地肤、伊犁绢蒿、驼绒藜、黄花苜蓿、红三叶、白三叶、沙打旺、草木犀、草木犀状黄芪、细枝岩黄耆、柠条、沙拐枣和梭梭等[90,91]。

四、青藏高原高寒区

本区包括西藏自治区、青海省全部、四川省西部、云南省西北部、甘肃省的甘南和祁连山山地东段。常见的天然草地优良饲草种有：老芒麦、垂穗披碱草、中华羊茅、早熟禾、贫花鹅观草、鸭茅、梯牧草、冰草、毛叶苕子、箭筈豌豆、红豆草、红三叶、嵩草、薹草、碱茅、鹅观草、赖草、紫羊茅、溚草、硬秆仲彬草、扁蓿豆、岩黄耆、棘豆等。

五、黄土高原寒冷/温暖、半干旱/半湿润区

本区西起乌鞘岭，东至太行山，南达秦岭、伏牛山，北抵长城，包括山西省，河南省西部，陕西省中、北部，甘肃省中、东部，宁夏回族自治区南部。常见的天然草地优良饲草种有：紫苜蓿、无芒雀麦、苇状羊茅、老芒麦、披碱草、新麦草、冰草、红三叶、毛叶苕子、箭筈豌豆、沙打旺、多变小冠花、芨芨草、草木犀、扁蓿豆、沙蒿、歪头菜、岩黄耆、天蓝苜蓿、鸡眼草、胡枝子、赖草、牛鞭草、马唐等[92]。

六、黄淮海温暖半湿润区

本区位于长城以南，淮河以北，西至太行山，东临渤海与黄海，包括河北省大部（坝上地区除外），北京市，天津市，山东省，河南省中、东部，江苏和安徽两省的淮河以北地区。本区为重要的粮食生产基地，饲草以田间杂草为主。常见的野生优良饲草种有：稗草、马唐、狗牙根、结缕草、画眉草、野豌豆、苦荬菜、狗尾草、草木犀、胡枝子、牛鞭草、天蓝苜蓿、米口袋、早熟禾等[93]。

七、长江中下游亚热湿润区

本区包括江西、浙江、上海三省市全部，湖南、湖北两省的中、东部，江苏、安徽两省的中、南部，以及河南省南部边缘。常见的野生优良饲草种有：金花菜（南苜蓿）、苦荬菜、芒、假俭草、虉草、雀稗、大米草、马唐、狗牙根、狗尾草、草地早熟禾、鹅观草、画眉草、营草、鸭嘴草、野葛、野豌豆、紫云英、白三叶、红三叶、铁扫帚、胡枝子、决明等[87,94,95]。

八、四川盆地亚热湿润区

本区与地理学上的四川盆地完全重合，包括四川省东部和重庆市中、西部。常见的野生优良饲草种有：扁穗牛鞭草、鸭茅、扁穗雀麦、苇状羊茅、光叶苕子、箭筈豌豆、紫云英、金花菜（南苜蓿）、白三叶、红三叶、苦荬菜、狗牙根、宽叶雀稗、虉草、野古草、细柄草、芒、画眉草、鹅观草、百脉根、野葛、棒头草、马唐、小糠草、莎草等[95]。

九、西南山地/高原温暖湿润区

本区位于秦岭以南，北回归线以北，川西高原以东，宜昌—溆浦一线以西，但四川盆地除外，包括陕西省南部，甘肃省东南部边缘，四川省（除川西高原和四川盆地之外的部分）和重庆市，云南省中、北部，贵州省全部，湖北和湖南两省的西部。常见的野生或逸生优良饲草种有：光叶苕子、白三叶、鸭茅、苇状羊茅、扁穗雀麦、扁穗牛鞭草、宽叶雀稗、箭筈豌豆、紫云英、金花菜、红三叶、百脉根、苦荬菜、狗牙根、虉草、鹅观草、披碱草、画眉草、狗尾草、稗、马唐、鸭嘴草、棒头草、鸡眼草、野豌豆、草木犀、猪屎豆等[96]。

十、华南炎热湿润区

本区包括台湾、福建、广东、海南和广西五省（区）全部，以及云南省南部地区。常见的野生或逸生优良饲草种有：柱花草、象草、黑籽雀稗、棕籽雀稗、臂形草、大黍、圆叶决明、大翼豆、绿叶山蚂蟥、银叶山蚂蟥、中国芒、稗、马唐、画眉草、蜈蚣草、白茅、扁穗牛鞭草、鸭嘴草、斑茅、野葛、扁穗莎草、狗尾草、假俭草、细柄草、看麦娘等[97]。

第四节　野生饲用植物的发掘与利用

草地畜牧业的发展有赖于草地的改良和环境建设，需要多种类型适应草地严酷自然条件的草种。野生牧草具有抗逆性强的优点，适应当地气候条件，用以改良天然草地和提高人工草地的稳定性具有先天的优越性。野生牧草驯化是高效、快速提高天然草地生产力、延长人工草地利用年限、增强耐牧性和稳定性且方便快捷的使用办法。特别是在气候、环境条件恶劣的地方，野生牧草的驯化意义更为重大。虽然我国适用的野生饲用植物种类繁多，但据中国工程院张子仪院士主编的《中国饲料学》所收录的栽培牧草和饲料作物只有 184 种，其中禾本科 82 种，豆科 72 种，其他科 30 种[85]。苏联植物学家瓦维洛夫 1935 年指出，大多数草本饲用植物引入栽培的时间较晚，禾本科饲料作物的栽培最多只有几百年，育种家对于大多数禾本科和豆科牧草也才进入选种工作，从野生牧草驯化培育出栽培牧草有着很大的潜力。

一、野生牧草资源驯化栽培的意义

植物的引种驯化，就是通过人工培育使野生植物成为栽培植物，使外地植物成为本地植物的措施和过程[88,90]。栽培牧草以及其他栽培作物都是由野生植物驯化而来，紫苜蓿是最早驯化成功的豆科牧草，伊朗（古波斯）在有史记载以前就有苜蓿栽培，栽培历史至今已有 3 000 多年。

20 世纪 80 年代以来，随着我国人工草地建设和草地改良的发展，以及荒漠化治理和水土保持等生态环境建设工程的开展，通过野生牧草的引种驯化，选出了一批在生产上发挥了重要作用的优良牧草品种。我国牧草审定品种分别为四类，除了育成品种、地方品种和国外引进品种之外，特别列出一项野生牧草栽培品种，其审定标准为：“野生牧草人工栽培成功，栽培面积在 100 亩以上者，可用原种名作为栽培品种报审，命名时可冠以原种采集地名以区别不同的生态型。野生种转变为栽培种，是属于野生牧草品种资源开发利用的结果，现有栽培品种与原来的野生种没有本质上的区别。但野生牧草经过人工选择、杂交、诱变等育种手段加以改造，使某些野生性状减弱或消失，有价值的新的性状产生，与原来野生种在相同条件下试验比较，其产量或某些经济性状确有明显改进并能较稳定地遗传，则可作为新品种报审，并可命以新名。”到 2014 年底已通过品种审定的野生牧草栽培品种约 80 个，占全部审定登记品种的近 1/3。如锡林郭勒缘毛雀麦、陇东天蓝苜蓿、康巴垂穗披碱草、阿坝老芒麦、宝兴鸭茅、江夏扁穗雀麦等，这些品种已在牧区的草地建设、半农半牧区及农区的草产品生产和城乡草地生态环境建设中加以推广应用，产生了显著的经济、生态和社会效益。

二、野生牧草资源利用栽培的目标范畴

1. 从野生优良饲用植物中选育新的饲用作物

栽培饲用植物来源于野生饲用植物，丰富的野生优良饲用植物种类、生

活型和生态型是选育新的饲用作物的遗传基础。以中生和多年生草本植物为主，从不同自然条件和当地生产要求出发，选育适合当地建立人工草地、饲草饲料地的新饲用作物，雀麦属、披碱草属、雀稗属、羊茅属、早熟禾属、赖草属、苜蓿属、三叶草属、野豌豆属、葛属等属植物都具有进一步发掘和利用的潜力和前景。

2. 从野生饲用植物中筛选草地改良和草地环境建设的优良草种

野生牧草经过长期自然演化和自然选择而形成，对草地不良的自然条件具有很强的抗逆性和适应性，是筛选天然草地补播改良和草地生态环境建设优良草种的天然基因库，如从冰草属、赖草属、大麦属、披碱草属、碱茅属、黄芪属、扁蓿豆属、岩黄耆属、锦鸡儿属、驼绒藜属、地肤属、沙拐枣属等属植物中，筛选抗旱、抗风蚀、耐沙埋、抗寒、耐盐碱等抗逆性和适应性强的种质资源并加以直接利用，是解决草地改良和生态环境建设优良草种缺乏的有效途径。

3. 为农作物的遗传育种研究提供来自野生近缘种的基因资源

野生牧草完全处在自然条件下生长发育和繁衍后代，经过上千年的自然演变，里面蕴藏着各种可利用的基因，如抗病虫性、抗逆性、细胞质雄性不育及丰产性等。许多牧草种质资源是主要农作物的近缘野生种，具有丰富的抗性基因，因此，牧草种质资源的深入研究也可为农作物改良提供有益的基因源。如小麦族牧草中的新麦草属、披碱草属、赖草属、鹅观草属植物具有与大麦、小麦等很近的亲缘关系，其抗逆性可以通过远缘杂交等方式转移到麦类作物中去，为麦类作物的育种开辟了新的途径。同时研究这些野生近缘种与栽培物种的遗传进化，可以寻找农作物起源的科学证据[83]。

此外，还有一些野生饲用植物如剪股颖属、狗牙根属、早熟禾属、羊茅属、结缕草属、薹草属等属植物，可以从中选育新的草坪草品种。

三、野生牧草驯化的主要目标

1. 提高发芽率

较低的生活力和发芽率造成种子的浪费，影响田间出苗的整齐度和质量，是限制野生牧草推广应用的瓶颈，因此，提高发芽率一般是野生牧草驯化的首要目标。例如，野生朝鲜碱茅耐盐碱、抗寒、耐旱，盐量2%～2.5%、土壤pH9.4以上条件下均可正常生长发育，是改良盐碱地重要的禾本科牧草。但野生朝鲜碱茅种子发芽时间长，要求大于10 ℃的温差和充足的水分，在生产中不易满足它的发芽条件，影响了朝鲜碱茅的推广应用。吉林省农业科学院以改良牧草发芽习性为目标对野生材料进行鉴定筛选，经过多年努力育成吉农朝鲜碱茅新品种，在保持原野生种耐盐碱等优良性状的基础上，改变了原野生种需变温发芽及发芽期长的不良特性。

2. 提高产量

在盐碱、沙化、干旱、寒冷等自然条件较为恶劣的地区，野生牧草进行驯化、栽培是改善生态环境，发展人工草地的重要途径。提高其产量和品质有利于草种的推广和草地畜牧业的发展，对提高当地群众生活水平意义重大。如川西北沙化草地面积越发严重，而适用于沙地环境种植的饲用植物却很少。四川省草原科学研究院以提高生物量为育种目标，从野生的硬秆仲彬草中选择植株高大、分蘖数多的单株为原始材料，育成了阿坝硬秆仲彬草新品种，既保持了原有野生群体优良的抗逆性和顽强的生命力，而且生物产量较原野生群体提高了15%以上。

3. 其他

此外，野生牧草驯化目标还有提高种子产量、改善牧草营养含量、去除某些营养障碍因子（如生物碱）等。随着人们生活质量的不断提高，依据不同牧草的成分特性，野生牧草除可开发用于传统养殖业，还可应用于食品类、药品类和保健品，从其提取的天然色素还可作为添加剂、工业染色剂或化妆品原料。

四、野生牧草驯化栽培的方法

1. 野生牧草资源调查和采集

在调查天然植物资源的基础上，从中选出产量高、再生速度快、适应性强、适口性好、饲用价值丰富、野生性状较少的优良牧草，作为采集和栽培对象。当前对中国野生牧草资源的掌握还远远不够，有关牧草的调查常常是与草场调查在一起进行的，由于草场调查的范围比较大，内容比较多，时间紧，因此与牧草有关的一些性状没有涉及。

在野外调查的基础上，要着手制订采集计划，根据野生牧草的成熟期进行种子采集。在天然草地上，牧草一般是以自然群体分布与生长着，在群体中存在着好几种形态特征与生物学特征都不相同的植物“生物型”。这些生物型在群体中不是简单地、机械地混合，而是相互联系，形成一个整体，它们保证了群体具有广泛的适应性和稳定性。因此，在采集优良种子时，应该尽量在不破坏其自然群体的基础上进行采集。在采集种子时，不应仅选择突出的植株采集种子，而是应该尽量将自然群体中各种生物型植株的种子都采集来。采集的种子数量尽可能多些，才能包括整个群体的各个生物型。成片生长的优良牧草，可用收割机、镰刀等机具收割，运回脱粒，将其割好的植株捆好，每捆上挂两个以上标签，标签上写明植物种的名称、原产地、收割日期。对于零星生长的优良野生牧草，可人工采集其种子，装入布袋，布袋内外均要有标签。野生牧草种子成熟，无论在群体内还是在一个植株上，都是很不一致的，而且种子成熟后容易脱粒，因此，应该选择适宜的收获时期采集种子，一般在50%～60%成熟时即可收获。对一些结实率很低，根茎、根蘖繁殖的多年生牧草，可掘取其地下根茎进行无性繁殖。将掘出的带土根茎装入塑料袋，袋口通空气，袋内加少量水，保持根茎土的湿润状态，运回后立即栽种。采种时应记载所采资源的名称、日期、生境、地点、海拔、主要表型特点等数据。

2. 野生牧草的栽培与选择

野生牧草虽然在天然草场上很容易繁殖，具有顽强的生命力，但采其种子进行人工播种栽培时却很不容易种好。因此需要认真对待，重视栽培前后的主要环节。

（1）选地与整地

为充分发挥野生牧草的少产力，应为其创造最好的栽培条件，尽量选择地势平坦、土层深厚，土质疏松、肥沃且耕作过的地块，前作最好是中耕作物地或休闲地。野生牧草种子播种后，幼苗生长缓慢，一些旱生和沙生的，在幼前期有先长根后长茎叶的习性，苗期地上部分生长更加缓慢，易受田间杂草危害。整地时应尽一切可能先清除地面杂草，主要措施是秋深耕，到第二年春季仍有杂草未消灭时，宜在播种前杂草出生时进行1～2次全面中耕，彻底消灭杂草，有条件的地区辅之以化学除杂。由于部分野生牧草种子细小，在整地时，必须耙碎土块，播前及时耙平整。

（2）种子检验

为使野生牧草种子达到后熟，当年采种的种子不宜在当年播种，第二年播种前必须对种子进行检查鉴定。野生牧草种子发芽不整齐，发芽率不高，特别是一些用根茎繁殖的禾本科牧草，结实率不高，有空瘪子现象。某些野生豆科牧草种子硬实率高达50%～80%。因此，必须进行种子发芽率、发芽势试验，并检查种子纯净度。对豆科硬实种子要擦破种皮，播前日光晒种，以提高发芽率。

（3）播种

对于多年生野生牧草，根据当地条件，可在春、夏、秋三季播种。为使野生牧草充分生长发育，采用宽行距（30～60 cm）播种。根据种子发芽率情况，一般宜加大播种量，甚至比同等大小栽培种的种子播量大一倍以上。小粒种不能超过 1 cm 的深度，可用撒播方式，播后要遮阴，土表要经常保持湿润。

（4）田间管理

出苗后，如有缺苗断垄现象，应及时补播。土壤板结时要及时中耕松土，适时灌溉，并认真进行观察记载。野生牧草经人工精细栽培以后，改变了它原来长期习惯了的在野生情况下的自然条件，营养条件优越，消灭或削弱了野生情况下天然植物群落中种间竞争的关系，植株可能要发生变异，而且可能多数都是按人们所期望的方向变异。变异的总趋势是提高了牧草生产力并改进了饲用品质，与此同时，逐步削弱了或改变了不良的野生性状，有利于栽培利用。

（5）选择

野生牧草经人工栽培后发生的变异，在不同个体之间变异方向和变异速度是不同的，可以采用人工选择的方法把那些符合需要的变异及其变异速度较快的个体选择出来。经过连续不断的选择，可以缩短野生牧草适应新环境的过程，提高利用的效果。一般可采用多次混合选择法和集团选择法，而对一些特殊且宝贵的变异植株，也可采用单株选择法。

五、野生饲用植物种质资源的保护

野生饲用植物种质资源的保护可分为就地保护和迁地保护两种方式。就地保护即原生境保护，主要方法是建立自然保护区和国家公园；迁地保护即异生境保护的主要方法，是建立植物园、种质库、种质资源圃和试管苗保存，以及用超低温保存种子、花粉、营养体和细胞等。

1. 草地类自然保护区的建立

近年，我国草原退化、沙化、盐碱化严重，草地生态环境恶化，生物多样性受到严重威胁，草地牧草种质资源日益减少，建立草地类自然保护区是保护草地自然资源和生态环境的有效途径，也是就地保护牧草种质资源的有效方法。目前全国共建立草原与草甸生态系统类型自然保护区 14 个，面积 137.8×10^4 hm^2；另建有草地生境野生动植物种类型自然保护区 2 个，面积 4.4×10^4 hm^2。两者面积共计 142.2×10^4 hm^2，约占全国草地面积的 0.82%，有重点保护植物2 000多种。除了国家建立的草地类自然保护区对牧草种质资源的就地保护起着十分重要的作用之外，其他森林、湿地等类型的自然保护区以及国家地质公园等对牧草种质资源也起到重要的保护作用。如内蒙古克什克腾旗阿斯哈图石林国家地质公园有成片的山岩黄耆、野火球、无芒雀麦等优良牧草，还有大面积成片生长繁茂的野生黄花苜蓿。

2. 种质库和种质资源圃

广泛收集野生牧草种质资源，将其种子存放在低温干燥的种质库中是牧草种质资源迁地保护的重要方法，对无性繁殖材料则可移栽到专门设置的种质资源圃中加以保护。

我国已建成中国农科院作物品种资源研究所的种质资源保存长期库，以承担农作物种质资源（包括牧草饲料作物）的长期保存任务，同时建成全国畜牧总站畜禽牧草种质资源保存利用中心的牧草种质资源中期库以及中国农科院草原研究所温带牧草备份中期库和海南省中国热带农作物品种资源研究所热带牧草备份中期库。截至 2010 年，已搜集到国内外牧草种质资源材料近 1.5 万份，其中国家长期库保存约3 000份，入中期库保存8 000份。对各地搜集到的无性繁殖的牧草种质材料，已在北京、内蒙古呼和浩特、吉林公主岭市、甘肃兰州市、新疆乌鲁木齐市、青海西宁市、四川成都市、湖北武汉市、江苏南京市、海南儋州市分别建了牧草种质资源圃，在田间繁殖保存。

3. 存在的问题和建议

（1）草地类自然保护区面积小

草地类自然保护区仅占我国草地面积的 0.82%，仅为全国各类自然保护区总面积的 2%。建议加强我国草地类自然保护区的建设，使我国有代表性的典型的草原类型都得到保护，这将为我国牧草种质资源的就地保护和持续利用创造较好的条件。

（2）野生牧草种质资源材料长期库和中期库保存的还比较少

我国的野生牧草种质资源材料长期库和中期库保存与美国、俄罗斯、新西兰、澳大利亚等国相比，还有较大的差距。由于超载过牧、滥垦滥挖、水资源过度利用，我国草地退化、沙化、盐碱化仍在继续，草地牧草和饲用植物的生存仍然受到威胁，抓紧草地牧草饲用植物种质资源的搜集、入库保存已成为一项相当急迫的任务。建议加大资金和技术力量的投入，并在一定时期保持项目的稳定性。

（3）牧草种质资源尤其是野生牧草种质资源的鉴定评价不够系统深入

搜集、保存牧草种质资源是为了利用直接用于生产或作为牧草育种的亲本材料，为此，必须对种质材料进行系统、深入、多学科的鉴定分析，不仅要在形态和农艺性状上鉴定，还需要在细胞学、生理生化以及 DNA 分子水平上进行鉴定，以便为育种者提供详尽的信息，以利牧草育种研究的开展。

(4) 建立牧草种质资源信息管理系统

这是加快我国牧草种质资源尤其是野生牧草种质资源搜集保存、鉴定评价、交流利用的重要手段。

目前，我们的这种信息管理系统与美国农业部 NPGS 植物资源系统，比如在资源的准确鉴定、表型数据、种子共享、图片等方面还存在很大的差距。

第五节 我国常见优良野生牧草简介

常见的野生牧草主要为禾本科和豆科牧草，也有少量菊科、藜科、蓼科等植物。禾本科牧草是家畜最主要的植物性饲料，大多数为多年丛生牧草，富含碳水化合物，能量高、适口性好、饲喂安全，几乎适合所有家畜的饲喂，更容易调制和加工成青干草、草粉和青贮饲料。禾本科牧草种类丰富、分布范围极广、适应性强，且耐践踏，再生性强，是天然草地的建群种。豆科牧草富含蛋白质、矿物质元素、维生素，且适口性好、消化率高，营养价值和饲用价值都很高。其根系发达，根上有丰富的根瘤，具备强大的固氮能力和水土保持能力，有很高的生态价值[85,87]。一些豆科牧草含有生物碱、优质花粉和美丽的花冠，具有很高的经济附加值。下面按禾本科、豆科、其他三类的顺序列举一些具有较高饲用价值的野生牧草，其中相当一部分已经被人工栽培利用，包括原生地不在我国但已将被广泛栽培或在我国存在逸生的牧草种，如多花黑麦草、多年生黑麦草和白三叶等。为了表的编号与其他章节一致，种的顺序号不变（即按顺序连续编号）。

一、禾本科

1. 垂穗披碱草（*Elymus nutans*）

(1) 形态特征

禾本科披碱草属多年生草本植物。须根系。疏丛型。茎直立，高为 60～120 cm。叶扁平，长 6～10 cm。穗状花序，较紧密，小穗排列于一侧，弯曲而先端下垂；穗轴每节通常有 2 枚小穗，近顶端每节 1 枚小穗，小穗幼嫩时为绿色，成熟时常常带紫色。小穗有 3～4 朵小花，结实 2～3 粒；种子千粒重 2～4 g。

(2) 分布及适应性

产自内蒙古、甘肃、青海、四川、新疆、西藏等省（区）。多生于草原或山坡道旁和森林边缘，是高寒草甸的重要成分。

(3) 饲用价值及利用

草质较柔软，适口性好。既可刈割青饲、调制干草或做青贮饲料，亦可放牧利用，是冬春季草食家畜的保膘饲草。刈割适期为抽穗期，推迟收割，则茎叶粗糙，纤维增加，饲用价值降低。由于垂穗披碱草适应性较强，可作为退化草场补播改良的首选草种。

表 4-1 垂穗披碱草的化学成分[84]（%）

名称	生育期	水分	占风干物质					钙	磷
			粗蛋白质	粗脂肪	粗纤维	无氮浸出物	粗灰分		
垂穗披碱草	抽穗期	—	10.10	2.20	27.70	52. 70	7.30	0.28	0.51

2. 老芒麦（*Elymus sibiricus*）

(1) 形态特征

禾本科披碱草属多年生草本植物。须根系。茎直立或茎部弯曲，高 90～150 cm，分 3～5 节。叶片扁平，长 15～25 cm，宽 0.6～1.5 cm。穗状花序，较疏松，稍弯曲下垂或向外曲展，长 15～20 cm；穗轴每节具 2 枚小穗，每小穗有 4～5 朵小花。颖果长扁圆形，千粒重约 4.9 g。

(2) 分布及适应性

天然分布于东北、内蒙古、新疆、甘肃、青藏高原等省（区）。

(3) 饲用价值及利用

草质较柔软，适口性好。既可刈割青饲、调制干草或做青贮饲料，亦可放牧利用，是冬春季草食家畜的保膘牧草，是高寒地区建立人工草地及天然草地补播的优良当家草种。

表 4-2 老芒麦的化学成分[84]（%）

名称	生育期	占风干物质				
		粗蛋白质	粗脂肪	粗纤维	无氮浸出物	粗灰分
老芒麦	抽穗期	10.20	2.90	28.70	51.20	5.00

3. 披碱草（*Elymus dahuricus*）

(1) 形态特征

多年生草本植物。疏丛型。须根状，根深可达 100 cm。秆直立，高 70～160 cm。叶片长 8～32 cm，宽 0.5～1.4 cm，叶缘被疏纤毛。穗状花序直立，一般具有 23～28 个穗节；穗轴中部各节具 2 枚小穗，而接近顶端及基部的仅具 1 枚，小穗含 3～6 朵小花。颖果长椭圆形，长约 0.6 cm。

(2) 分布及适应性

产自东北、内蒙古、华北、新疆、青藏高原等省（区）。多生于山坡草地或路边。

(3) 饲用价值及利用

披碱草为优质天然牧草，适口性较好，为各类家畜所喜食，该草可用于天然草地补播改良及建立人工草地。

表 4-3　披碱草的化学成分[84]（%）

名称	生育期	占风干物质				
		粗蛋白质	粗脂肪	粗纤维	无氮浸出物	粗灰分
披碱草	抽穗期	15.75	1.27	36.30	38.31	8.37

4. 冰草（*Agropyron cristatum*）

(1) 形态特征

多年生草本植物。疏丛型。须根状，密生，外具沙套。秆直立，基部的节微呈膝曲状，高 30～50 cm，具 2～3 节。叶长 5～10 cm，宽 0.2～0.5 cm，边缘内卷。穗状花序直立，长 2.5～5.5 cm，宽 0.8～1.5 cm，小穗水平排列呈篦齿状，含 4～7 朵花，长 1～1.3 cm。

(2) 分布及适应性

产自东北、华北、内蒙古、甘肃、青海、新疆等省（区）。生于干燥草地、山坡、丘陵以及沙地。

(3) 饲用价值及利用

冰草草质柔软，饲用价值较高，为优良牧草，青鲜时马和羊最喜食，牛与骆驼亦喜食，饲用价值很好，是中等催肥饲料。

表 4-4　冰草的化学成分[84]（%）

名称	生育期	占风干物质					钙	磷
		粗蛋白质	粗脂肪	粗纤维	无氮浸出物	粗灰分		
冰草	营养期	19.50	4.60	22.50	32.90	7.50	0.57	0.43
	抽穗期	16.60	3.50	27.20	33.40	6.30	0.44	0.37
	开花期	9.30	4.10	31.50	36.20	5.90	0.39	0.43

5. 沙芦草（*Agropyron mongolicum*）

(1) 形态特征

多年生草本植物。根须状，具沙套及根状茎。秆直立，高 40～90 cm，节常膝曲，具 2～3（6）节。叶鞘短于节间；叶片长 10～30 cm，宽 0.2～0.4 cm，无毛，边缘常内卷成针状。穗状花序长 8～14 cm，宽 0.5～0.7 cm。小穗排列疏松，含 3～8 朵小花。颖果椭圆形，长 0.4 cm，淡黄褐色。

（2）分布及适应性

产自内蒙古、陕西、甘肃等省（区）。生于干燥草原、沙地。

（3）饲用价值及利用

干旱草原地区的优良牧用禾草之一。早春鲜草为羊、牛、马等各类牲畜所喜食，抽穗以后适口性降低，秋季牲畜喜食再生草，冬季牧草干枯时牛和羊也喜食。

表 4-5 沙芦草的化学成分[84]（%）

名称	生育期	占风干物质				
		粗蛋白质	粗脂肪	粗纤维	无氮浸出物	粗灰分
沙芦草	营养期	19.03	2.02	35.97	35.42	7.56
	抽穗期	10.18	1.80	42.10	38.96	6.96
	开花期	8.90	2.11	41.36	41.68	5.95

6. 羊草（*Leymus chinensis*）

（1）形态特性

禾本科赖草属根茎型多年生草本植物。具下伸或横走根茎；须根具沙套。茎秆散生呈疏丛状，直立，高 60～80 cm，营养枝 3～4 节，生殖枝 3～7 节。叶片厚而硬，有叶舌、叶耳。穗状花序直立，长度为 12～18 cm。两端为单生小穗，中部为对生小穗。每小穗含有 5～10 朵小花，通常 2 枚生于 1 节，或在上端及基部者常单生。颖果细小呈长椭圆形，深褐色，千粒重约 2 g。

（2）分布及适应性

主要分布于东北三省和内蒙古自治区的东部、中部一带。多生于开阔的平原、起伏的低山丘陵、河滩及盐碱低地。抗寒、抗旱、耐盐碱、耐土壤瘠薄，适应范围很广。

（3）饲用价值及利用

产量高，叶量多、营养丰富、适口性好，各类家畜一年四季均喜食，有“牲口的细粮”之美称。调制成干草后，粗蛋白质含量仍能保持在 11%左右，且气味芳香、适口性好、耐贮藏。

表 4-6　羊草的化学成分[84]（%）

名称	生育期	占风干物质					钙	磷
		粗蛋白质	粗脂肪	粗纤维	无氮浸出物	粗灰分		
羊草	分蘖期	20.30	4.10	35.60	33.00	7.00	0.39	1.02
	拔节期	18.00	31.00	47.00	25.20	6.70	0.40	0.38
	抽穗期	14.90	2.90	37.00	41.40	5.80	0.43	0.34
	结实期	5.00	2.90	33.60	52.10	6.40	0.53	0.53

7. 鹅观草（*Roegneria kamoji*）

（1）形态特征

禾本科鹅观草属多年生植物。须根系，深 15～30 cm。秆直立或基部倾斜，疏丛生，高 30～100 cm。叶鞘外侧边缘常被纤毛，叶舌截平，长 0.05 cm，叶片扁平，光滑或稍粗糙。穗状花序长 7～20 cm，下垂。小穗绿色或紫色，长 1.3～2.5 cm（芒除外），含 3～10 朵花。颖果稍扁，黄褐色，千粒重约为 1.9 g。

（2）分布及适应性

在我国分布广泛，常见于海拔 100～2 300 m 的山坡和湿润草地。生态幅比较宽，适应的降水范围是 400～1 700 mm，适应沙质土和黏质土，适应土壤 pH 值为 4.5～8。耐寒，不耐高温。

（3）饲用价值及利用

营养期长，生殖期短。孕穗前茎叶柔嫩，各种畜禽均喜食。以利用青草期为宜，也可调制成干草。

表 4-7　鹅观草的化学成分[81]（%）

名称	生育期	占风干物质				
		粗蛋白质	粗脂肪	粗纤维	无氮浸出物	粗灰分
鹅观草	孕穗期	12.41	2.42	36.24	41.12	7.81

8. 鸭茅（*Dactylis glomerata*）

（1）形态特征

禾本科鸭茅属多年生冷季型草本植物。须根系，密布于 10～30 cm 的土层内，深的可达 100 cm 以上。秆直立或基部膝曲，高 70～150 cm。叶鞘无毛，通常闭合达中部以上，上部具脊；叶片长 20～40 cm，宽 0.7～1.2 cm。圆锥花序开展，长 5～30 cm。小穗多聚集于分枝的上部，通常含 2～5 朵花。颖果长卵形，黄褐色。

(2) 分布及适应性

分布在新疆、吉林、四川、重庆、云南、江西等省(区),主要生长在森林边缘、灌丛及山坡草地。喜温凉湿润气候,最适生长温度为 10～31 ℃。耐阴性强,耐寒性中等,耐热性差,高于 28 ℃生长显著受阻。以湿润肥沃的黏土或黏壤土为最适宜。

(3) 饲用价值及利用

草质柔嫩,家畜均喜食。叶量丰富,可用作放牧或制作干草,也可收割青饲或制作青贮料。刈割时期以刚抽穗时为最好。

表 4-8 鸭茅的化学成分[81] (%)

名称	生育期	干物质	占风干物质				
			粗蛋白质	粗脂肪	粗纤维	无氮浸出物	粗灰分
鸭茅	营养期	23.90	18.40	5.00	23.40	41.80	11.40
	抽穗期	27.50	12.70	4.70	29.50	45.10	8.00
	开花期	30.50	8.50	3.30	35.10	45.60	7.50

9. 羊茅(*Festuca ovina*)

(1) 形态特征

禾本科羊茅属多年生草本植物,密丛型。秆瘦细,直立,高 15～35 cm,仅近基部具 1～2 节。叶鞘开口几达基部,无毛。叶片内卷呈针状,质较软,长2～6 cm,分蘖叶片长可达 20 cm。圆锥花序紧缩,有时几成穗状,长 2.5～5 cm。小穗绿色或紫色,长 0.4～0.6 cm,含 3～6 朵小花。

(2) 分布及适应性

多分布于西南、西北各省(区)的高山、亚高山草甸和高山草原,东北和内蒙古草原也有分布,分布海拔为2 800～4 700 m。为中旱生植物,耐寒性强,耐瘠薄,适于中等湿润或稍干旱的土壤生长,土壤 pH 值为5～7时均能适应。

(3) 饲用价值及利用

羊茅为密丛型下繁草,草质柔软、适口性好、饲用价值高。基生叶丛发达,形成具有弹性的生草土,耐践踏、耐牧,可作为天然草场的补播牧草,或可建混播型人工草地。分蘖力强,营养枝发达,茎生叶丰富,在夏末秋初刈割后,尚能第二次再生。牧民们把它誉为“上膘草”和“酥油草”。

表 4-9 羊茅的化学成分[81]（%）

名称	生育期	占风干物质				
		粗蛋白质	粗脂肪	粗纤维	无氮浸出物	粗灰分
羊茅	抽穗期	6.29	3.09	40.24	44.12	6.26

10. 紫羊茅（*Festuca rubra*）

（1）形态特征

多年生禾草植物，具横走根茎。秆疏丛生，基部斜生或膝曲，兼具鞘内和鞘外分枝；秆细，高 45～70 cm，具 2～3 节，顶节位于秆下部 1/3 处。叶片对折或内卷，宽 0.1～0.2 cm，长 10～20 cm；叶鞘基部者长，上部者短于节间；分蘖叶的叶鞘闭合，成长后基部叶鞘红棕色，破碎呈纤维状。圆锥花序狭窄，长 9～13 cm。每节具 1～2 分枝，分枝直立或贴生，中部以下常裸露。小穗淡绿或先端紫色，含 3～6 朵小花。颖果长菱形，不易脱落。

（2）分布及适应性

广泛分布于北半球温寒带地区，在我国的东北、华北、华中、西南及西北各地都有分布。多生于山区草坡，在稍湿润的生境形成繁密的草甸。根茎性中生禾草，常借根茎进行繁衍，喜冷凉湿润气候，抗寒、耐旱、耐贫瘠土壤。

（3）饲用价值及利用

再生性强，刈割或放牧后可迅速再生。利用年限长，在人工栽培的草地上可保持十年以上，是建立长期人工放牧草地很有价值的混播牧草品种。在各个生长季适口性都良好，牛、羊、兔、鹅等各种家畜都喜食，在供给家畜青饲料方面有良好的价值。

表 4-10 紫羊茅的化学成分[81]（%）

名称	生育期	占风干物质					钙	磷
		粗蛋白质	粗脂肪	粗纤维	无氮浸出物	粗灰分		
紫羊茅	抽穗期	18.40	2.80	21.60	32.40	11.80	0.67	0.20

11. 苇状羊茅（*Festuca arundinacea*）

（1）形态特征

禾本科羊茅属多年生疏丛型草本植物。根系发达且致密，多分布于 10～15 cm 的土层中。秆成疏丛，高 50～90 cm。叶条形，长 30～50 cm，宽 0.6～1 cm，上面及边缘粗糙。圆锥花序疏松开展，长 20～30 cm，每穗节有 1～2 个小穗枝，每小穗 4～7 朵小花。颖果倒卵形，黄褐色，千粒重约 2.5 g。

（2）分布及适应性

原产于新疆等地，生于海拔 700～1 200 m 的河谷阶地、灌丛、林缘等潮湿处。苇状羊茅是适应性最广泛的植物之一，抗寒、耐热、耐旱、耐潮湿，可耐 pH 值为 4.7～9.5 的多种类型土壤，适应我国北方暖温带的大部分地区及南方亚热带地区，是建立人工草场及改良天然草场非常有前途的草种。

（3）饲用价值及利用

属上繁草，枝叶繁茂、生长迅速、再生性强，每年可刈割 3～4 次。叶量丰富，草质较好，适宜刈割青饲或晒制干草，为了确保其适口性和饲用价值，刈割应在抽穗期进行。另外，在春季、晚秋以及收种后的再生草还可用来放牧。

表 4-11　苇状羊茅的化学成分[81]（%）

名称	生育期	占风干物质					钙	磷
		粗蛋白质	粗脂肪	粗纤维	无氮浸出物	粗灰分		
苇状羊茅	抽穗期	15.10	1.80	27.10	45.20	10.80	0.66	0.23

12. 无芒雀麦（*Bromus inermis*）

（1）形态特征

禾本科雀麦属多年生牧草植物。根系发达，具短根茎，多分布在距地表 10 cm 的土层。茎直立，圆形，高 50～120 cm。叶片 4～6 枚，狭长披针形，向上渐尖，长 7～16 cm，宽 0.4～1 cm，表面光滑，叶脉细，叶缘有短刺毛，叶鞘闭合。圆锥花序，长 10～20 cm。穗轴每节轮生 2～8 个枝梗，每枝梗着生 1～2 个小穗，开花时枝梗张开，种子成熟时枝梗收缩。小穗近于圆柱形，由 4～8 朵花组成。子房上端有毛，花柱生于其前下方。种子扁平，暗褐色。

（2）分布及适应性

野生种广布于亚洲、欧洲和北美洲的温带地区，多分布于山坡、道旁、河岸，在我国的东北、华北、西北等地有野生分布。根系发达，地下茎强壮，蔓延能力极强，可防沙固土，对气候条件适应性广，特别适于寒冷干燥地区，耐寒、耐旱、耐阴，在－48 ℃仍能安全越冬，对土壤要求不严格。较耐盐碱，耐水淹时间可长达 50 天左右。

（3）饲用价值及利用

叶量大，多种家畜喜食。可用于建立人工割草草场或人工放牧地，亦可与紫苜蓿、红豆草、红三叶等豆科牧草混播建立人工割草场。

表 4-12 无芒雀麦的化学成分[85]（%）

名称	生育期	水分	占风干物质					钙	磷
			粗蛋白质	粗脂肪	粗纤维	无氮浸出物	粗灰分		
无芒雀麦	营养期	75.00	20.80	3.60	22.80	40.40	12.40	0.12	0.08
	抽穗期	70.00	16.00	6.30	30.00	40.70	7.00	—	—
	成熟期	47.00	5.30	2.30	36.40	49.20	6.80	—	—

13. 扁穗雀麦（*Bromus catharticus*）

（1）形态特征

禾本科雀麦属短期多年生草本植物。须根发达。茎直立丛生，高 100 cm 左右，最高可达 200 cm 以上。叶片披针形，长达 40～50 cm，宽 0.6～0.8 cm。圆锥花序开展疏松，长 20 cm，有的穗形较紧凑。小穗极压扁，通常 6～12 朵小花，长 2～3 cm。颖果紧贴于稃内。种子千粒重 11.5 g，饱满度很高，成熟种子易脱落。

（2）分布及适应性

原产南美洲的阿根廷，在我国的内蒙古、新疆、青海、北京等北方引种栽培，表现为一年生；在云南、四川、贵州、湖北、广西、江苏等省具有引种栽培，表现为短期多年生。凡引种过的地区，常可见逸生种。性喜温暖湿润气候，在南方栽培耐寒性较强，绝对最低温下降到−10 ℃时仍可保持绿色；有一定的耐旱能力，但不能耐积水。喜肥沃黏重土壤。

（3）饲用价值及利用

有较强的再生性及分蘖能力，产草量较高，抗冬性较强，在南方是解决冬春饲料的优良牧草。幼嫩时茎叶有软毛，成熟时毛渐少，适口性仅次于黑麦草、燕麦等。种子成熟，茎叶仍为绿色，可保持较高的饲用价值。

表 4-13 扁穗雀麦的化学成分[85]（%）

名称	生育期	占风干物质				
		粗蛋白质	粗脂肪	粗纤维	无氮浸出物	粗灰分
扁穗雀麦	抽穗期	18.40	2.70	29.80	37.50	11.60

14. 虉草（*Phalaris arundinacea*）

（1）形态特征

多年生禾草植物。具根茎；须根稀疏。秆直立，通常单生或少数丛生，高 60～200 cm，具 6～8 节。叶片扁平，幼嫩时微粗糙，长 10～30 cm，宽

0.5～1.5 cm，常呈灰绿色。穗状圆锥花序紧密窄狭，长 8～15 cm，分枝具角棱，直向上伸，密生小穗。小穗长 0.4～0.5 cm。种子长椭圆形，略带黄色、浅棕色，有光泽，千粒重 0.7～0.9 g。

（2）分布及适应性

广泛分布于我国中等海拔地区的河谷、水边湿润之处。适于较温凉气候，在−17 ℃的地方仍能越冬。耐湿性强，各类土壤均能生长，但以黏性土壤生长最好。耐酸性强，在 pH 值为 4.5 的土壤里生长良好。

（3）饲用价值及利用

适于调制干草，亦可青饲或制作青贮料。栽培驯化容易成功，是天然草地补播和在恶劣环境地区建立人工草地的优良牧草。如抽穗前刈割，年可刈割 3～4 次，鲜草产量 30～60 t/hm^2。

表 4-14　虉草的化学成分[81]（%）

名称	生育期	占风干物质				
		粗蛋白质	粗脂肪	粗纤维	无氮浸出物	粗灰分
虉草	抽穗期	13.60	2.70	33.60	41.60	8.50

15. 梯牧草（*Phleum pratense*）

（1）形态特征

禾本科梯牧草属多年生疏丛型草本植物。须根发达，稠密强大，但入土较浅，常在 100 cm 以内。具根状茎，茎直立，粗糙或光滑，株高 80～100 cm，基部节间甚短，最下一节膨大呈球状。叶片扁平，长 7～20 cm，宽 0.5～0.8 cm，略粗涩。圆锥花序柱状绿色，长 5～10 cm。每小穗有 1 朵小花，扁平，颖上脱节。种子圆形，细小，长约0.15 cm，淡棕黄色，表面有网纹，易与稃分开，千粒重 0.36～0.4 g。

（2）分布及适应性

梯牧草原产于欧亚大陆之温带，我国新疆等地有野生种，是温带、寒温带地区的广泛栽培牧草之一，是世界上应用最广、饲用价值最高的重要牧草之一。喜寒冷湿润气候，适于在年降水量 700～800 mm 的地区生长，较耐水淹，耐寒性强，抗旱性和耐热性较差，在黏土及黏壤土上生长最好。且耐酸，能在 pH 值为 4.5～5 的土壤上生长。

（3）饲用价值及利用

梯牧草是饲用价值较高的牧草。调制干草以盛花期至乳熟期刈割较好，成熟后由于叶片脱落，产量和品质均降低，刈割过早则产量较低且调制也较困难。梯牧草在潮湿地区一年可刈割 2 次，也可供放牧，但放牧仅限于再生草，且以混播者较多。通常在第一、第二年用于割制干草，第三、第四年用于放牧。

表 4-15 梯牧草的化学成分[84]（%）

名称	生育期	占风干物质					钙	磷
		粗蛋白质	粗脂肪	粗纤维	无氮浸出物	粗灰分		
梯牧草	营养期	7.48	1.93	32.03	52.33	6.33	—	—
	成熟期	6.85	3.03	33.37	51.14	5.61	0.32	0.14

16. 小花碱茅（*Puccinellia tenuiflora*）

（1）形态特征

禾本科碱茅属多年生草本植物。须根系。秆丛生、直立或基部膝曲，灰绿色，高 30～60 cm，具 3～4 节。叶片条形，长 2～7 cm，宽 0.1～0.3 cm，内卷，被微毛。圆锥花序开展，长 8～20 cm，每节 2～5 分枝，小穗长 0.3～0.4 cm，含 3～4 朵花；草绿色，成熟时变为紫色。颖果纺锤形，成熟后紫褐色。千粒重 0.55～0.75 g。

（2）分布及适应性

主要产于东北、内蒙古及甘肃、青海、西藏、新疆等地。抗盐碱能力强，在土壤 pH 值为 8.8 时，仍能生长发育良好。喜湿润，亦能耐干旱，在严重干旱时发育较差。耐寒，在高寒牧区当气温达－36 ℃时仍能安全越冬。分蘖力强，一般分蘖 24～46 个。

（3）饲用价值及利用

为中等或中上等牧草，茎秆直立繁茂，叶量大，营养枝多，茎秆柔软、鲜嫩无味，全株质地优良富含营养成分，饲用价值高，抽穗期、开花期粗蛋白质含量为 17%和 16.22%。开花前期的青草是马、牛、羊最喜食的，此时调制的青干草适口性也强。可作为控制草地沙化、碱化和保持水土的先锋植物，亦可用作盐碱土地带的草坪绿化植物。

表 4-16 小花碱茅的化学成分[84]（%）

名称	生育期	占风干物质					钙	磷
		粗蛋白质	粗脂肪	粗纤维	无氮浸出物	粗灰分		
小花碱茅	抽穗期	17.00	2.61	32.39	42.50	5.50	0.28	0.20
	开花期	16.22	2.39	31.59	44.70	5.10	0.28	0.47

17. 朝鲜碱茅（*Puccinella chinampoensis*）

（1）形态特征

禾本科碱茅属多年生草本植物。密丛型。须根致密。秆直立或膝曲上升，高 60～70 cm，具 2～3 节。叶条形，扁平或内卷，长 3～7 cm，宽约 0.2 cm。圆锥花序开展，长 10～25 cm，每节有 3～5 个分枝，小穗长圆形，呈灰紫色，长 0.45～0.6 cm，含 5～7 朵小花。颖果卵圆形，种子细小，千粒重仅 0.134 g。

(2) 分布及适应性

分布于东北、华北、西北诸省（区）的草原，即松嫩草原、辽河平原广盘锦地区、黄河故道、碱湖周围等地。适应性强，性喜湿润和盐渍性土壤，耐盐性强于小花碱茅。在生育期内遇到严重干旱时，生长发育较差，耐寒性也强，在海拔3 700 m的高寒牧区，当气温达－37 ℃时仍能安全越冬。抵抗病虫危害的能力也很强，不易感染锈病、白粉病及麦角病等。

(3) 饲用价值及利用

朝鲜碱茅是泌盐植物，富含咸味。其分蘖多、叶量大，叶片不易脱落，茎叶柔嫩，青草为大小牲畜所喜食。因分散丛生，刈割不便，干草产量较低，适于放牧利用，是改良盐碱地的先锋植物和在盐碱地上建植优质人工草地的优良草种之一。营养丰富，消化率高，必需氨基酸含量丰富。

表 4-17 朝鲜碱茅的化学成分[84]（%）

名称	生育期	占风干物质					钙	磷
		粗蛋白质	粗脂肪	粗纤维	无氮浸出物	粗灰分		
朝鲜碱茅	抽穗期	8.28	2.03	49.77	32.66	7.26	0.07	0.08
	开花期	9.01	2.05	54.76	28.64	5.55	0.11	0.09

18. 狗牙根（*Cynodon dactylon*）

(1) 形态特征

禾本科狗牙根属多年生草本植物。具根状茎或匍匐茎，节间长短不等。秆匍匐地面，长可达 200 cm 多。叶片条形，长 2～10 cm，宽 0.1～0.3 cm。穗状花序 3～6 枚呈指状排列于茎顶。小穗排列于穗轴的一侧，长 0.2～0.25 cm，含 1 朵小花。

(2) 分布及适应性

广泛分布于黄河以南各省（区）。有种子和营养两种繁殖方式，一般情况下，它靠匍匐茎和根茎扩展蔓延，形成致密的草皮。为春性禾草，喜热而不耐寒，气候寒冷时生长很差。在日平均温度 24 ℃以上时，生长最好，当日平均温度下降 6～9 ℃时，生长缓慢，当日平均温度为－3～－2 ℃时，其茎、叶落地死亡。抗干旱较强。适应土壤范围很广，以在湿润而排水良好的中等或黏重的土壤上生长最好。

(3) 饲用价值及利用

狗牙根植株低矮,较耐践踏,适于放牧利用。如果气候适宜,水肥充足,植株较高,亦可刈割晒制干草和青贮。草质柔软,味淡,其茎微甜,叶量丰富,黄牛、水牛、马、山羊及兔等牲畜均喜食,幼嫩时亦为猪及家禽所采食。狗牙根的粗蛋白质、无氮浸出物及粗灰分等的含量较高,特别是幼嫩时期,其粗蛋白质含量占干物质的17.58%。狗牙根不仅是优良的固土护坡植物,也是我国应用较为广泛的优良草坪草品种之一。

表 4-18 狗牙根的化学成分[81] (%)

名称	生育期	水分	占风干物质					钙	磷
			粗蛋白质	粗脂肪	粗纤维	无氮浸出物	粗灰分		
狗牙根	营养期	69.30	17.58	1.95	43.64	22.54	14.65	0.14	0.07

19. 扁穗牛鞭草 (*Hemarthria compressa*)

(1) 形态特征

禾本科牛鞭草属多年生草本植物。有根茎。秆高60~150 cm,基部横卧地面,着土后节处易生根;有分枝。叶片顶端渐尖,基部圆,无毛,边缘粗糙,叶片长3~13 cm,宽0.3~0.8 cm;叶鞘压扁,无毛,鞘口有疏毛。总状花序压扁,长5~10 cm,直立,深绿色;穗轴坚韧,不易断落,节间短粗。节上有成对小穗,1小穗有柄,1小穗无柄,2个小穗外形相似。有柄小穗扁平,与肥厚的穗轴并连,有1朵两性花,发育良好。无柄小穗长圆状披针形,嵌入坚韧穗轴的凹处,内含2朵花,1朵为完全花,1朵为不育花,不育花有外稃。颖果为蜡黄色。

(2) 分布及适应性

分布于四川、云南、广西、广东、福建等地,喜温暖湿润气候,在亚热带冬季也能保持青绿。既耐热又耐低温,极端温度39.8 ℃时生长良好,-3 ℃时枝叶仍能保持青绿。在地形低湿处生长旺盛,为稻田、沟底、河岸、湿地、湖泊边缘常见的野生禾草。对土壤要求不严,在各类土壤上均能生长,但以酸性黄壤产量更佳。

(3) 饲用价值及利用

植株高大,叶量丰富,适口性好,是牛、羊、兔的优质饲料。一般青饲为好,青饲有清香味,各种家畜都喜食。调制干草不易掉叶,但脱水慢、晾晒时间长,遇雨易腐烂。但青贮效果好,利用率高。

表 4-19 扁穗牛鞭草的化学成分[85]（%）

名称	生育期	水分	占风干物质					钙	磷
			粗蛋白质	粗脂肪	粗纤维	无氮浸出物	粗灰分		
扁穗牛鞭草	拔节期	86.60	17.28	3.78	31.64	35.58	11.72	0.53	0.26
	结实期	63.40	6.65	1.68	34.67	50.29	6.71	0.23	0.11

20. 十字马唐（*Digitaria cruciata*）

（1）形态特征

禾本科马唐属一年生草本植物，高 30～170 cm。秆较强壮，直立或倾斜，具多节，节生簇毛，着土后的节部易生须根，并向上抽出花枝。叶鞘短于节间，无毛或疏生柔毛，叶舌膜质，长 0.1～0.3 cm，叶片条状披针形，扁平，长 3～20 cm，宽 0.3～1 cm，两面有疣毛或上面无毛，边缘有时变厚，微波状。总状花序 3～14 枚，呈指状排列或数层近轮生或互生，小穗灰绿色或紫黑色，长椭圆状披针形，长 0.25～0.3 cm。谷粒成熟后呈深铅绿色。

（2）分布及适应性

自然分布于中国、尼泊尔、印度。在我国主要分布于湖北、四川、贵州、云南和西藏。在四川，海拔 800 m 以上，温度、湿度都适宜的地区生长旺盛；在海拔 800 m 以下地区，春、夏气候温和湿润时生长较好，夏秋季高温伏旱生长受阻，越夏困难。

（3）饲用价值及利用

草质较为柔嫩，各种畜牧都喜食，即使到成熟枯黄时，粗纤维含量偏低，牛、羊仍喜采食。

表 4-20 十字马唐的化学成分[85]（%）

名称	生育期	占风干物质					钙	磷
		粗蛋白质	粗脂肪	粗纤维	无氮浸出物	粗灰分		
十字马唐	初花期	6.00	1.40	29.20	42.00	8.40	0.27	0.10

21. 圆果雀稗（*Paspalum orbiculare* ）

（1）形态特征

禾本科雀稗属多年生草本植物。秆直立，高 60～120 cm，具 11～12 节。叶舌膜质，棕色；叶鞘无毛，下部者长于而上部者短于节间，压扁成脊；叶条形，长 5～10 cm，宽 0.2～0.6 cm。总状花序常常为 3～5 枚，呈总状排列于主轴上；穗轴纤细，长 3～6 cm，小穗近圆形，成两行排列在穗轴的一侧，长 0.2～0.25 cm，含 2 朵小花，仅第二小花结实。千粒重约 0.9 g。

（2）分布及适应性

分布于华南、西南及湖北、福建、浙江等省（区）。喜生于热带、亚热带中低海拔的天然草坡及农田附近的零星草地上。

（3）饲用价值及利用

生长和再生力较强，每年可刈割 4 次以上。具有强大的根系和旺盛的分蘖能力，既抗瘠又耐肥，对土壤要求不严，在红、黄壤上均能生长良好。

表 4-21　圆果雀稗的化学成分[85]（%）

名称	生育期	占风干物质				
		粗蛋白质	粗脂肪	粗纤维	无氮浸出物	粗灰分
圆果雀稗	抽穗期	9.55	2.34	32.46	44.27	11.38

二、豆科

22. 白三叶（*Trifolium repens*）

（1）形态特征

豆科车轴草属多年生草本植物。主根短，侧根发达，须根多而密，主要分布在 10～20 cm 深的土层中，是豆科牧草中唯一的浅根系植物。茎分为匍匐茎和花茎两种：匍匐茎由根茎伸出，有明显的节和节间，长 20～40 cm；花茎单一，高 20～30 cm。掌状三出复叶，小叶倒卵形或者倒心脏形，叶面有 V 形白色斑纹，叶缘有微锯齿。头型总状花序上有 20～80 朵小花，花冠白色或者稍带粉红色，不脱落。荚果长卵形，每荚有种子 3～4 粒，种子肾形，黄色或棕色，种子小，千粒重 0.5～0.7 g。

（2）分布及适应性

原产于中东，我国主要分布在南方高海拔及长江中下游的平原和山区丘陵地区路边，栽培或逸生。在东北、新疆等省（区）野生。喜湿润温凉气候，生长适宜温度为 15～25 ℃，耐寒耐热性俱佳，生存最低温度为－15 ℃，最高温度为 35 ℃。耐湿不耐旱，宜肥沃排水良好壤土与黏土。耐瘠能力亦较强。能耐酸，宜在土壤 pH 值为 6～7 的地方生长，耐碱力差。

（3）饲用价值及利用

叶量大，在花蕾期前茎叶比为 1∶10.6，草质柔嫩多汁，适口性好，饲养价值很高，干物质消化率为 75%～80%。每年可刈割 3～4 次，也可晒制成干青草或加工成草粉、青饲，喂饲牛、羊、马与猪、禽、兔，效果均佳。白三叶更是一种优良的放牧型牧草，再生性强、耐牧，草层不易衰败，而且营养丰富。但要防止牲畜食入过量，否则容易引起膨胀病。

表 4-22 白三叶的化学成分[81]（%）

名称	生育期	水分	占风干物质					钙	磷
			粗蛋白质	粗脂肪	粗纤维	无氮浸出物	粗灰分		
白三叶	开花期	10.00	24.50	3.40	12.55	47.60	13.00	1.30	0.35

23. 红三叶（*Trifolium pratense*）

（1）形态特征

豆科车轴草属多年生下繁草植物。株高 60～90 cm，直根系，侧根发达，着生大量的须根，根系多集中在土表 30 cm 的地层。茎圆形、中空、直立或斜上，有分枝、多茸毛。掌状三出复叶，小叶卵形或者长椭圆形，叶面有 V 形斑纹。头型总状花序，聚生于茎顶端或自叶腋处长出，每个花序有 50～100 朵小花，红色或者淡红色。种子椭圆形或者肾形，表面光滑，呈棕黄色或紫色，千粒重 1.5～2.2 g。

（2）分布及适应性

在我国的云南、贵州、湖南、湖北、江西、四川、新疆等省（区）都有栽培，并有野生或逸生状态分布。喜温暖湿润气候，夏天不太热，冬天又不太冷的地区。最适气温在 15～25 ℃，适宜在我国亚热带高山低温多雨地区种植。

（3）饲用价值及利用

草质柔嫩多汁，适口性好，多种家畜都喜食。可以青饲、青贮、放牧、调制青干草、加工草粉和各种草产品。调制青干草时叶片不宜脱落，可制成优质干草。

表 4-23 红三叶的化学成分[81]（%）

名称	生育期	占风干物质					钙	磷
		粗蛋白质	粗脂肪	粗纤维	无氮浸出物	粗灰分		
红三叶	现蕾期	17.10	3.60	21.50	44.50	7.50	1.70	0.30

24. 胡枝子（*Lespedeza bicolor*）

（1）形态特征

豆科胡枝子属多年生灌木植物。茎直立，高 50～300 cm，分枝繁密，老枝灰褐色，嫩枝黄褐色，疏生短柔毛。羽状三出复叶，互生，顶端小叶宽椭圆形或卵状椭圆形，长 1.5～5 cm，宽 1～2 cm，先端钝圆，具短刺尖。总状花序腋生，总花梗较叶长，花萼杯状，花冠有紫、白两色。荚果倒卵形，不开裂，网脉明显，内含种子 1 粒；种子褐色，斜倒卵形，有紫色斑纹，千粒重约 8.3 g。

（2）分布及适应性

原产于中国、朝鲜和日本。我国的东北、华北、西北、华中和华南等地均有分布，生于海拔 150～1 000 m 的山坡、林缘、路旁、灌丛及杂木林间。胡枝子耐旱、耐瘠薄、耐酸性、耐盐碱、耐刈割。对土壤适应性强，在瘠薄的新开垦地上可以生长，但最适于壤土和腐殖土。耐寒性较强，在北方地区以主根茎之腋芽越冬。

（3）饲用价值及利用

鲜嫩茎叶丰富，是马、牛、羊、猪等家畜的优质青饲料，带有花序或荚果的干茎秆，是家畜冬、春的好的青储备饲料。

表 4-24　胡枝子的化学成分[81]（%）

名称	生育期	水分	占风干物质					钙	磷
			粗蛋白质	粗脂肪	粗纤维	无氮浸出物	粗灰分		
胡枝子	苗期	8.2	10.40	2.40	22.30	57.20	7.70	1.19	0.17
	结荚期	9.4	16.40	1.80	24.40	51.40	6.00	0.96	0.17

25. 紫苜蓿（*Medicago sativa*）

（1）形态特征

豆科苜蓿属多年生草本植物。根系发达，主根粗大，入土深达 200～600 cm，甚至更深，侧根主要分布在 20～30 cm 以上的土层中；根上着生有根瘤，且以侧根居多；根茎膨大，并密生许多幼芽。茎秆斜上或直立，光滑或稍有毛，具棱，略呈方形，多分枝。株高约 60～150 cm。羽状三出复叶，小叶长圆形或倒卵形，先端有锯齿。短总状花序，花腋簇生，花冠蝶形，每簇有小花 20～30 朵，蝶形花有短柄，雄蕊 10 枚，1 离 9 合，组成联合雄蕊管；雌蕊 1 个。荚果螺旋形，2～4 回，成熟后呈黑褐色。种子肾形，黄褐色，有光泽，千粒重 1.5～2.3 g。

（2）分布及适应性

原产于中亚高原干燥地区，汉代从西域传入中国，主要分布在西北、华北和东北地区，喜温暖半干旱气候，气候温暖、昼夜温差大，对其生长有利，生长最适温度 25 ℃，常见于田边、路旁、旷野、草原、河岸及沟谷等地。

（3）饲用价值及利用

以“牧草之王”著称，产草量高、草质优良，富含粗蛋白质、维生素和无机盐。其所含蛋白质中，动物必需的氨基酸含量丰富。适口性好，可青饲、青贮或晒制干草。幼嫩的苜蓿饲喂猪、禽、兔和草食性鱼类等。草粉可制成颗粒饲料或配制畜、禽、兔、鱼的全价配合饲料。在放牧草地上，一般采用苇状羊茅、无芒雀麦与苜蓿混播，这样既可提高饲草的饲用价值，又可防止家畜因食用苜蓿过量引起膨胀病。

表 4-25 紫苜蓿的化学成分[81]（%）

名称	生育期	水分	占风干物质				
			粗蛋白质	粗脂肪	粗纤维	无氮浸出物	粗灰分
紫苜蓿	现蕾期	9.98	19.67	5.13	28.22	28.52	8.42
	20%开花期	7.46	21.01	2.47	23.27	36.83	8.74
	50%开花期	8.11	16.62	2.73	27.12	37.62	8.17
	盛花期	73.80	3.80	0.30	9.40	10.70	2.00

26. 紫云英（*Astragalus sinicus*）

（1）形态特征

豆科黄芪属一年生或越年生草本植物。主根肥大，侧根发达，密集分布于 0～30 cm 土层内，侧根上密生深红色或褐色根瘤。茎长 30～100 cm，直立或匍匐，分枝 3～5 个。奇数羽状复叶，小叶 7～13 片，倒卵形或椭圆形，全缘，顶端微凹或微缺；托叶卵形，先端稍尖。总状花序近伞形，腋生，小花 7～13 朵。花冠淡红或紫红色。荚果细长，顶端喙状，横切面为三角形，成熟时黑色，每荚含种子 5～10 粒。种子肾形，黄绿色至红褐色，有光泽，千粒重 3～3.5 g。

（2）分布及适应性

原产于中国，日本也有分布。我国长江流域及以南各地广泛栽培，其他地区也有种植。喜温暖湿润气候，不耐寒，生长适宜温度为 15～20℃，气温较高时生长不良。喜沙壤土或黏壤土，亦适应无石灰性的冲积土。不耐瘠薄，排水不良的低湿田或保水保肥性差的沙壤土则生长不良。耐酸性较强，耐碱性较差，适于 pH 值为 5.5～7.5 的土壤。

（3）饲用价值及利用

茎叶柔嫩，产量高，干物质中蛋白质很高。紫云英用作饲料，多用以喂猪，为优等猪饲料。牛、羊、马、兔等喜食，鸡、鹅少量采食。可青饲，也可调制干草、干草粉或青贮料。

表 4-26 紫云英的化学成分[81]（%）

名称	生育期	水分	占风干物质				
			粗蛋白质	粗脂肪	粗纤维	无氮浸出物	粗灰分
紫云英	初花期	9.18	28.42	5.10	13.00	45.64	7.84
	盛花期	12.03	25.32	5.45	22.20	38.12	8.91
	结荚期	9.33	21.40	5.48	22.27	42.05	8.80

27. 野豌豆（*Vicia sepium*）

（1）形态特征

豆科野豌豆属多年生草本植物，高 30～100 cm。根茎匍匐。茎细弱，斜升或攀缘，具棱，疏被柔毛。偶数羽状复叶长 7～12 cm，卷须发达；托叶半戟形，有 2～4 裂齿；小叶 5～7 对，长卵圆形或长圆披针形，长 0.6～3 cm，先端钝或平截，微凹，有短尖头，基部圆，两面被疏柔毛，下面毛较密。总状花序有 2～6 花；花序梗不明显；花萼钟状，萼齿披针形或锥形，短于萼筒；花冠长 1.8～3 cm，红紫或浅粉红色，稀白色；旗瓣近提琴形，先端凹；翼瓣短于旗瓣；龙骨瓣内弯，短于翼瓣；子房线形，无毛，胚珠 5，子房柄短，花柱与子房连接处呈近 90°夹角；柱头远轴面有一束黄髯毛。荚果扁，长圆状，长 2～4 cm，成熟时亮黑色，顶端具喙，微弯。花期 6 月，果期 7～8 月。

（2）分布及适应性

主要分布在东北、华北、西北、内蒙古等省（区）。野豌豆为半耐寒植物，要求较多的光照，但忌较高温度，要求较湿润的空气湿度和土壤湿度。

（3）饲用价值及利用

茎枝细软，适口性较好。野豌豆茎叶含钙、磷比例丰富，用作青饲、青贮和调制干草。各种家畜均喜食，为优等牧草。

表 4-27 野豌豆的化学成分[85]（%）

名称	生育期	占风干物质					钙	磷
		粗蛋白质	粗脂肪	粗纤维	无氮浸出物	粗灰分		
野豌豆	开花期	26.90	4.30	26.40	33.80	8.60	1.13	0.51
	结荚期	18.55	1.95	27.33	46.96	5.21	0.81	0.26

28. 大野豌豆（*Vicia gigantea*）

（1）形态特征

豆科野豌豆属一年生或越年生草本植物。主根稍肥大，入土不深，但侧根发达。茎长 80～120 cm，常匍匐地面或呈半攀缘状，表面有稀疏的黄色短柔毛。叶为偶数羽状复叶，小叶 4～10 对，但第 2、3 片真叶上只有 1 对小叶，顶端具卷须；小叶倒披针形或倒卵形，顶部下凹并有小尖头，托叶半箭头形，一边全缘，一边有 1～3 个锯齿。花腋生，花梗极短，有花 1～3 朵，一般 2 朵；花瓣淡紫或稍带淡红色；花柱背面顶端有一族黄色毛。荚果狭长，成熟时呈褐色，每荚含种子 5～12 粒。种子较大，圆形略扁，颜色因品种而异，有粉红、黄白、黑褐、灰色等。

（2）分布及适应性

在我国分布广泛，常见于华北、陕西、甘肃、河南、湖北、四川、云南等地。喜凉爽气候，但抗寒耐旱，适应性广。对水分敏感，喜欢生长在比较潮湿的地区，对温度的要求不高，当温度在 1～2 ℃时开始发芽，适宜温度为 15～20 ℃。一般土壤皆可种植，但以排水良好的沙质壤土最适宜。

（3）饲用价值及利用

茎叶柔软，叶量大，营养丰富，适口性好，是各类家畜的优良牧草。通常初花期刈割用作青料饲喂。如用来晒制干草，最好在初花期至盛花期收割。籽实中蛋白质含量丰富，粉碎后可用作精料，但要经过浸泡、蒸煮，除去生物碱，以防牲畜中毒。

表 4-28 大野豌豆的化学成分[84]（%）

名称	生育期	水分	占风干物质					钙	磷
			粗蛋白质	粗脂肪	粗纤维	无氮浸出物	粗灰分		
大野豌豆	初花期	9.50	19.55	3.87	29.03	41.94	6.26	0.24	0.06

29. 塔落岩黄耆（*Hedysarum fruticosum* var. *laeve*）

（1）形态特征

豆科岩黄耆属多年生半灌木植物，株高 100～150 cm。根系发达，入土深达 200 cm，具地下横走根茎，茎直立。当年枝条绿色，老龄后呈灰褐色。奇数羽状复叶，有小叶 9～17 枚，小叶披针形或椭圆状披针形。总状花序腋生，每花序具 4～10 朵花，花紫红色；花萼钟形，萼齿长短不一；花冠蝶形；旗瓣倒卵形，先端微凹；翼瓣小；龙骨瓣长于翼瓣而短于旗瓣。荚果椭圆形，有 13 节，多发育 1 节，内含种子 1～3 粒，以 1 粒多见。种子圆球形，黄褐色，千粒重约 11 g。

（2）分布及适应性

主要分布于内蒙古中西部、宁夏东部及陕西北部的沙地、林缘、灌丛或疏林下，亦见于山坡草地或草甸中，全国各地有栽培。喜凉爽，耐寒耐旱，怕热怕涝，适宜在土层深厚、富含腐殖质、透水力强的沙壤土种植。强盐碱地不宜种植。

（3）饲用价值及利用

枝叶繁茂，饲用价值高，适口性好，是一种优良的饲用植物。羊喜食其叶、花及果；骆驼终年均喜食；开花季节时马喜食。牧民常采集它的花补饲羔羊，花期刈制的干草各类家畜均喜食。

表 4-29 塔落岩黄耆的化学成分[84]（%）

名称	生育期	水分	占风干物质				
			粗蛋白质	粗脂肪	粗纤维	无氮浸出物	粗灰分
塔落岩黄耆	开花期	7.73	23.64	4.01	15.56	49.84	6.95
	结荚期	13.44	23.51	4.37	29.40	34.42	8.31

30. 白花草木犀（*Melilotus alba*）

（1）形态特征

豆科草木犀属二年生草本植物。主根肥壮粗大，侧根发达，主要根群分布于30～50 cm土层中。茎秆直立，圆而中空，高达200～300 cm。三出羽状复叶，叶缘有锯齿，叶片肥厚而有苦味。总状花序，花小而多，白色。荚果卵圆形或椭圆形，皱纹，每荚有种子1～2粒。种子椭圆形，千粒重1.65～1.82 g。

（2）分布及适应性

主要种植于辽宁、河北、山西、陕西、甘肃、宁夏、内蒙古等省（区）。草木犀适应性广，能耐寒，耐旱性强，在年降雨量400～500 mm的地方生长良好，年降雨量300 mm地方也能生长。耐瘠、耐盐碱地，适宜土壤pH值为7～9，在含氯盐0.2%～0.3%或含全盐0.56%的土壤中也能生长。

（3）饲用价值及利用

蛋白质含量高，含有很多胡萝卜素，可用来饲喂各种家畜，尤其适于饲养猪、牛，是家畜的优质饲料。可以青饲、青贮和调制青干草饲喂，用于放牧比用作干草或青贮为好。放牧时，春播后当草丛高25 cm时开始，每隔20～30天放牧一次，直至秋霜都可利用；第二年春季草丛高20 cm时开始放牧，且可较重牧，以免生长过旺，草质粗。

表 4-30 白花草木犀的化学成分[84]（%）

名称	生育期	水分	占风干物质					钙	磷
			粗蛋白质	粗脂肪	粗纤维	无氮浸出物	粗灰分		
白花草木犀	分枝期	9.72	17.58	1.95	30.04	42.24	8.19	2.28	0.13
	开花期	7.20	15.58	1.01	36.84	39.97	6.60	—	—

31. 直立黄芪（*Astragalus adsurgens*）

（1）形态特征

豆科黄芪属多年生草本植物。茎直立，高 50～80 cm 或更高，多分枝，疏被白色丁字毛。叶长 5～10 cm；托叶三角形，疏被毛，叶柄很短，长不超过 0.5 cm，疏被丁字毛；小叶 11～23 枚，椭圆形或矩圆形，长 1～1.5 cm，宽 0.5～0.8 cm，顶端圆形或微凹，有细尖，基部圆形，两面被丁字毛，下面尤密。总状花序近圆柱状，腋生，具多数密集的花；总花梗长 10～15 cm，疏被白色丁字毛；花萼长约 0.6 cm，密被白色或褐色的丁字毛，萼齿长为萼筒的1/2；花冠蓝紫色或紫红色；旗瓣长约 1.4 cm，瓣片倒卵状匙形；翼瓣长约 1.2 cm，龙骨瓣长约 1 cm；子房密被白色丁字毛，有短柄。荚果矩圆形，长 1～1.5 cm，膨胀，密被白色和黑色丁字毛，假 2 室。花期 6～8 月，果期 9 月。

（2）分布及适应性

主要在东北、西北、华北地区等种植利用。野生种主要分布在东北、西北、华北和西南地区。直立黄芪抗逆性强，适应性广，具有抗旱、抗寒、抗风沙、耐瘠薄等特性，且较耐盐碱，但不耐涝。对土壤要求不严，并具有很强的耐盐碱能力，在 pH 值为 9.5～10、全盐量为 0.3%～0.4%的盐碱地上也可正常生长。

（3）饲用价值及利用

青贮时，要与其他禾本科饲草混合青贮，混合比例直立黄芪占 25%～35%。青绿直立黄芪喂猪，可打浆饲喂或打浆发酵饲喂，还可以打浆窖贮。单独饲喂过量，易造成鸡、兔中毒；饲喂牛、羊，要与适口性较好的牧草适量配合利用。直立黄芪是干旱地区很好的一种饲草。

表 4-31 直立黄芪的化学成分[84]（%）

名称	生育期	水分	占风干物质				
			粗蛋白质	粗脂肪	粗纤维	无氮浸出物	粗灰分
直立黄芪	开花期	66.71	14.57	5.68	27.04	45.65	7.06

32. 锦鸡儿（*Caragana sinica*）

（1）形态特征

豆科锦鸡儿属落叶灌木植物，高达 200 cm。偶数羽状复叶，在短枝上丛生，在嫩枝上单生；叶轴宿存，顶端硬化呈针刺；托叶二裂，硬化呈针刺。小叶 2 对，倒卵形，无柄，顶端一对常较大，长 0.5～1.8 cm，顶端微凹有尖头。春季开花。花单生于短枝叶丛中，蝶形花，黄色或深黄色，凋谢时变褐红色。荚果稍扁，无毛。花期 4～5 月，果期 8～9 月。

（2）分布及适应性

分布于河北、山东、陕西、江苏、浙江、安徽、江西、湖北、湖南、四川、贵州、云南等地。喜光，常生于山坡向阳处。根系发达，具根瘤，抗旱耐瘠，能在山石缝隙处生长。不耐湿涝。萌芽力、萌蘖力均强，能自然播种繁殖。在深厚肥沃湿润的沙质壤土中生长更佳。

（3）饲用价值及利用

枝繁叶茂，营养丰富，适口性好，是家畜的优良饲用灌木。其蛋白质含量较高。锦鸡儿草地可终年放牧，尤其在冬、春季及干旱的夏季，依然能正常生长。粗枝条经粉碎加工成草粉，可作为绵羊、山羊冬、春补饲的良等草料。

表 4-32 锦鸡儿的化学成分[84]（%）

名称	生育期	水分	占风干物质					钙	磷
			粗蛋白质	粗脂肪	粗纤维	无氮浸出物	粗灰分		
锦鸡儿	营养期	6.60	14.12	2.25	36.92	40.04	6.67	2.34	0.34
	开花期	6.51	15.13	2.63	39.67	37.18	5.39	2.31	0.32

33. 矮柱花草（*Stylosanthes humilis*）

（1）形态特征

豆科柱花草属一年生草本植物，平卧或斜升。草层高 45～60 cm。根深，粗壮，侧根发达，多根瘤。茎细长，达 105～150 cm。羽状三出复叶，小叶披针形，长约 2.5 cm，宽 0.6 cm，先端渐尖，基部楔形；托叶和叶柄上被疏柔毛。总状花序腋生，花小，蝶形，黄色。荚果稍呈镰形，黑色或灰色，上有凸起网纹，先端具弯喙，内含 1 粒种子。种子棕黄色，长 0.25 cm，宽 0.15 cm，先端尖。

（2）分布及适应性

原产于南美洲的巴西、委内瑞拉以及巴拿马和加勒比海沿岸等地。我国从澳大利亚引入，在广东、海南、广西等省（区）种植。喜高温湿润气候，耐酸性和瘠薄土壤，吸收钙和磷的能力很强，抗旱力强，但抗炭疽病能力较弱。

（3）饲用价值及利用

适口性良好，可评为上等质量牧草。鲜草为牛、羊等喜食，开花至结荚期仍可保持良好的适口性和较高的饲用价值。

表 4-33 矮柱花草的化学成分[84]（%）

名称	生育期	水分	占风干物质				
			粗蛋白质	粗脂肪	粗纤维	无氮浸出物	粗灰分
矮柱花草	开花期	—	11.27	2.25	25.49	54.80	6.19
	结荚期	—	10.15	3.73	36.28	46.08	3.77

34. 猪屎豆（*Crotalaria pallida*）

（1）形态特征

豆科猪屎豆属多年生草本，或呈灌木状植物。直根系。茎枝圆柱形，具小沟纹，密被紧贴的短柔毛。托叶极细小，刚毛状，通常早落；叶三出，柄长 2～4 cm；小叶长圆形或椭圆形，先端钝圆或微凹，基部阔楔形，上面无毛，下面略被丝光质短柔毛，两面叶脉清晰；小叶柄长 0.1～0.2 cm。总状花序顶生；苞片线形；小苞片的形状与苞片相似；花梗长 0.3～0.5 cm；花萼近钟形；萼齿三角形；黄色花冠旗瓣圆形或椭圆形；子房无柄。荚果长圆形，长 3～4 cm，直径 0.5～0.8 cm，幼时被毛，成熟后脱落，果瓣开裂后扭转。种子 20～30 粒。

（2）分布及适应性

分布于福建、台湾、广东、广西、四川、云南、山 东、浙江、湖南等地。常见于海拔 100～1 000 m的荒山草地及沙质土壤中或河床地、堤岸边、烈日当空、多沙多砾的环境，适应能力强，抗逆能力也强，是沙地上赖以生存的植物。

（3）饲用价值及利用

营养物质丰富，含氮量高。幼叶期适口性良好，为众多家畜喜好。花期长，耐贫瘠又耐旱的习性，适合道路两旁边坡的景观栽培。

表 4-34 猪屎豆的化学成分[84]（%）

名称	生育期	占风干物质					钙	磷
		粗蛋白质	粗脂肪	粗纤维	无氮浸出物	粗灰分		
猪屎豆	营养期	29.22	3.69	12.94	49.80	4.35	0.70	1.30

三、其他

35. 苦荬菜（*Ixeris polycephala*）

（1）形态特征

菊科苦荬属多年生草本植物。直根系。茎直立多分枝，紫红色。基生叶卵形，矩圆形或披针形，顶端急尖，基部渐窄成柄，边缘波状齿裂或羽状分裂，裂片细锯齿；茎生叶舌状卵形，顶端急尖，无柄，基部微抱茎，耳状，边缘矩圆不规则锯齿。头状花序排成伞房状，具细梗总苞长 0.7～0.8 cm；外层总苞片小，长约 0.1 cm，内层总苞片 8 层，条状披针形；舌状花黄色，长 0.7～0.9 cm，顶端 5 齿裂。瘦果黑褐色，纺锤形，长 0.1～0.2 cm，喙长约 0.08 cm；冠毛白色。

（2）分布及适应性

在我国分布广泛，几遍全国。常见于海拔1 500～3 500 m 路旁，山麓灌丛、林缘的草甸群落中，多散生，局部成为优势种。属中生植物，喜土壤湿润，能适应轻度盐渍化土壤，在酸性森林土中也能正常生长。

（3）饲用价值及利用

开花前，叶茎嫩绿多汁，适口性好，各种畜禽均喜食；开花后，茎枝老化，适口性明显降低。从化学成分看，开花期的茎叶含粗蛋白质和粗脂肪较丰富，粗纤维含量低，为优等牧草。苦荬菜适于放牧，也可刈割，主要用作青饲料。

表 4-35　苦荬菜的化学成分[84]（%）

名称	生育期	水分	占风干物质					钙	磷
			粗蛋白质	粗脂肪	粗纤维	无氮浸出物	粗灰分		
苦荬菜	开花期	7.38	17.91	6.61	15.47	40.52	19.49	2.41	0.33

第五章 天然草地某些经济植物的开发利用

第一节 食用植物

一、天然草地野生食用植物资源

我国天然草地上植物种类十分丰富，其中也包含一部分可供食用的野生植物。野生食用植物是指整株或植物的某部分可供食用或经加工可供食用的一类植物，通常包括野菜、野果、食用菌三大类[98～102]。本节介绍的野生食用植物广泛，包括一些林带次生草地、林缘和疏林牧地中的植物。

（一）野菜类

食用部位为茎、叶、根的植物，大多为草本植物。

1. 蕨菜

蕨菜（*Pteridium aquilinum* Kuhn var. *latiusculum*）亦称龙头菜、如意菜，为凤尾蕨科植物。含丰富的维生素，其根状茎也可提取淀粉，称为蕨粉。蕨菜嫩苗生吃有毒，必须煮熟并用清水浸泡（勤换水），至水清，去毒后方能食用。

2. 蒲公英

蒲公英（*Taraxacum mongolicum*）别名婆婆丁，幼叶和花可食用，含多种维生素和氨基酸，亦具清热解毒、抗感染的药效。

3. 蒌蒿

蒌蒿（*Artemisia selengensis*）别名柳叶蒿、狭叶艾、红陈艾、芦蒿，为菊科植物。嫩茎可食用，含多种维生素和矿物元素。

4. 小黄花菜

小黄花菜（*Hemerocallis minor*）别名红黄、黄花、金针，为百合科植物。幼苗、花蕾及初花可食用，含多种维生素和矿物元素。

5. 土茯苓

土茯苓（*Smilax glabra*）别名禹余粮、白余粮、草禹余粮、刺猪苓、过山龙、地胡苓、狗老薯、土苓、白葜、红土苓等，为百合科攀缘状灌木。食用根状茎。根茎含皂甙、鞣质、树脂等，冬季采挖，可用于煲汤或泡酒等。

6. 野百合

野百合（*Crotalaria sessiliflora*）为百合科植物，食用鳞茎。秋末冬初采挖，鳞茎可用作炒菜或炖汤。

7. 沙芥

沙芥（*Pugionium cornutum*）为十字花科植物，营养丰富全面，含人体所需八种元素，蛋白质、维生素 C 和纤维素，且含量都比常见蔬菜高。

8. 地软

地软（*Nostoc commune*）又名地木耳、地见皮、地踏菜、地皮菜、地皮木耳，为念株藻科植物。色、味、形俱佳，口感好，营养丰富。

9. 蒙古韭

蒙古韭（*Allium mongolicum*）为百合科植物，主要生长于荒漠草原，是蒙古族首推的野菜，叶及花可食，含七种人体必需的氨基酸以及多种维生素。

10. 鹿角菜

鹿角菜（*Pelvetia siliquosa*）别名猴葵、鹿角、赤菜、闽书、山花菜、鹿角豆、鹿角棒等，为杉藻科植物。凉拌鹿角菜是一道美味的菜肴且营养丰富。

此外，还包括发菜（*Nostoc flagelliforme*）、苣荬菜（*Sonchus arvensis*）、乳苣（*Mulgedium tataricum*）、香椿（*Toona sinensis.*）等野菜可食用。

（二）野果类

食用部位为果实或种子，主要是一些乔木类和灌木类。

1. 山荆子

山荆子（*Malus baccata*）为蔷薇科落叶乔木，在我国分布很广，果实可酿酒，嫩叶可代茶。

2. 稠李

稠李（*Padus racemosa*）为蔷薇科落叶乔木，果实蛋白质含量大体与苹果相似，含糖量较高，还含有矿物质和有机酸。除生食外，也可用于加工成果汁、果酱、果酒等产品。

3. 笃斯越桔

笃斯越桔（*Vaccinium uliginosum*）别名甸果、地果、笃斯、小浆果，因果实呈蓝色，故称为蓝莓，为杜鹃花科灌木。可生食，也可做果脯、果酱、果汁、果茶、罐头、果晶、果冻、糖果、糖浆。含多种微量元素、矿物质和氨基酸营养成分，尤其是花青素含量很高。

4. 越桔

越桔（*Vaccinium* spp.）别名牙疙瘩、红豆，为杜鹃花科落叶灌木，含有花色苷、果胶、单宁、熊果苷、维生素 C 和维生素 B 族等多种成分。果实可食，酸甜适口，可生食，也可做果酱、果汁、果茶，还可酿果酒。

5. 榛

榛（*Corylus heterophylla*）别名平榛、榛子，为桦木科灌木或小乔木。榛子富含油脂、蛋白质、碳水化合物、维生素 E、矿物质、糖纤维、β-古甾醇和抗氧剂石炭酸等特殊成分，以及人类所需的多种氨基酸与微量元素。种仁可食，也可做糕点、糖果，并加工成榛子乳、榛子乳脂和榛子粉。种仁含油51.6%，可提取榛油，榛油清亮、橙黄色、味香，是高级食用油。

6. 沙枣

沙枣（*Elaeagnus angustifolia*）别名银柳、桂香柳、香柳、银芽柳、棉花柳，为胡颓子科落叶乔木或小乔木。果肉含有糖分、淀粉、蛋白质、脂肪和维生素。可以生食，可将果实打粉掺在面粉内熟食，亦可酿酒、制醋酱、糕点等食品。

7. 橡子

橡子（*Acorn*）为壳斗科栎树的果实。果仁含有丰富的淀粉，含量达60%左右，还含有丰富的钙、磷、钾、烟酸等矿物质和维生素，以及较高含量的不饱和脂肪酸。既可食，又可用作纺织工业浆纱的原料。

8. 中华猕猴桃

中华猕猴桃（*Actinidia chinensis*）别名猕猴桃毛梨子、毛桃子、茅桃、猕猴梨、木伦敦果、木子、山羊桃、绳梨、藤梨、羊桃藤等，我国特有，为猕猴桃科藤本。果实除鲜食外，也可以加工成各种食品和饮料，如果酱、果汁、罐头、果脯、果酒、果冻等。食用价值丰富，维生素 C、叶酸含量高，还含有大量的矿物质和膳食纤维。

9. 山葡萄

山葡萄（*Vitis amurensis*）为葡萄科木质藤本。果实含丰富的蛋白质、碳水化合物、矿物质、有机酸、多种维生素和无机盐，可生食，也可用于酿酒等。

10. 板栗

板栗（*Castanea mollissima*）又名栗、栗子等，为壳斗科乔木或灌木。栗实中含有丰富的淀粉、糖分、蛋白质、脂肪以及多种维生素，还含有钙、磷、铁、锌等营养成分。

此外，毛樱桃（*Cerasus tomentosa*）、枇杷（*Eriobotrya japonica*）、沙棘、毛山楂（*Crataegus maximowiczii*）、郁李（*Prunus japonica.*）、绵枣儿（*Scilla scilloides.*）、软枣猕猴桃（*Actinidia arguta*）、白刺（*Nitraria tangutorum*）、偃松（*Pinus pumila*）等野果类，食用价值也很高。

（三）食用菌类

食用菌类主要有木耳、猴头菌、蜜环菌、白林地菇等。

1. 木耳

木耳（*Auricularia auricula*）为一种木腐食用菌，别名黑木耳、光木耳、黑菜、耳子。子实体可食用，可素可荤，为贵重的食用菌。质地柔软，味道鲜美，营养丰富，富含铁、钙、磷和维生素 B1 等。

2. 猴头菌

猴头菌（*Hericium erinaceus*）为一种木腐食用菌，别名猴头蘑、刺猬蘑、猥蘑，子实体可食用，味道鲜美，为极名贵的山珍。食用价值很高，含有多种氨基酸和丰富的多糖体，以及不饱和脂肪酸和多种维生素、矿物质。

3. 蜜环菌

蜜环菌（*Armillaria mellea*）别名榛蘑、环蕈，担子果可食用，分布广，产量大，为常采食用菌。营养丰富，富含多种氨基酸、有机酸及多糖等。

4. 白林地菇

白林地菇（*Agaricus silvicola*）别名林生伞菌。子实体可食用。菌肉厚，味道较好。

5. 羊肚菌

羊肚菌（*Morchella deliciosa*）是子囊菌中极为珍贵的野生菌，又称羊肚菜、羊蘑、羊肚蘑。味道鲜美，富含人体必需的八种氨基酸，维生素 B 族、叶酸、泛酸等多种维生素，以及大量人体必需的矿物质等。

6. 松口蘑

松口蘑（*Tricholoma matsutake*）别名松茸、松菌。菌肉肥厚、味道鲜美，富含蛋白质、多种氨基酸、不饱和脂肪酸、核酸衍生物、肽类物质、松茸醇等稀有元素以及丰富的维生素。

7. 香菇

香菇（*Lentinus edodes*）为一种生长在木材上的真菌，又称花菇、猴头菇、香菌、冬菇等。担孢子子实体可食，味道鲜美，是高蛋白、低脂肪食用菌，富含维生素B族、铁、钾、维生素D原以及多糖等。

8. 牛肝菌

牛肝菌（*Boletus edulis*）别名大脚菇、白牛头、大腿蘑等，是可食用的野生菇菌类。香甜可口，营养丰富，富含多糖，含有人体必需的八种氨基酸，还含有腺膘呤、胆碱和腐胺等生物碱。

9. 竹荪

竹荪（*Dictyophora indusiata*）为竹林腐生真菌，又名竹笙、竹参。担孢子子实体可食，味道浓郁鲜美，食用价值很高，富含蛋白质、氨基酸，还含有多种维生素和钙、磷、钾、镁、铁等矿物质。

10. 鸡油菌

鸡油菌（*Cantharellus cibarius*）别名鸡油蘑、鸡蛋黄菌、杏菌。色香味美，含有丰富的蛋白质、氨基酸、脂肪、碳水化合物、胡萝卜素、维生素C、蛋白质、钙、磷、铁等营养成分。

此外，还有铆钉菌（*Gomphidius viscidus.*）、银耳（*Tremella fuciformis*）、干酪菌（*Polypor laetiporus.*）、假猴头（*Hericium laciniatum*）等。

二、利用开发途径

对各地野生食用植物的初步调查研究表明，我国蕴藏的可食用植物资源丰富，除了少部分已经得到广大消费者的普遍认可外，还有很大一部分由于人们了解得不够深入而相对利用较少。从营养角度看，大多数野菜营养成分全面，含量比普通蔬菜高，是人体所需营养的补给源。这些植物是真正的绿色食品，生长在自然环境下，野味十足，且烹调方法简便易行。因此，开发的潜力巨大。

（一）直接食用

按野生食用植物的根、茎、叶、花、果、实、种子等可食部分的生育期分季节采收，收集后经过挑选、分级捆绑和包装上市出售。它们可做馅、做汤、凉拌，也可熘、烩、煮、烧等，或进行腌渍、盐渍、糖渍，做法多样，味道别具一格，或清香，或鲜美，或独特。

（二）精细加工，综合利用

①以茎、叶、花等为可食部位的野生植物，可通过晾晒加工成干品。

②能加工成粉状的可加入麦面粉等制作主食或生产调味品。

③果实或豆类可加工成果酱、豆酱或用于酿酒、制醋等，也可生产成罐头产品。

④部分野生植物也是加工成饮料、保健品、化妆品等的优良原材料。

⑤少量珍稀植物可利用现代生物技术通过提取其中的蛋白或其他有效活性成分而提高利用效率。

（三）引种驯化，培育新型蔬菜、果品

由于野生植物往往分布零星、产量低，常常不能完全满足人们日益增长的需求，因此，对于适口性好、食用价值高、市场需求量大的植物，需要进行引种驯化，变野生为家植，以实现集约化生产，提高产量或建成商品原料基地。如我国已将蒙古韭、轮叶党参、蒲公英、越桔、沙棘、银杏等资源逐渐由野生变家植，成为重要的特产种植业。

三、加强资源保护，实现可持续利用

野生植物资源绝不是取之不尽，用之不竭的。如果合理开发利用并注意保护，则可持续利用，反之，如果进行掠夺式开发利用，则必然造成资源枯竭，生态环境破坏。因此，在利用野生食用植物资源的同时应保护好资源，不能过度采集，既要充分合理利用野生资源来满足社会生产的需要，又要注意保护植物的再生能力，以不破坏生态环境为度，走产业化可持续发展道路。

第二节　草地蜜源植物与牧区发展养蜂业

草地上植物种类繁多、资源丰富，不光为传统的畜牧养殖提供了食物，一些植物开花泌蜜吐粉，也为现代养蜂产业提供了宝贵的物质基础。然而，现在草地蜜源资源对于养蜂业的重要性和草地蕴藏着的丰富的资源潜力还没有得到重视，以致现在除了一些“追花逐蜜”的养蜂人在探索性地利用一些有限的草地蜜源资源之外，很多草地蜜源资源还处于尚未开发的状态。

一、草地蜜源植物资源

从广义上说，凡是具有蜜腺，能开花泌蜜，供蜜蜂采集利用并加工成蜂蜜的植物都可称之为蜜源植物。对于发展养蜂业来说，不同的蜜源植物在养蜂业中发挥的作用不同，泌蜜量大、花期长、分布面积广的称为主要蜜源植物，不能同时满足这三个条件的称为辅助蜜源植物。主要蜜源植物是生产大量的蜂产品的必备条件，但辅助蜜源植物也很重要，在主要蜜源植物的间隔期间，它们可以为蜂群的繁殖提供必要的花蜜和花粉，是对主要蜜源植物的必要补充，利于其休整和繁殖。和其他蜜源植物相比，草地蜜源植物资源具有这三个方面的特点：首先，草地蜜源分布面积大，多以自然野生草本植物为主，受到人类生活影响较小，一般不会使用太多农药，没有工业污染，故对蜂群一般没有危害，也不会对蜂产品有污染，是生产天然蜂产品的非常理想的资源；其次，草地蜜源植物的花期长，种类多，各种蜜源植物花期交错，主要蜜源植物和辅助蜜源植物互相补充，蜜蜂采蜜的时间长，有利于蜂产品的生产和蜜蜂繁殖；最后，草地主要蜜源植物一般在6～9月开花，此时正值其他地区高温干旱、蜜源植物缺乏期，而这段时间草地气候温和，因此是养蜂生产上非常理想的生产期和度夏的放蜂资源。

草地蜜源植物在长期的进化过程中，适应了不同的气候条件，其花期和泌蜜稳定，在现代养蜂业中起着非常重要的作用。据调查，目前已经被利用的草地蜜源资源植物至少有20多个科，50多种，几个常见科属的植物都是优良的蜜源植物，如豆科的苜蓿、苕子，菊科的蒲公英、向日葵、风毛菊，唇形科的藿香等。以下列举的是几种最常见的草地主要蜜源植物及其在养蜂生产上的特点：

1. 紫苜蓿

紫苜蓿（*Medicago sativa*）为豆科草本植物，花期长，面积大，在我国的栽培面积约为67×10^4 hm^2，在牧草中居首位，被称为“牧草之王”。在养蜂业生产中，丰产时每群蜂能产蜂蜜80 kg以上，经济效益高，蜜质优良。刚取的紫苜蓿蜜呈浅琥珀色半透明状，结晶后蜂蜜呈白色，颗粒较粗，略微有豆香素味，花粉为黄色。

2. 荆条

荆条（*Vitex negundo*）别名荆子、黄荆条，为马鞭草科植物，是一种耐瘠薄、耐干旱的落叶灌木。荆条花期6～7月份，蜜、粉都很丰富，花期时，一群蜂可产蜜15～20 kg，蜜质优良，颜色为琥珀色，结晶后细腻乳白。

3. 密花香薷

密花香薷（*Elsholtzia densa*）在有的地方别名为野藿香，为唇形科植物，花期7～9月，开花泌蜜约30天，泌蜜适温20～22 ℃。在草地上，以密花香薷为代表的唇形科植物还有益母草、藿香、康滇荆芥等，这些都是比较常见的能生产单花蜂蜜的重要蜜源植物。

4. 红豆草

红豆草（*Onobrychis viciaefolia*）别名驴食豆，为豆科多年生草本，是草地常见的牧草植物，3～4年生的植株泌蜜量大，气温在20～22 ℃时泌蜜量最好，日照充足利于红豆草花蜜分泌。红豆草蜜、粉丰富，可以兼顾花粉和蜂王浆的生产，每群蜂能生产蜂蜜15～30 kg，蜂蜜水白色，结晶细腻，味芳香，酶值较高。

5. 苕子

苕子（*Vicia sepium*）别名野豌豆，为豆科植物，花期变化较大。苕子蜜颜色浅，质地浓稠，蜜味芳香，结晶洁白细腻，是蜜蜂喜欢采集的主要蜜源，每群蜂能产蜜20～30 kg。

6. 老瓜头

老瓜头（*Cynanchum komarovii*）别名芦蕊草，为萝藦科草本植物，耐干旱，分布于内蒙古、宁夏、甘肃、陕西、青海等地。蜜呈浅琥珀色，质地浓稠，甜度大，味芳香。结晶后呈暗黄色，颗粒较粗质硬。花期6～7月，群体花期40～50天，每群蜂可产蜂蜜30～60 kg。

7. 草木犀

草木犀（*Melilotus officinalis*）别名野苜蓿，为豆科植物，一年生或二年生，花期为6月中旬至7月下旬，长达30～35天。泌蜜需要较高的气温条件，一般在28 ℃以上，气候干旱可导致泌蜜量减少。蜂群采集草木犀的产量高而稳定，常年每群蜂可产蜜30～40 kg，丰年时可高达60 kg。花粉丰富，因此，可以作为繁蜂或生产蜂王浆的理想蜜源。草木犀蜂蜜呈水白色，味清香，结晶细腻，品质好。

8. 白车轴草

白车轴草（*Trifolium repens*）别名白三叶草、金花草、花生草等，为豆科多年生牧草，广泛分布于各草地，耐寒、耐酸性土壤、适应性强，主要泌蜜期在4月下旬至5月中旬，一株能抽生花序4～5个，每个花序从开放到全部凋萎约经5～7天，如果被动物啃食或人为刈割后，能迅速再生，约经20多天重新开花，故花期较长，在气温20～24 ℃时泌蜜最多，蜜蜂可整天采集，开花泌蜜无大小年之分；蜜、粉丰富，每群蜂可生产蜂蜜10～20 kg。蜜色浅黄，结晶白色，颗粒稍粗，微甜，新蜜有豆香素味，贮存一段时间后消失。

9. 瑞苓草

瑞苓草（*Saussurea nigrescens*）为菊科代表蜜源植物，花期7～8月。草地上着生的其他一些菊科蜜源植物（图5-1）还有千里光、风毛菊（图5-2）、一枝黄花、蒲公英、大蓟、小蓟、向日葵、鬼针草等等[103,104]。

人工种植而形成的大面积蜜源植物有枸杞、向日葵、荞麦、油菜、薰衣草、紫苜蓿等。除了以上这些最常见的蜜源植物以外，在不同的地区还有自然蜜源植物，其分布面积虽有一定的局限，但与其他蜜源植物在同一区域内交错分布，花期相同，因此，在不同的年份或不同地点也能生产出商品蜂蜜，或作为辅助蜜源植物供蜂群利用，如常见的露蕊乌头、驴蹄草、薄荷、满天星、新塔花、毛蕊花、香薷、百里香、灯盏花以及各种杂花等。另外，草地上还着生多种药用植物，如党参、黄连、贝母、黄芪、羌活、秦艽、甘松、地丁草、大黄等。据调查统计，在川西北草地上，仅药用蜜源植物资源即可容纳蜂群25万群。这些药用植物一方面可以作为药材来源，另一方面也可以作为特种蜜源植物进行开发利用。

二、现代养蜂业的特点

我国有着3 000多年的养蜂历史，传统的养蜂业以本地自然分布的蜂种——中华蜜蜂（*Apis cerana cerana*，简称中蜂）为养殖对象，定地饲养，以生产蜂蜜为主，兼顾生产少量蜂蜡，产品比较单一，蜂蜜主要作为药用。我国传统的养蜂业虽然养殖时间较长，也取得了一定的进展和成就，但总体上来说养殖和生产方式较为落后，养殖水平较低，规模小，较长时期内都处于发展缓慢的状态。

西方蜜蜂（*Apis mellifera*）在20世纪初被引入我国，经过广大蜂农的摸索和随着相关科学技术研究的发展，西方蜜蜂的养殖技术已经比较成熟，其养殖数量已经超过中蜂，成为养蜂业的主要生产用种。我国养蜂业在20世纪八九十年代进入飞速发展时期，目前我国的养殖规模和蜂产品产量已经多年稳居世界首位。意大利蜂（简称意蜂）、欧洲黑蜂、卡尼鄂拉蜂、高加索蜂是西方蜜蜂的四个代表蜂种，由于这几个蜂种生产性能较好，已经被推广至全世界广泛使用。我国目前使用得最多的是意蜂。意蜂的引入，为我国养蜂业的发展带来了巨大的变化，那就是使用活框蜂箱饲养意蜂的方法，在很大程度上提高了蜂蜜的产量和质量，同时又不伤及幼虫，产蜜时对蜂群的正常生活影响较小。于是，这种活框饲养的新方法立即被推广到中蜂的饲养上，从而加速了我国养蜂业的发展，进入现代养殖阶段。

和中蜂相比，意蜂能够维持强大的群势，繁殖速度更快，采集能力更强，能生产蜂王浆和蜂胶，因此，大多数的专业养蜂人员利用意蜂的这些特点，将其与开发我国丰富的蜜源植物资源结合起来，不断摸索，并根据不同地区的主要蜜源植物的开花时间，在不同地区迁徙放蜂，逐渐形成了“追花逐蜜”的生产方式。这种方式使许多大面积的蜜源植物得到了利用，如南方的油菜、紫云英、柑橘；中原地区的槐树花、枣树花；北方的油菜、枸杞、椴树等，这些都是目前我国现代养蜂业上用于生产的优良的蜜源植物。

值得注意的是，我国养蜂业的这种“追花逐蜜”的生产方式的兴起和发展的时间还不长，受到了经济条件、交通条件、引种时间、自然条件等诸多因素的制约，目前本行业内对于放蜂路线的选择还处于蜂农自发的摸索和总结阶段，缺乏相关的科学研究机构和政府部门的指导和管理。因此，离蜜源植物的保护和培育、蜜源植物的充分合理利用这种和谐有序的、比较成熟的行业生产状态还有很长的距离。正因为如此，专门根据草地蜜源植物进行生产的方式也还没有得到足够的重视，草地蜜源资源还没有得到充分的开发和利用。

蜜蜂养殖业是一个生态友好型产业：一方面，和其他养殖业相比，养蜂不存在粪便和污水处理的问题，对草地资源和生态不会造成污染，不会破坏植物的生长和影响草地的生产；另一方面，蜜蜂以植物的花蜜和花粉为食，不与其他动物争食物，相反，在生产蜂产品的同时，它们为植物传花授粉，有利于植物的结籽，在维护物种多样性方面发挥着重要作用；同时，养蜂的成本不高，利于推广，发展草地养蜂业，可以增加牧民收入，作为传统放牧业的补充，有利于牧区经济的发展。

现代养蜂业主要有三类蜂产品：一是蜜蜂采集的外界物质，经加工而成的产品，如蜂蜜、蜂花粉和蜂胶，其中蜂蜜和蜂花粉是蜜蜂的主要食物，也是生产得最多的蜂产品，目前已经作为保健食品被人类使用；蜂胶是蜜蜂采集植物的树胶，加入蜂蜡等加工而成的物质，具有广谱抗菌性，在蜂巢中可以起到防止食物腐败变质的作用，是近年来开发利用的珍贵药材。二是蜜蜂自身分泌的物质，如蜂王浆、蜂蜡和蜂毒，蜂王浆是由 6～12 日龄的工蜂头部的王浆腺分泌的浆状物质，是工蜂用来哺育蜂王、蜂王幼虫以及 3 日龄以内的工蜂幼虫的主要食物，是一种优质的食疗佳品。三是蜜蜂各种虫体自身，如在生产蜂王浆时产生的蜂王幼虫，以及平时饲养管理中割除的雄蜂幼虫。在草地上发展养蜂业，可根据不同的蜜源植物的特点，进行不同蜂产品的生产，如花蜜和花粉都非常丰富的蜜源植物可以用来生产蜂蜜、蜂花粉和蜂王浆；蜜多粉少的蜜源植物，可以主要生产蜂蜜；草地上的蜜源植物中以草本植物居多，而缺乏生产蜂胶的分泌树脂的木本植物，因此不适宜蜂胶的生产。

三、发展草地养蜂业（图 5-3）

自然分布的优质蜜源、人工种植的大面积蜜源、适宜的气候、优良的生态条件，使得花期的草原成了养蜂的绝佳场所。例如内蒙古东北呼伦贝尔市的海拉尔农场，每年种植夏油菜达到百万余亩，吸引上千个蜂场前去放蜂采集油菜蜜，据估计，蜜蜂授粉使该地区种植的油菜增产丰收，创造的经济价值达到上千万元，而油菜蜂蜜价值达百万元以上；宁夏的枸杞、内蒙古的向日葵，每年吸引着全国数以千计的专业养蜂场前来放蜂采蜜；青海的油菜蜜源，因其分泌的花蜜多，花粉也多，又处于没有任何污染的高海拔地区，是生产蜂王浆的理想蜜源，外商对该地区产的蜂王浆青睐有加，其产品光是出口已供不应求；川西北草地的各种牧草植物和药用植物，可以用来生产具有特殊药用功效的蜂蜜，又因为其处于旅游资源丰富的地区，已经逐渐成为养蜂人制订养蜂路线和生产计划中的主要内容。每逢草地花期，各地的养蜂场纷至沓来，辛勤采集的蜜蜂、繁忙的养蜂人、简陋的养蜂帐篷，以及路边就地放置销售的蜂蜜，与草地开放的鲜花相映成趣，逐渐成了一道独特的风景线。

然而，在草地上放蜂生产的主要还是外来“追花”的养蜂人，本地从事养蜂业的人还比较少。外来养蜂人的放蜂活动具有季节性的特点，根据其不同的放蜂计划，在他们的转地过程中，只会利用到一部分草地蜜源，大量的蜜源还没有得到充分利用，因此，在草地区域发展本地养蜂业，还有很大的潜力可以挖掘。目前，草地养蜂业还处于兴起和发展阶段，养蜂业还比较滞后。在草地发展养蜂业，因地制宜地开发和利用草地的蜜源资源，需要将养蜂业的特点与草地的气候和蜜源资源的特点有机地结合起来，选择合适的蜂种，制订科学的饲养管理措施进行养殖，才能获得高效的生产。其措施如下：

首先，选择适合的蜂种。目前，我国主要养殖中蜂和意蜂，二者的生活习性不同，因此在生产上有不同的养殖模式和饲养管理措施。中蜂的特点是善于利用零星蜜源，出巢采集飞行的时间早，饲料消耗较小，但产品较为单一，仅仅能生产蜂蜜，因为能生产的蜂王浆和蜂花粉的量少，故一般不用来生产这两种产品；而以意蜂为代表的西方蜜蜂，饲料消耗大，但产蜜量大，能同时生产蜂王浆、蜂花粉，可以利用大面积的蜜源。欧洲黑蜂和高加索蜂的耐寒性能较好，适合北方草地的气候，可以直接引种饲养或作为育种材料与意蜂杂交后饲养。

其次，制订合理的生产方式。根据草地蜜源植物季节性较强的特点，不同的地区可以采用中蜂定地饲养和小转地饲养、西蜂转地饲养的方式进行生产；也可不以草地为局限，与周围其他生态区域的蜜源植物相结合，进行繁殖和生产。在养蜂生产上，获得高产的关键在于蜂群的群势要与蜜源植物的花期相吻合，即当蜜源植物处于盛花期的时候，这时蜂群内应当拥有最多的适龄采集蜂，因此，最核心的蜂群饲养管理措施应该围绕这一目标进行。蜂群内从事采集工作的是工蜂，从一个卵发育为一只成蜂，工蜂需要 21 天，而刚出房的新蜂，主要从事巢内活动，需要 20 天左右其采集能力才能达到最佳阶段。因此，针对定地饲养的蜂群来说，在主要蜜源植物的花期到来之前的 40～50 天左右，就应该着力组织生产群，每天为蜂群提供少量蜜汁，缺花粉的蜂群要补充花粉，以奖励饲喂的方式，提高蜂王的产卵率和工蜂的哺育积极性，大力培养幼蜂，壮大蜂群的群势；这段时间到采蜜结束之前，要控制蜂群分蜂，维持强大的群势和生产积极性；在流蜜期间，可以采用“前期早取，中期稳取，后期少取（或不取）”的取蜜方式，注意在取蜜时一定要取成熟蜜，其标准是蜂蜜的含水量在 20%以下，否则容易发酵变质，流蜜后期要注意给蜂群留充足的食物，切忌将蜂蜜取尽再喂白糖的做法，这样对蜂群后期的发展极为不利。根据主要蜜源之间的间隔时间长短，以及期间辅助蜜源的情况，在上个蜜源结束前，就要考虑为下个蜜源培养采集蜂的问题。在蜂群的周年管理中，还应根据蜂群群势的发展情况加减巢脾，使蜂脾关系为蜂脾相称，蜂脾关系不合理会造成巢虫的寄生，幼虫得不到充足食物，从而导致幼虫生病或死亡的情况发生；根据气温的变化情况，在夏季要注意为蜂群遮阴和通风，冬季要注意为蜂群保温。总之，根据草地的气候特点和蜜源情况，对蜂群的繁殖、生产、越冬进行研究，制订适合草地养蜂的饲养管理规划和措施。

再次，相关的研究机构和管理部门可以为草地养蜂提供指导和支持：一是选育适合草地养殖的蜂种，为蜂农提供蜂种资源；二是对养蜂从业人员进行技术指导和培训，建立示范蜂场，并进行推广，对一些生产企业进行保护和支持；三是建设蜜源基地，对现有的自然蜜源要加强保护，使其免受虫害和人为破坏，对人为种植的蜜源植物进行引导，培育新的蜜源资源基地；四是对蜜源资源进行深入研究，对各种蜜源植物的分布面积、开花流蜜规律等方面进行调查，并做好监测和预测预报，为定地饲养的本地蜂农和转地饲养的流动蜂农提供信息，以便其制订合理的繁蜂和采蜜计划。

随着养蜂业的发展，草地蜜源资源已经在我国养蜂业中发挥了重要作用，但毕竟还处于探索阶段，丰富的资源还有待于开发。根据国家制定的生态文明建设的战略规划和要求，当前我国一些地方正在开展草地“沙漠化防治”“退耕还草”“过度放牧草地的修复”以及人工培育草地等方面的工作[105]。如果在这些工作中，加强宏观设计和指导，有意识、有计划地种植一些具有蜜源特征的植物，加强蜜源基地的建设、培育和保护，将开发草地的放牧资源、生态资源、旅游资源与养蜂资源有机地结合起来，发展养蜂产业，增加牧民的收入，则可以进一步提升草地的生产模式，促进广大草地和牧区的可持续发展。

第三节 草地能源植物的开发利用

一、草地能源植物概述

（一）能源植物开发的意义

植物能源来源于绿色植物对太阳能的光合作用，是一种可再生的、可持续开发的能源。通过绿色植物存储太阳能的方式也是最廉价、最有效的。实际上化石能源也是来源于植物能源，可看作植物能源的次级能源；同样，植物能源也是太阳能的次级能源，人类从最初利用植物作燃料到化石能源再到目前开始利用植物能源，发展到以后大规模利用太阳能，其利用能源的方式逐渐变得更为直接。目前，随着人类社会的发展，能源需求逐年猛增，能源形势严峻。同时，消费矿物燃料所导致大气污染、全球气候变暖等一系列的环境问题日益严重，所以，对新的可再生清洁能源的需求成为摆在人类面前的一件迫在眉睫的事情。能源植物是一种生物质可再生能源，具有可贮藏性及连续转化能源的特征，成为最有前景的替代能源之一。

（二）草地能源植物的概况

草地能源植物包括能源草、灌木和半灌木。能源草又称为草本能源植物，在能源植物的利用中占有重要地位，其可通过高效的光合作用产生碳氢化合物，而且生长迅速或生物量大，是一种能直接燃烧或可转化为气体或液体燃料的草类。能源草是本节介绍的重点，包括柳枝稷、芒属作物等高大草本都是理想的能源草。

1. 富含淀粉的草本能源植物

产淀粉的草本植物主要有玉米、木薯、马铃薯和小麦等粮食作物。我国生产的淀粉中，玉米淀粉占90%左右，木薯淀粉占7%左右，马铃薯淀粉占2%左右，小麦及其他淀粉约占1%。除上述淀粉植物外，还有一些野生的产淀粉的植物，如蕉芋、葛根、橡子、野百合、魔芋等。近年来世界淀粉业取得较快发展，平均年递增在14%以上。美国的发酵酒精工业近年以每年30%左右的速度增长，现已成为世界上玉米酒精产量最大的国家，其产量占全美酒精总产量的95%。在燃料酒精生产方面的研究，我国也取得了较大的进展，大大提高了酒精的生产效率。木薯是热带和亚热带多年生、温带一年生薯属灌木，原产于南美洲。近年来，以木薯为原料的乙醇生产技术正在不断发展。我国广西具有丰富的木薯资源，木薯种植面积和产量占全国的60%以上。经过多年选育，广西已筛选出一批早熟高产和高淀粉含量的木薯新品种。

2. 富含纤维的草本能源植物

芒属植物是禾本科多年生 C4 草木植物，具有高效光合固碳效率，生长快、适应性强、病虫害抗性强、生产力高，产干物质可达 75 t/hm^2，是优良的能源植物。该属全世界约有 10 种，主要分布于东南亚，我国产 6 种，其中芒、五节芒分布于长江以南广大区域，在华南的山地、丘陵和荒坡原野，常形成优势群落。

在我国南方热带、亚热带地区有大面积的荒山、坡地可利用。芒属植物一年种植，可连续收获 15 年以上，能节约大量的人力和物力，亦有助于减轻土壤侵蚀，防止水土流失，改良土壤，降低环境污染，促进受破坏的生态系统恢复，实现资源、能源、环境一体化，利用前景非常可观。在纤维素的开发利用方面，筛选优良的高效廉价的纤维素酶并摸索其发酵条件，以降低生产成本，提高其利用率，是纤维素利用的关键。在芒属植物中，现在大多数研究集中于三倍体的奇岗（*Miscanthusx giganteus*），它耗水少、需肥少，多年生栽培管理简单，被认为是最有潜力的能源作物之一。近年来，奇岗也被引入我国，部分科研单位对其进行了较多的无性繁殖技术研究和以能源生产为目的的栽培技术方面的研究。

象草是热带、亚热带地区多年生草本植物，生长较快，植株高达 4 m 或更高，可燃性强。试验表明，这种植物能在大部分耕地上生长，不需施加肥料，不受病虫害困扰，收获后的干草能利用现有技术轻易制成燃料用于电厂发电。根据现在的市场价，种植 1 hm^2 的象草燃料产生的能量可替代 36 桶石油，收入高达 2 160 美元。

柳枝稷是分布于中美洲和北美洲的一种多年生草本植物，20 世纪 90 年代末国际上将其作为一种新型能源模式作物进行了深入研究，用于火力发电，或以木质纤维素生产乙醇。其种植成本低，生长迅速，植株可高达 2 m，最高产量可达 74 t/hm^2，高产期可持续 15 年，对环境适应性强。柳枝稷木质纤维素含量极高，其乙醇转化率可达到57%，火力发电废气排放量少，燃烧充分。种植柳枝稷可给种植户带来巨大的经济效益，在我国推广柳枝稷，既可作为饲草，也可作为水土保持和风障植物，同时也是很好的生物燃料和生产替代能源的原材料。

（三）草本能源植物开发的前景

能源草多为耐旱、耐盐碱、耐瘠薄、适应性强的草种，种植和管理简单，在干旱、半干旱地区、低洼易涝和盐碱地区、土壤贫瘠的山区和半山区均能种植。它们对土质和气候要求高，耐寒、抗冻、适应性强，生长快，产量高，农田每亩一年干草最高产量可达 3.4 t，产草期长达 10 至 15 年。以能源草作为生物能源的原材料成本低、效率高，不占用耕地，可利用山坡地，燃烧后产生的污染物也很少，可有效减轻温室效应、降低环境污染。据测算，农田种植一亩巨菌草的发电量相当于 2 t 煤的发电量。

我国对能源草的研究起步较晚，且在很多方面都较落后，因此，我国应该加大科技投入力度，鼓励在生物质能源原料和品种开发、生物能源转换和提炼技术等方面的技术创新。另外，还要加强与国外相关领域尤其是当今最先进科技创新领域的研究合作。只有通过革命性的技术创新，才能缩减能源草与传统原油、天然气产品的生产成本差距，才能使其具有真正的市场竞争优势。

二、芒草

芒属植物统称为芒草，属禾本科 C4 多年生高大草类。由于芒属植物高光效、高蓄能、强适应性、低成本、易繁殖等特性，近年来在欧美国家受到广泛关注，被认为是一种开发潜力巨大的生物质能源，也是目前国内外研究的热点之一。

（一）种类及分布

芒属植物隶属于禾本科芒属（*Miscanthus*）的一类多年生草本植物，俗称芒草。据记载，全球芒属植物有芒、五节芒（*M. floridulus*）、高山芒（*M. transmorrisonensis*）、少序芒（*M. stachyus*）、尼泊尔芒（*M. nepalen-*

sis)、双药芒（*M. nudipes*）、荻、短毛荻（*M. tinctorius*）、南荻（*Triarrhena lutarioriparia*）、红山茅（*M. paniculatus*），以及非洲特有的（*M. ecklonii*）、类灯心草芒（*M. junceus*）、类蜀黍芒（*M. sorghum*）、堇菜色芒（*M. violaceus*）等约有 14 个种，主要分布在东亚、东南亚、太平洋群岛及非洲地区，其水平分布范围为东经 22°的波利尼西亚至北纬 50°的西伯利亚，为垂直分布，范围为海拔 0～3 100 m。我国是世界芒属植物的分布中心，在南方省（区）的分布范围极其广泛，主要分布有五节芒、芒、金县芒（*M. jinxianensis*）、高山芒、紫芒（*M. purpurascens*）、黄金芒（*M. flavidus*）。其中五节芒的分布最广，目前已经在贵州和湖南广泛种植，成为半栽培型的植物。

我国芒属植物的现代分布区域：五节芒主要分布在安徽、福建、广东、广西、贵州、海南、湖北、湖南、江苏、江西、陕西、四川、台湾、云南、浙江等 15 个省（区），其分布范围为北纬 18°～34°、东经 104°～122°、海拔 0～1 600 m；芒主要分布在安徽、重庆、福建、甘肃、广东、广西、贵州、海南、黑龙江、河南、湖北、湖南、江苏、江西、吉林、辽宁、陕西、山东、四川、台湾、云南、浙江等 22 个省（区、市），其分布范围为北纬 18°～43°、东经 97°～126°、海拔 0～2 000 m；金县芒产于我国长江流域以北地区，如东北、吉林、陕西、河南和湖北房县；高山芒为我国台湾特产，分布在宜兰、台中、花莲、嘉义等地的玉山、南湖大山、秀姑峦山、雪山、桃山、关山等高山带，普遍分布在海拔 2 000～3 600 m 的阳坡，在土壤深厚处，常形成大面积群落，喜阳光充足，有时林间隙地也有侵入；紫芒产于吉林、河北、山东、陕西、江西等省，生于低山带阳坡路旁、林缘灌丛中，海拔1 000 m以下；黄金芒特产于我国台湾的南投，生于中山带海拔约 2 000 m 的阳坡草地。

（二）植物学特征

芒属植物为多年生高大草本植物。秆粗壮，中空。叶片扁平宽大。顶生圆锥花序大型，由多数总状花序沿一延伸的主轴排列而成，小穗含有 2 小花。颖果长圆形，胚大型。染色体小型，基数为 10。

芒（图 5-4）又名冬茅、芭茅、中国芒，广布性植物。芒株高 70～400 cm，茎粗 0.3～1 cm，具茎节，无腋芽；叶片线形，互生，叶鞘有毛，叶长 19.14～137.06 cm，叶宽 0.49～3.47 cm，叶背具纤毛；圆锥形花序，基盘毛与小穗等长，雄蕊 3 枚，小穗外稃具芒，芒长 0.27～1.3 cm。

（三）生物学特征

芒属植物为 C4 植物，具有高光效、低呼吸、CO_2 补偿点低、肥料利用率高等特性。适于在高温、强光照和水分供应较少的条件下进行光合作用。关于芒属植物的光合特性，许多学者进行了研究，其中台湾学者翁仁宪对台湾芒草的光合特性进行了全面的研究，通过温度、光、氮、水分和盐分对其光合作用的影响研究，发现芒属植物虽然为C4植物，但其光合速率和饱和点都低于高粱、玉米等，近于水稻、大豆等[106]。

芒属植物有较强的耐旱、耐热、耐寒及耐污等特点；生长期长、生态适应性强、生产力高。五节芒的成年株丛，能耐－29 ℃低温，1～2年生的实生苗能耐－23.5 ℃的低温，即在上述短期低温下，其地下芽能够越冬。地上部分，当气温下降到－5 ℃时，仍可保持常绿，气温再下降，则草丛的表层叶片自叶尖向叶基逐渐干枯，当气温下降至－10 ℃时，则地上叶片全部干枯，但地上的冬芽未见受害。耐旱性方面，五节芒虽然为喜水嗜肥的中生植物，但由于它的根系发达，抗旱能力相当强。生长1年的植物地上丛高55 cm，茎秆8支，而其根深达53 cm，粗壮根达28条。3年的植物根深达98 cm，分布于5～20 cm土层的根茎，长30 cm的就可达14条，长50 cm以上的8条，最长的可达73 cm。茎节长3～6 cm，每节生出3～7条不定根，形成庞大的根系网，利于吸取深层和远处的水分和营养[107]。因为芒属植物根系发达，耐旱性很强，显示出很强的水土保持能力。关于其耐热性，研究结果表明，五节芒的耐热性很强，亦能抵御干热风的侵袭[108]。

在芒属植物的耐性研究中，其耐污性的研究报道较多。发现芒属植物对重金属如Cu、Cd、Pb、Zn、As、Mn、Ni等有较强的耐受性，五节芒对Mn和Ni的吸收力较强，在其植株中Cu、Cd、Pb、Zn四种重金属的富集量均未达到超累积植物所规定的临界含量；另外，五节芒可在煤矿、尾矿砂、石矿以及高岭土矿区废弃地上成功定居，并成为这些植被中的优势种，可作为废弃地植被恢复治理的优先选用物种。鉴于五节芒对重金属的高耐受性，秦建桥等进行了Cd在五节芒不同种群细胞中的分布及化学形态研究，通过营养液培养，以分别来自粤北大宝山矿区和惠州博罗非矿区的两个五节芒种群为试验材料，并采用差速离心技术和化学试剂逐步提取法，比较研究了Cd在两个种群根、茎和叶片中的亚细胞分布及化学形态。结果表明：五节芒两个种群各部位的Cd主要集中在细胞壁和以液泡为主的可溶组分，在叶绿体、细胞核和线粒体中的分布较少，细胞壁固持、可溶组分的液泡区隔化和向活性较弱的结合形态转移可能是五节芒矿区种群耐Cd的主要机制[109,110]。

（四）开发利用现状与前景

1. 芒属能源植物的开发优势

芒属植物这类曾倍受冷落的野草，能在能源植物领域一跃成为新一代能源植物而受到高度关注和广泛认可，完全得益于其自身的综合优势。芒属植物作为能源植物开发有以下主要优点：

(1) 生物质产量高

芒属植物为C4植物，对光能、水分、N素利用率高。芒属植物光能利用率达4.1 g/MJ，对水分的利用率达10 g/kg，N利用率达613 kg/kg，干生物质年产量可达30 t/hm^2 以上，是目前干物质产量最高的植物之一。

(2) 生物质质量优

芒属植物的纤维素和半纤维素含量可高达80%以上，木质素含量则在20%以下，而灰分含量仅1.6%～4%，Cl、K、Si、S等残留少，硫和灰分等的含量约为中质烟煤的1/10，且芒属植物的生物质热值高，产能高，1 t干物质相当于4桶原油或0.45 t标准煤的热能，可产450 L乙醇。

(3) 种植成本低

芒属植物为多年生宿根植物，一次种植可多年收割，一般种植2～3年后可达到产量高峰，高产期可维持20年以上[111]，且当植株成熟枯黄后，茎秆中的矿质养分会回流至地下根状茎中储存起来，实现循环利用，地上部分干物质的收割很少引起矿质养分的流失，这既保证了生物质的质量，也降低了对肥料的需求。另外，与其他作物相比，芒属植物的病虫害少，与杂草的竞争力强，无须大量施用农药，可粗放耕作，栽培管理成本低，环境污染少。

(4) 适应能力强

芒属植物的生态幅宽，各种恶劣环境下都有其种类生存，可利用各种边际土地种植。五节芒能在贫瘠土地和重金属污染土地上生存；芒能在寒冷的条件下生存；荻能在盐碱、半荒漠化地上生存，而南荻可在湿地生存[112]。芒属植物是目前已知的在温度低于15 ℃时仍能对CO_2 保持高同化效率的C4植物，其地下根状茎能在－20 ℃下安全越冬，空气温度低至5 ℃时，叶片仍然能保持正常生长[113]。

(5) 生态效应好

芒属植物CO_2 补偿点低，对空气中的C同化效力高，生长过程中可消耗大量CO_2，有助于缓解温室效应。有研究表明，即使撇开芒草生长中对减少CO_2 的贡献不算，芒草燃烧发电时，排放的CO_2 和SO_2 分别只有煤炭的1/2和1/10。

另外，其地下根茎既有固碳作用，也有良好的水土保持和生态改良作用[114]。

（6）遗传资源广

芒属能源植物有多个种及多种生态型和基因型，遗传多样性极其丰富，这为其新品种的选育提供了丰富的种质资源和广阔的遗传背景。另外，还发现芒属植物具有自交不亲和的遗传特点，且种间不存在生殖隔离，能通过远缘杂交来创造新品种。

2. 芒属植物的开发与利用

（1）能源利用

自 20 世纪 80 年代开始，欧洲就把芒草作为能源植物进行利用和研究。芒草属纤维素类能源作物，可通过压缩成型、直接燃烧（或与煤混燃）、生产纤维乙醇、沼气发酵等多种途径加以利用。

①压缩成型。利用物理法，在高温高压下将芒草压缩成紧实的成型物，可减少运输费用、降低存储需求空间、提高转化设备的单位容积燃烧强度和热效率。目前，纤维生物质固体成型技术已日渐成熟，发达国家已建立了相对完善的技术标准和产业体系，我国也已开始推广应用。

②直接燃烧。前面介绍过芒草的灰分及 K、Cl、S 和 N 含量很低，使其热值高，按照热值 17 MJ/kg，产量 30 t/hm^2 计算，每年每公顷芒草可产生的热值为 510 000 MJ，相当于 13.5～18 t 标准煤，而且能降低大约 90%的 CO_2 排放。另外，芒草燃烧产生的 SO_X 和 NO_X 等有害气体远比煤炭低，因而利用芒草燃烧发电比煤炭更有优势。在欧洲，芒草已经被广泛地应用于燃烧发电，2000 年利用芒草产生的电能约占欧盟 15 国当年发电量的 9%，其中在爱尔兰更是高达 37%。

③生产纤维乙醇。芒草纤维生物质含量及产量都很高，降解后能够产生五碳糖和六碳糖，进一步通过化学和生物方法生产燃料乙醇。芒草中的木质素含量相对较低，约占 10%，这使其纤维素更容易被降解，是理想的纤维乙醇原料[115]。纤维乙醇引起了世界各国的关注，GraalBio 公司建设了巴西第一座商业化纤维乙醇工厂，在 2013 年年底已经投入运营。巴西是目前世界上唯一不提供纯汽油的国家。到 2020 年，美国燃料乙醇将占交通燃料的 20%，我国也将达 15%左右。

④沼气发酵。沼气发酵是利用芒草中的生物质产能的另外一种有效办法。过去的研究表明，在三种生物质能的发酵利用模式中，能量回收率最高的是沼气发酵，其次才是乙醇发酵，而且单位生产成本也是沼气发酵最低，乙醇发酵次之。就目前的技术水平而言，沼气发酵是芒草利用的最好方式，其优势包括沼气发酵的相对成本低、净能产出率高，以及沼渣可以还田，降低芒

草的施肥成本、减少化肥对环境的污染。欧洲国家非常重视沼气产业的发展，目前在西欧已初具规模，至2008年底，德国已具有3 900个大型沼气发电厂，总装机容量达1 400 MW。

（2）芒属植物的其他用途

由于芒属植物的生物学、生态学特性，使其具有多种用途，如生态环境保护、工业利用、饲用、观赏等。

3．芒属植物的利用前景

自20世纪80年代中期，欧美国家已开始对多年生草本能源作物进行研究和开发利用。1984年，美国能源部资助了“草本能源作物研究计划（HECP)”，通过对35种草本植物的评价（其中18种为多年生，但没有包含芒草），认为柳枝稷（*Panicum virgatum*）潜力最大；1990年，HECP发展为“生物能源原料发展计划（BFDP)”，次年又决定在BFDP内将柳枝稷作为模式作物进行系统研究，以求达到快速应用和示范的目的。近年来，美国伊利诺斯大学等的科研人员对芒草进行了研究，认为芒草的生物质产量和净能产出都要优于柳枝稷，是更适合的能源作物[116,117]。

欧洲对草本能源作物的研究和开发利用集中于三倍体芒草——奇岗。20世纪60年代就在丹麦开始试验，并在1983年建立了首个试验基地；在此基础上，1989年启动了由欧洲JOULE计划资助的研究项目，在丹麦、德国、爱尔兰和英国开始田间试验，研究奇岗在北欧的生物质潜力；1993年，在欧洲AIR计划资助下，田间试验拓展到了南欧的希腊、意大利和西班牙；与此同时，丹麦、荷兰、德国、奥地利和瑞士等国则资助了有关芒草生育繁育、管理实践和收获运输等的研究；1997年，在欧洲FAIR计划资助下，启动了旨在全欧洲培育新芒草杂交种、发展芒草育种技术和筛选不同芒草基因型的项目[111]。

目前，欧洲有关芒草的研究已进入产业化开发应用阶段。我国是芒属植物的分布中心，但与欧美等国相比，我国对能源作物芒草的研究才刚刚开始，目前尚无国家级别的研究开发计划。

生物质能是我国《可再生能源发展“十二五”规划》的发展布局和重点建设方向之一，该《规划》指出：合理开发盐碱地、荒草地、山坡地等边际性土地，建设非粮生物质资源供应基地。《实施能源发展“十三五”规划》中也提出了为积极开发利用生物质能新能源，需要加快生物天然气开发利用，推进50个生物天然气示范县建设，推动建立燃料乙醇扶持政策动态调整机制，扩大燃料乙醇生产消费。芒草中纤维素含量高，而且具有较强的抗逆性，能够在盐碱地、荒草地、半干旱地、贫瘠山坡地等边际土地上生长，因此，芒草是符合《规划》要求的理想生物质资源。我国边际土地面积巨大，如果拿出 1×10^8 hm^2 种植芒草，按照 10 t/hm^2 的干生物质产量计算，一年可收获 1×10^9 t可供生物质能源生产的原料。依据现有的理论模型，这些生物质能够发电 1 460 万亿瓦小时，并减少约 1.7×10^9 t由煤炭火力发电排放的二氧化碳。这相当于 2007 年全国电力总输出的 45% 和二氧化碳总排放量的 28%[117]，这是一个相当诱人的数字。除此以外，在盐碱地、荒草地、山坡地、沙漠化地等边际土地上种植芒草，有利于改善土壤环境、防止水土流失、恢复生态环境等。目前，我国的芒草研究与欧美国家相比虽有一定差距，但我国具有丰富的芒草品种资源优势，如我国的特有品种南荻，其野生二倍体的生物质产量和品质就优于欧洲国家的三倍体奇岗品种，这些丰富的种质资源为我国能源芒草的开发利用奠定了宝贵的物质基础，加之随着我国科研投入的增加及科研力量的加强，相信在不久的将来，芒草在我国的可再生能源发展中将会发挥重要的作用[118]。

三、狼尾草

狼尾草属隶属禾本科（Poaceae）黍亚科（Subfam），是一年生或多年生草本植物。狼尾草属是个大属，约 140 种，广泛分布在热带和亚热带地区，少数种类可达温寒地带，非洲为本属分布中心。我国也是狼尾草属资源最为丰富的国家之一，至今我国已发现并发表的包括常见种、引进种以及新发现种、新发现变种共计有 12 种、3 变种（包括 4 个引种栽培）。主栽有杂交狼尾草（*Pennisetum ameum* × *P. purpureum*）、美洲狼尾草（*Pennisetum americanum*）、象草（*Pennisetum purpureum*）等。狼尾草的利用年限多为 4～6 年，如果栽培管理较好，利用年限可以长达 10 年以上。多为优良牧草，谷粒可食，又为造纸、编织、盖屋等原料。

杂交狼尾草是以美洲狼尾草为母本、象草为父本的 F1 代杂交种，是一个三倍体。我国栽培的杂交狼尾草由江苏省农业科学院 1981 年从美国引进，以及海南华南热带作物科学院 1984 年从哥伦比亚国际热带农业中心引进。杂交狼尾草生长迅速，分蘖能力极强，生物质产量高，富含纤维素和半纤维素，营养丰富，适应性和抗逆性强。它不仅是一种适用于多种草食畜禽且饲用价值较高的优良牧草，还是一种新型能源植物。

美洲狼尾草是生长茁壮的一年生草本植物，又名珍珠粟、御谷，为世界上六大禾谷类作物之一。其原产非洲，魏晋时期传入中国，在我国南北一些省（市）都有栽培。其产量高、品质好、供草期长，适应性强，结实性好，繁殖系数高。目前，美洲狼尾草在国内主要作为青饲料用于养殖业生产。

象草是因为大象爱吃而得名，又名紫狼尾草。原产于非洲热带地区，是热带和亚热带地区广泛栽培的一种多年生高产优良牧草。我国在 20 世纪 30 年代从印度、缅甸等国引入，目前已推广到多个省（区、市）。象草产量高、管理粗放、利用期长，是我国重要的刈割型禾本科牧草。

（一）植物学特征

狼尾草属秆质坚硬。叶片线形，扁平或内卷。圆锥花序紧缩，呈穗状圆柱形；小穗单生或 2～3 聚生成簇，无柄或短柄，有 1～2 小花，其下为有总苞状的刚毛。颖果长圆形或椭圆形，背腹压扁；种脐点状，胚长为果实的 1/2 以上。叶表皮脉间细胞结构为相同或不同类型。硅质体为哑铃形或十字形；气孔辅卫细胞呈圆屋顶或三角形。染色体 x=9，7，5。

杂交狼尾草（图 5-5）为多年生草本植物，丛生，一般植株高 300～350 cm，最高可达 450 cm。须根发达，根系大都生长在 10～30 cm 的土壤。茎秆实心圆柱形、直立，每株分蘖可达 20 个。叶片呈长披针形或剑形，互生，叶片两面均有茸毛。成熟叶片一般长 70～90 cm，宽 2.5～3.3 cm。圆锥花序呈穗状，黄褐色，长 20～30 cm；小穗具有短柄或无柄，单生或簇生，有刚毛。

象草为多年生丛生大型草本，有时常具地下茎。秆直立，高 200～400 cm，节上光滑或具毛，在花序基部密生柔毛。叶鞘光滑或具疣毛；叶舌短小，具长 0.15～0.5 cm 纤毛；叶片长 20～50 cm，宽 1～2 cm 或者更宽，上面疏生刺毛，近基部有小疣毛，边缘粗糙。圆锥花序长 10～30 cm，宽 1～3 cm；小穗通常单生或 2～3 簇生，披针形，长 0.5～0.8 cm，近无柄，如 2～3 簇生，则两侧小穗具长约 0.2 cm 短柄，成熟时与主轴交成直角呈近篦齿状排列。叶片表皮细胞结构为上下表皮不同：上表皮脉间最中间 2～3 行为近方形至短五角形、壁厚、无波纹长细胞，邻近 1～3 行为筒状、壁厚、深波纹长细胞，靠近叶脉 2～4 行为筒状、壁厚、有波纹长细胞；下表皮脉间 5～9 行为筒状、壁厚，有波纹长细胞与短细胞交叉排列。

（二）生物学特性

1. 温度

狼尾草属多为热带植物，温度是限制其种植条件之一，特别是干燥寒冷的北方，种植和过冬都需注意。

杂交种和母本种子可溶性糖含量随贮存时间的延长快速下降，种子内部营养物质含量的递减影响了种子的萌发。低温可以锻炼种子的发芽性能，提高种子抗低温能力，促进种子萌发。在 5 ℃下对种子低温锻炼 3 天，后在 15 ℃下萌发，杂交种和母本种子发芽率分别提高了 17%和 76.9%[119]。

杂交狼尾草最适萌发温度为 25～30 ℃。美洲狼尾草最适萌发温度为 25～35 ℃，以 30 ℃为最佳。低于 10 ℃时，杂交狼尾草及母本种子都不能发芽。象草在 20 ℃以上时生长迅速，低于 10 ℃时生长受限，低于 5 ℃时停止生长。

2. 水分

狼尾草多喜温暖湿润的环境，适应性广，根部淹没水中数月仍能存活。在正午前后高光、强高温时，杂交狼尾草通过最大程度地蒸腾水分以降低叶温[120]。杂交狼尾草有强大的根系，既耐湿又抗旱，在干旱少雨的季节，仍可获得较高的产量。一旦水分充足，生长速度明显加快，分蘖也会增加。美洲狼尾草在我国温带半湿润半干旱地区均能生长，温热多雨的地区生长尤为茂盛。象草耐旱性好，耐涝性差，因此，浇水应适度，雨季要注意排水，促进其根系和地下茎向下生长。

3. 土壤

狼尾草对土壤的要求不高，在各种土壤上均可生长，以土层深厚、保水良好的土壤最为适宜。肥沃湿润的土壤极有利于牧草的高产；在瘠薄的土壤上，只要加强肥水治理就同样可以获得高产。

狼尾草的耐盐性高，杂交狼尾草能在含盐量小于 0.3%的轻度盐渍土上正常生长，在含盐量大于 0.55%时，植株不能正常生长。美洲狼尾草可适应酸性土壤，也可在碱性土壤上生长。

杂交狼尾草对重金属的吸附和转运能力较弱，低浓度（1～30 mg/L）的铬对象草（紫狼尾草）的 Pro、可溶性糖含量、POD 活性均有提高，高浓度（≥40 mg/L）有明显抑制作用。

4. 养分

在养分含量高的土壤中，狼尾草能充分发挥其产量优势。杂交狼尾草对氮肥需求量大，同时对锌肥敏感。在杂交狼尾草生长前期可减少投肥量，但当进入高温季节时必须增加氮肥投量，以利用高温增产增质的有效积累期。美洲狼尾草对氮肥敏感，随着施氮量的提高，美洲狼尾草鲜、干草产量显著增加，在 0～450 kg/hm^2 纯氮条件下，产量同施氮量呈线性关系。因此，只有在较高氮肥供给条件下，才可发挥生产潜力。桂牧 1 号杂交象草要达到预测产量 259 t/hm^2，需要氮肥 414 621 kg/hm^2，磷肥 140 kg/hm^2，钾肥172 kg/hm^2[121]。

（三）开发利用现状与前景

生物能源主要是指利用可再生或循环的有机物质为原料生产的能源，其利用形式主要包括沼气、生物制氢、生物柴油和燃料乙醇等。作为能源植物，原料的水分含量应较少，过高的水分会影响储存和运输，还会导致燃烧不充分，降低燃烧值。灰分的含量越高，干质量热值越低，燃烧的稳定性越差。从乙醇生产出发，理想品种应具有较高的纤维素含量，同时具有较低的木质素和半纤维素含量；直接燃烧、致密成型、生物质气化等，则应该有较高的木质素和纤维素，以及较低的灰分含量[122]。与木本植物相比，草本植物生长速度快、生活周期短、分布广，便于大面积推广种植。狼尾草株高可达 150～180 cm，单株分蘖在 15 个以上，再生能力强，可多次刈割，生长迅速、抗逆性强。狼尾草属植物由于干物质产量和燃烧值较高且生产环境要求低，适应性强，符合能源草类植物生长特点以及对环境的要求，适合作为能源植物大力开发。

范希峰等在北京的试验表明，杂交狼尾草干物质产量可达 40.14～48.54 t/hm^2，热值达 17.02 MJ/kg，灰分含量为 9.26%。我国能源研究中心确认的八个国产能源草品种，象草是其中之一。1 hm^2 土壤可收获 60 t 象草，燃料产生的能量可代替 36 桶石油。

1. 狼尾草植物作为能源作物开发及利用的方式

(1) 直接燃烧发电

狼尾草生物具有产量高、热值高、不污染环境、燃烧性能好等优点，是欧美国家常用发电方式。英国在 2005 年建成首个利用燃烧草产生的能量进行发电的发电站，其燃烧的草料来源于象草。

(2) 粉碎压缩成生物质颗粒燃料

能源草经粉碎、干燥后在一定温度和压力作用下，被压缩成棒状、块状或颗粒状等形状的固体燃料，从而改善燃烧性能，提高热利用效率。这种燃烧方式的热值高、燃烧充分、燃烧时间长、经济实惠，多用于工厂工业生产。

(3) 生物质气化

在一定热力学条件下，借助空气、水蒸气的作用，使生物质的高聚物发生热解、氧化、还原重整反应，最终转换为一氧化碳、氢气和低分子烃类等可燃气体。

(4) 制取乙醇

乙醇生产已在世界范围内形成，仅次于石油化工的大产业，工艺装备技术成熟。以狼尾草中富含的纤维素为原料，利用物理化学途径和生物途径将其转化为乙醇，生产过程包括原料收集和处理、糖酵解和乙醇发酵、乙醇回收等三个主要部分。

(5) 制沼气

纤维质可以在厌氧细菌的发酵作用下分解产生沼气。沼气的主要成分为甲烷、二氧化碳，还有少量氮气、氢气、硫化氢等。

2. 狼尾草植物其他用途

狼尾草属植物也有其他用途，如饲用、保持水土等[123]。

四、柳枝稷

柳枝稷（*Panicum virgatum*）（图 5-6）属于禾本科黍属，是起源于北美洛基山脉以东、北纬 55°以南大草原的高秆多年生草本 C4 植物，通常被用于放牧[124]、水土保持以及生态建设等，由于柳枝稷适应性强，具有较高的产量潜力和较强的耐旱耐瘠能力，对环境友好，能够用于生产能源，因此，国内外许多学者认为柳枝稷是一种具有较大发展潜力的能源作物[125]。近年来，国际上将其作为一种新型能源模式作物进行了深入研究，用于火力发电，或以木质纤维素生产乙醇，还可用于造纸和进行生态环境保护。能源危机使生物能源在全球掀起了研究高潮，美国对于柳枝稷尤为重视。目前，开发新能源已成为人类发展中的紧迫课题，我国也正致力于这方面的研究。种植能源作物既是增加能源供应、保护环境、实现可持续发展的重要举措，又是促进农民增收和农业增效的有利手段[126～130]。

（一）形态学特性

柳枝稷是多年生草本 C4 植物，它植株高大、根系发达，在美国南部地区柳枝稷株高可以超过 300 cm，根深可达 350 cm。柳枝稷叶型紧凑；叶片（指叶的平正部分）狭长，叶长 30～80 cm，叶宽 0.8～1.3 cm。柳枝稷具有根茎，而且茎秆直立，多丛生，粗硬，高 110～170 cm，茎具 4～6 节。圆锥状花序，15～55 cm 长，分枝末端有小穗，开花时呈塔形疏散展开的小枝与小穗。小穗呈灰绿色略带紫色。小穗含 6～8 粒种子，种粒小。种子坚硬、光滑且具有光泽，新收获的种子具有较强的休眠性，品种间千粒重变化较大，为 0.7～2 g。

（二）生态类型及遗传特性

柳枝稷是异花授粉作物，具有较强的自交不亲合性；其基本染色体数为

9，大部分品种为四倍体、六倍体和八倍体。

柳枝稷在长期的进化过程中，形成了许多生态型和变种，主要的两种生态型为：高地生态型，主要分布在美国中部和北部地区，适应干旱环境，茎秆较细，分枝多，在半干旱环境中生长良好，主要品种有 Blackwell、Cave-in-Rock、Pathfinder、Dacotah、Forestburg、Summer、Trailblazer 等；低地生态型，主要分布于潮湿地带，诸如漫滩、平原，植株高大，茎秆粗壮，成束生长，主要品种有 Alamo、Kanlow，BoMaster、Colony、Performer、Shawnee。低地型品种产量高，但最初生长速率要低于高地型品种。据报道，低地生态型品种都是四倍体，高地生态型品种多为四倍体或八倍体，低地型柳枝稷比高地型柳枝稷更高大。从性状上看，低地型柳枝稷更适合被开发为生产燃料乙醇的能源植物，但高地型在抗寒性方面表现好于低地型。

（三）生物学特征

1. 温度及光周期反应

柳枝稷为 C4 植物，与 C3 植物相比，它对生长温度要求较高。柳枝稷萌发的最低温度为 10.3 ℃，当土壤温度低于 15.5 ℃时，种子萌发很慢；柳枝稷生长的最适温度在 30 ℃左右。

柳枝稷具有明显的光周期特性，它是短日照植物，短日照条件下才可开花。柳枝稷的光周期特性群体间存在遗传变异，此性状可以选育。同一品种如果种植在不同的纬度，其光周期反应不同，低纬度起源的品种如果种植在高纬度地区，开花会延迟，因为高纬度地区达到其临界日长的时间较晚。

2. 资源利用效率

养分利用效率（NUE）通常以土壤中每单元的施肥量的生物质产量来计算。柳枝稷的 NUE 高于其他一年生植物，除了其作为多年生植物的特点，还因为收获时间和管理上的差异，有益于养分向储藏器官的高效转化。有研究人员对不同地区柳枝稷大田进行试验，在施肥量分别为 0 kg/hm^2、90 kg/hm^2、180 kg/hm^2的大田上，测定 NUE、氮浓度、总氮吸收量及表观氮回收量等几个指标，发现高施肥量会收益减少，使得 NUE 效率降低。

水分利用效率（WUE）是指植物消耗单位水量产生出的同化量，是反映植物水分利用特征的重要参数。Wullschleger 等统计了 14 个低地型品种和 25 个高地型品种的生物量和沉淀物 1 200 个观测值，其 WUE 的平均值为 21.6 kg/（hm^2 · mm），其中 68％的观测值在 10～30 kg/（hm^2 · mm）[126]。

辐射利用效率（RUE）指作物生长时段内干物质的积累量与该时段作物冠层拦截太阳辐射量中有效光合辐射的比值，单位为 g/MJ。一般来说，柳枝稷的 RUE 高于其他作物，这是由于柳枝稷具有 C4 光合途径、高叶面积指数及较低吸收系数等特点而能维持较高的 RUE。而且由于生长环境、生长季节及栽培管理不同，不同柳枝稷品种间 RUE 也存在较大的差异。国外学者 Kiniry 等人发现从美国德克萨斯州的高原到密苏里州，柳枝稷 Alamo 的平均 RUE 值在 3.04 g/MJ IPAR 到 5.05 g/MJ IPAR 间变化[131]。

3. 生长发育及环境影响

①种子休眠。柳枝稷种子较小，具有很高的休眠性，新收获种子的发芽率只有 3%～28%，经过两年或更长时间的后熟后才能正常发芽，但发芽势会显著下降。

打破柳枝稷种子休眠的方法主要有自然储藏、后熟化（高于室温贮藏）、机械破损、湿润冷冻层化处理和化学方法。美国的 Jensen 和 Haynes 利用机械和化学方法处理柳枝稷种子，使得发芽率分别提高了 73% 和 61%[127,128]。谢正苗研究发现，当柳枝稷种子表现出深度休眠，后熟化、冷冻层化、磨擦浸泡和化学药剂包括次氯酸钠和生长调节剂均可不同程度地破除种子的休眠，尤以冷冻层化处理技术最有效，也较方便和经济，因此，他重点研究了冷冻层化处理技术[132]。高雪芹等对柳枝稷不同冷藏时间处理下的发芽率和发芽势进行了研究，发现种子浸湿后，在 4 ℃沙埋层积冷藏 5 天，种子的发芽率就可以达到 90%以上，但继续延长贮藏时间，却不能提高种子的发芽率和发芽势[129]。干种子沙埋层积冷藏 10 天后，种子发芽率显著提高，达到 87%。随着冷藏时间的延长，种子的发芽率和发芽势反而降低，休眠加重。

②幼苗生长及环境影响。环境条件如水分、温度和光照是影响种子发芽和出苗的关键因素。柳枝稷种子偏小，尽管最开始需水量很少，但随着幼苗生长和根部系统发育，需水量逐渐增加。同时，要有适宜的温度，种子才会萌发。种子发芽的基本温度为 8.1～10.3 ℃，最优发芽温度为 25～30 ℃，最高不能超过 45 ℃。

③营养生长及环境影响。柳枝稷在营养生长阶段的分蘖、拔节与有效积温（GDD）关系密切。有效积温是指对植物生长发育起有效作用的且高出植物生长下限温度的温度值。其关系随地理位置和品种的不同而有差异。柳枝稷叶片的生长速度也与有效积温呈正相关。Van 等发现柳枝稷春季分蘖上，叶的生长是持续的，最长的叶片出现在植株生殖生长之前[130]。柳枝稷需要生长发育良好、强健的根系保证植株对土壤水分及养分的有效利用，以增加养分存储能力。播种 3 周后，柳枝稷的初生根迅速生长；播种 15 周后，初生根生长逐渐缓慢，并积累碳水化合物。3 周龄幼苗的根冠比为 5.5，15 周龄的根冠比下降到 2.2。在柳枝稷幼苗的初生阶段，种子储存的大量养分分配到根

部，供给根部的生长发育；植株成熟期，根系发育完全，积累了大量的氮和碳等营养物质并分配到地上部分，维持植株的快速生长。在成熟植株中，能量和养分最主要以淀粉形式储存在根部，其次是蔗糖。

④生殖生长及环境影响。光周期是诱导柳枝稷幼穗分化的重要因素。柳枝稷是短日照植物，光周期现象明显，而且在群体间存在遗传变异。不过，柳枝稷的光周期与开花时期的机理尚不明确。在保证柳枝稷正常生长情况下适当延长光周期，延迟开花，这样在其成熟时，叶面积、叶片数量均增加，可以提高柳枝稷的生物质产量，适合能源开发利用。

合适的温度也是诱导柳枝稷幼穗分化的必要条件。柳枝稷的茎尖感受温度，同时伴随着成花激素的合成及向茎尖的运输。适合柳枝稷营养生长和繁殖生长的基本温度为 10 ℃。

（四）开发利用现状与前景

随着经济的发展，人类对石油、天然气等能源的需求越来越大。近年来，国际石油价格直线上涨，促使发达国家加快了对替代能源的研究。柳枝稷能源利用方式主要有这样几种：压制固体成型燥料；直接燃烧或与煤共燃用于发电或供暖；转化成气体或液体燃料。

1. 压制固体成型燃料

Highzone 就地及时压缩成型技术的诞生，打通了柳枝稷规模化应用高储运成本的瓶颈，使柳枝稷资源进入商业市场替代化石能源具有了经济性、实用性基础，使柳枝稷的生产与消费的产业链形成对接。这一产业链的形成，可以使现有农作物废弃物得以有效利用，让农业增效，使农民增加就业和增收；使农村生活用能质量提高，改变农村面貌。可以通过柳枝稷压缩燃料的使用，缓解能源紧张，提高能源消费中清洁能源的比例，改善大气环境，减少二氧化碳排放。

2. 直接燃烧或与煤共燃用于发电或供暖

柳枝稷用于火力发电前景诱人。将 10%的柳枝稷和 90%的煤炭混合，具有良好的燃烧性能。SO_X 和 NO_X 的排放量也相应降低。美国爱荷华州 Chariton Valley 能源作物项目研究结果显示，在煤炭中掺入 5%的柳枝稷，能产生 35 MW的电力（总电力为725 MW），约需柳枝稷 18.14×10^4 t。美国 Jensen 和美国 Menard 研究了美国田纳西州一家煤草混燃火力发电厂，这家工厂共用 10 个焚烧炉，产电量为 77（MW・h）。研究结果显示，如果掺入 10%的柳枝稷，一个焚烧炉需 50.3×10^4 t左右的柳枝稷。

3. 转化成气体或液体燃料

(1) 生产乙醇

柳枝稷为木质纤维作物，其细胞壁可被消化为糖类，并随后发酵生成乙醇。这种发酵方式与玉米和谷物发酵不同，玉米和谷物是被消化成淀粉，然后发酵生成糖类和乙醇。应用这个基本原理开发木素纤维作物，使其成为生物能源，既省去了烦琐的生产工艺，又避免了消耗食用性作物和占用良田。最近的研究显示，柳枝稷的乙醇转化率可达到 50%。生产等量的乙醇能量投入，玉米比柳枝稷高出 4.5 倍，其中玉米的能量输出输入比为 1.1～1.2：1，而柳枝稷为4.34：1。

柳枝稷木质纤维素原料转化燃料乙醇的技术很成熟，其研究主要集中在原料预处理和开发发酵乙醇的优良菌种。转化燃料乙醇的主要步骤分为以下几步：

①原料运输和储存处理。对柳枝稷进行颗粒化或压块能降低运输的难度与成本。颗粒水分含量低于 15%，储存堆积密度为 181.56 kg/m^3 左右，比玉米秸秆和麦秆的堆积密度都高。

②柳枝稷原料预处理。通过化学、物理或生物的方法将原料中的木质素进行分离，使得纤维素结合紧密度降低，以便于下一步将其转化为燃料乙醇以及其他有用化学物质，并提高它们的得到率。预处理主要有碾磨、高温分解、酶解和稀酸预处理等。

③经发酵将柳枝稷转化为燃料乙醇。通过预处理，柳枝稷材料中的木质纤维素成分被降解和糖化，得到能够被发酵微生物利用的葡萄糖、木糖、甘露糖和半乳糖等。在糖化液中，关键是如何将木糖高效发酵为乙醇。木糖发酵乙醇的工艺有细胞固定化、固态发酵、同步糖化发酵等，其中以同步糖化发酵工艺应用最广。耐高温的纤维素酶和分解木质纤维素的微生物对于木质纤维素发酵非常重要。

(2) 柳枝稷生物燃气和生物油

生物燃气是通过发酵将生物原料转换为沼气，目前对柳枝稷的应用很少。通过高温分解的方法将生物质转化为生物油，是近年来人们积极寻找的生物质能转化的另一途径，但在柳枝稷中的研究成果还不多，尚处于技术探索过程中。这种方法一般可以保存柳枝稷能量的 52%，经过技术改进，可以提高到 85%。柳枝稷植株和其生物油产品的热值相似，但是油的比重高（生物油 1.2～1.3，颗粒 0.5），更易于运输和贮藏。在最适的高温分解条件、精炼技术与汽油或其他液体燃料混合技术，或进一步加工为液体燃料的技术等方面还需要更多的研究。

第二编 青藏高原高寒草地农业区实现草地多种用途与可持续利用的途径和方法

草地农业（grassland agriculture）这个术语来源于西方国家，据资料所知，是英国人 A. T. Semple（1970）最早提到这一概念，他的解释大意是“利用土地生产优质草料，主要饲养良种奶牛，获得高产优质的牛奶”。这个解释有局限性，但符合西方国家当时的实际情况。因为 20 世纪六七十年代西方国家乳牛业很发达，这源于西方社会的一种观念：一个国家人民生活水平的高低可以用人民平均消费牛奶及其制品的数量作为衡量的标准。这个观念加上工业人口对乳品的需求，推动着奶牛业的迅速发展，如联邦德国（原西德）20 世纪 80 年代中期全国人口平均每人每年消费牛奶和奶制品的量达到全欧洲最高。与此同时，西方国家也产生了牛奶生产过剩的问题。美国超过市场需求量的 12%，由于其天然草地和牧地面积大，转而发展肉牛；西欧国家超过市场需求的 24%，因为他们缺乏天然草地和其他放牧场，只好大力向外推销奶牛，并少量发展肉牛和绵羊，以适应市场和草地利用的需要；德国还饲养少量良种马，供参加运动和马术表演之用。这些发展也带来了草地农业内涵的变化，除饲养动物种类增多以外，草地农业逐渐成为不同国家和地区农业的主要或重要的内容，也就是说草地农业已成为农业的组成部分。

西方发达国家经历了100余年的努力，基本实现了草地农业的现代化，其特点有三：一是因地制宜地培育优良的草地和饲料作物，生产优质草料，饲养良种（含品种）牲畜和其他动物，向社会提供丰富而优质的乳、肉、毛及其他动物产品，这是草地农业的基本内容，而培育草地还包括稳定和改善环境与其他社会服务等功能；二是要求经营者素质较高，在实践中善于应用现代草地学（grassland science）[27]与相关学科的知识和技术，并掌握作业机械化和信息化设备的使用和一般的维修技能；三是经营规模较大，经济和生态效益良好。

随着人类需求的发展和科技的进步，农业将进一步发展，作为农业组成部分的草地农业的内涵也可能进一步拓宽。

我国草地农业尚处于不同的发展阶段，由于自然条件较为复杂，需要因地制宜，不同地区实现草地多种用途与可持续利用的目标、途径、方法与技术都需要从实际出发，才能取得好的效果[133,134]。

鉴于我国水热等自然条件和农牧业生产的最大地域差异是北方、青藏高原和南方的区别，笔者根据这一特点，结合草地类型、农牧业生产和行政区划将我国草地农业分为三个大区，即：北方温带、暖温带草地农业区，青藏高原高寒草地农业区，南方热带、亚热带草地农业区。区以下再按上述原则分为若干亚区和小区。在对区或亚区自然和社会经济条件概括叙述的基础上，对各区或亚区推动草地多种用途与可持续利用的途径和方法做了探讨，供当地制订草地农业发展规划参考。为了突出针对性，本编仅介绍青藏高原高寒草地农业区的情况。

第六章　青藏高原高寒草地农业区

本区既受水平气候的影响，也受垂直气候的影响，而多以后者为主要影响因素。海拔高，温度低，植物生长期短，是生物生产的限制因子。但是，由于恶劣自然条件长期自然选择的结果，生物也形成了一些重要特性：如牧草生长迅速，物质积累能力强，蛋白质含量比低海拔地区同类牧草蛋白质含量高得多；具有特殊经济和生态价值的植物很多，其中包括高原特有的珍贵野生药用植物；野生动物和家畜抓膘能力很强，牦牛奶的乳脂率为黑白花奶牛牛奶的两倍左右，藏绵羊毛被厚，适应高原气候的能力很强。这些既是高原的特点，也是高原的潜在优势。此外，青藏高原旅游资源丰富，可通过利用旅游的优势，间接推动草地农业的发展[135,136]。

高原牧民懂得生产，但消费观念较弱，当前可采取的措施有：抓消费，促生产，减少牲畜数量，提高质量；调整畜群结构，减少非生产畜带来草料的浪费；进一步做好草料储备，减少牧畜死亡，推动牧业正常发展。从长远来看，宜根据青藏高原的特点，充分利用高原的潜在优势，推动草地多种用途，促进民族地区发展多种经营，活跃地方经济。科学工作者、管理人员、企业家和其他高素质的从业人员，要善于利用不同地区的特点和优势，推动生产、加工和销售多种形式的异地结合不仅可能取得重要的成效，也可能逐步形成具有青藏高原特色的草地农业。

第一节　青藏高原的特点

一、自然条件

海拔高是本区的主要特点，整个地形由西北向东南倾斜，高大山脉构成高原的骨架。呈东西走向的山脉包括喜马拉雅山脉、冈底斯山—念青唐古拉山脉、喀喇昆仑山—唐古拉山脉等，海拔都在5 500～6 000 m以上，在其上发育着现代冰川。呈南北走向的有横断山脉、大雪山、岷山和邛崃山脉等，海拔高4 000～5 000 m，少数高山顶下有发育较弱的现代冰川。全区各大山脉之间发育着广阔的高原、盆地和谷地，海拔多在3 500～5 000 m，也有的高达6 000 m[135,136]。

本区气候总的特点是从东南往西北，气温逐渐降低，降水量逐渐减少，从东南部的温暖湿润气候逐渐过渡到寒冷干旱气候，这一特点导致了草地类型的地域差异。夏季，本区东南部受西南季风的影响，东北部受东南季风的影响，所以，夏季气候温和而湿润；冬季，本区受西风环流的控制，气候寒冷而干燥，形成了典型的高原大陆性气候。大部分地区属高原亚寒带和寒带气候，年均温－5.8～3.7 ℃，气温年较差 15～25 ℃，日较差 12～18 ℃。雨热同期，干冷季节长达 7～8 个月，暖湿季仅 4～5 个月。日照充足，东南全年日照在1 500～2 000小时之间，广大高原区年日照达2 500～3 300小时。降水量的地区差异大，东南部达 500～1 000 mm，东北部 400～700 mm，藏南谷地 250～550 mm，羌塘高原东部和青海西南部为 100～300 mm，西北部仅 40～70 mm，降水多集中在 6～9 月，占全年降水量的 70%～80%。灾害性天气主要是大风、雷暴和冰雹，此外，还有霜冻、暴风雪等，对高原牧业生产都有一定的影响。

二、社会经济条件的特点

本区是以藏族为主的多民族地区，其他民族有汉、羌、回、蒙、哈萨克、门巴、珞巴、阿昌等，总人口近 1 000 万，农业人口 600 余万。现有耕地 137.13×10^4 hm^2，占土地总面积的 0.69%；林地1 983.6 hm^2，占土地总面积的 9.9%；草地13 036.2×10^4 hm^2，占土地总面积的 65.2%，土地利用率为 75.8%。草地面积占全国草地面积的 1/3，是我国重要的高寒地区畜牧业生产的重要基地。区内农田多分布于滩地、阳坡和河谷低地等相对较为暖和的地方。土地耕作较粗放，轮歇地较多，农作物以青稞（裸大麦）、油菜、燕麦、春小麦为主，产值仅占全国的 1.98%。林业的木材产量占全国的 1.88%左右。牧业产值占农业总产值的 35%左右，本区牧业生产占有较重要的地位[135,136～138]。

三、草地资源的特点

本区天然草地面积达12 834.9 × 10^4 hm^2，其中可利用面积11 187.5 × 10^4 hm^2。草地面积占全国草地面积的 1/3，是草地面积最大的一个区。由于本区自然条件复杂，高原的东部和东南部海拔变化大，从河谷往上，草地植被依次出现热性灌草丛、温性灌草丛、山地草甸、高寒草甸；而高原中部广大地区，海拔在4 000～4 500 m，气候寒冷，干、湿季分明，森林基本消失，以高寒草甸和高山灌丛分布最广，是高原地区草地资源的主体。青藏高原的西部平均海拔在4 500 m以上，气候寒冷干燥，草地类型以高寒草原为主。羌塘高原北部和帕米尔高原，地势高亢，平均海拔4 600～5 000 m，气候严酷，是高原植物最少的地区，高寒荒漠、稀疏垫状植被与裸地相间分布。

本区草地类型以高寒草甸为主，占全区草地面积的 45.4%；其次为高寒草原，面积为全区草地面积的 29.1%；其他各类草地：高寒草甸草原占 4.4%，高寒荒漠草原占 6.8%，高寒荒漠占 4.6%，山地草甸占 5.5%。其余的不一一列举。

本区草地资源分布的省区：西藏自治区最大，占全区草地面积的 63.9%；其次为青海省，占 22.1%；再次为四川省，占 10.9%。此外，还有云南省占 1.1%，甘肃省占 2%[135～138]。

第二节 草地牧业生产概况和存在的问题

本区历来一直以牧业为主体，主要牧养牦牛、藏系绵羊、少量山羊和马。牲畜的数量是随时有变化的，列举某年的绝对数，不仅参考意义不大，有时还会起副作用，如历史上因攀比数量而导致超载过牧，带来草地退化。这里仅根据草地资源调查时的统计数据估算一下不同畜种的比例：本区牦牛占牲畜总数的比例不同年度的变化在 25%～30%之间，绵羊变化在 65%～70%之间，其他牲畜约占 3%～5%。这个比例是在过去的历史发展过程中形成的，与当地人民的生产发展的自然趋势、草地资源的适应性和人民生活的需要有一定的关系。但是，它也不是不可变的，随自然条件、生产条件和社会需求的改变，畜种比例也会变的，特别是受市场经济的影响，人们还会主动调整[34,139]。

本区草地畜牧业中存在的问题仍然是“老、大、难”问题，其表现如下：

首先，养畜过多。超载过牧造成的结果是两败俱伤，草地退化，牲畜大量死亡。20 世纪 80 年代草地资源调查资料根据产草量和牲畜对饲草的需要量（大牲畜一头的需要量，大约为 5 只绵羊的需要量计）来计算，认为整个青藏高原草地的理论载畜量为8 720.3万羊单位。而实际载畜量，据一些单位计算是大大超过理论载畜量。实际载畜量每年都有变化，只有根据当地某个年度的实际资料来计算和做比较。在澳大利亚，计算适宜的载畜量，则是以草地的低产年的产草量来计算的，丰产年多余的草可用以制作干草或青贮料贮存。如果以丰产年的产量来计算，就要有丰富的贮存饲料，如果跟不上需要，就会造成牲畜死亡或使生产遭受损失[139,140]。

其次，“冬季草料”的储备问题。这也是我国牧区的老问题，在青藏高原就更为突出，因为高原上有些地方受自然和经济条件的限制，当地牧民很难自己生产储备草料。冬春一遇灾害，只有靠救济。

再次，畜群结构不合理造成饲草资源的浪费。原因在本书第四章中已经做了分析，关键在于如何有效地解决这一问题。不产崽也不产奶的母牛，被称为“干巴子奶牛”，长期饲养而不产生经济效益；非种用公畜长期饲养，既没有经济效益，有时还带来负面影响。为此，需要针对性地进行深入的经济效益分析，在多做宣传的同时，帮助牧民销售，使之转变为经济效益，使牧民受益，以解决这些长期存在的落后观念[141]。

上面说的几点都是大家知道的老问题，为什么解决不了？实际就是本书第一章讲的一些共同性的问题未能解决，本区更为突出。有些改革措施，牧民接受不了，也就无法推广，这就涉及基础教育的问题。在有些自然条件适宜的地方发展种植业，搞规模化经营，需要平整土地，也就需要重型机械，没有相应的道路，重型机具运不去，这又涉及交通部门。草地和农耕地需要灌溉，又涉及水利部门。要推动目前发达国家普遍应用的打捆套袋青贮技术，就需要打捆机、捡拾机具和结实而经得起拉扯的塑料膜，这又需要有关工业部门的配合。要在草地经营中应用现代农业科技，又涉及职业教育和高等教育。总之，要在青藏高原这种自然和社会条件下，推动草地的多种用途和实现草地农业的现代化，不仅需要掌握现代农业科技的经营者，还需要有关部门的配合和全社会的支持[139,140,142]。

第三节 青藏高原推动草地多种用途和可持续利用的途径

一、草地畜牧业的合理经营

关于青藏高原草地畜牧业合理经营问题，上一节已经对几个重要问题做了探讨，为什么本节又再次强调呢？因为它是草地利用的首要问题，如果这个问题解决不好，其他问题也很难解决。除了上一节提到的几个问题以外，实现草地畜牧业合理经营还包括适宜的经营体制、草地使用权限、利用率、改良措施等问题，请参考本书第一、二两章叙述的内容，结合青藏高原的条件来思考和研讨具体方法，在此不再赘述[139,143]。

二、因地制宜地发展种植业

高寒草甸分布地区发展种植业的限制因子主要是低温，高寒草原分布区既有低温问题，也有水分不足的问题，所以，在青藏高原发展种植业，要特别重视因地制宜。

本区适合发展种植业的地方通常是海拔相对较低、水热条件较好、地势平缓、土层深厚、适合耕作的地方。应先做小型试验，再大面积推广。种植业的内容首先是牧草栽培，其次是选择耐寒的谷类作物，如大麦、燕麦、春小麦、黑麦、油料作物（如油菜）、蔬菜（如白菜、萝卜、野生蔬菜变家种）和药物等。

发展种植业目的：一是探索青藏高原地区种植业与养殖业结合的途径、方法和技术；二是满足当地人自己的多种需要，包括粮食、植物油、蔬菜、家畜的草料，特别是冬季草料的储备；三是向现代草地农业方向发展，逐渐成为商品生产基地，在为社会提供优质动物产品的同时，也提供部分优质的植物产品（包括粮、油、蔬菜和储备草料）[142]。

发展种植业的途径和方法：一是在已有种植业的地区，通过土地使用权的流转发展专业大户或合作社等形式，实现规范化经营；二是在自愿的基础上，在适合的地方发展种植业新区；三是无论新区或老区，都必须做好机具、种子、肥料和灌溉条件等的准备，有关方面需要给予指导和帮助。此地区应选择耐低温的植物。牧草可从当地选择对牲畜的适口性好、能结实、种子发芽力较好的优良野生饲用植物进行人工种植，有可能较快获得好的效益。一些发达国家早年栽培牧草就是这样发展起来的，四川阿坝州红原县及其他一些地方栽培的老芒麦和垂穗披碱草都是从当地野生牧草中培育出来的，现在欧洲有些草坪草还在开发利用野生草坪植物。必要时，也可把粮食作物当饲料作物利用，如可在燕麦、大麦的孕穗期刈割用作青贮料或调制干草，效果也是很好的。亚高山地草甸地带草地中的矩镰荚苜蓿（*Medicago archiducis-nivolai*）和歪头菜（*Vicia unijuga*）、广布野豌豆（*V. cracca*）以及牲畜喜食的其他豆科植物有无开发利用价值？如何利用？有无人工栽培前途？这些都值得研究。豆科牧草种子硬实率多，除人工处理提高发芽率以外，也可通过反刍动物的消化道来提高发芽率。白三叶草散布能力很强，除营养繁殖力强以外，其果实还可通过牛的消化道后排粪传播生长。澳大利亚从海外引进一种豆科牧草，从其汤斯维尔市入口并先在汤斯维尔种植，种子通过牛的消化道后，随牛排粪而广泛传播，牲畜喜食，饲用价值也高，曾被誉为汤斯维尔苜蓿，后经鉴定为豆科笔花豆属的一种一年生牧草，现在正式定名为汤斯维尔笔花豆（*Stylosanthes humilis*），在澳大利亚热带地区广泛传播。有些地方采用延迟放牧的方法，就是等这种牧草种子成熟后，再驱赶牛群去放牧，目的就是帮助传播种子。由此可见，自然界还有我们不认识的现象和可以摸索、利用的途径[139,142,144,145]。

三、加强草地资源的保护

青藏高原，特别是高寒草原和高寒草甸地区，生态环境比较脆弱，因此必须倍加爱惜草地资源，加强对其的保护。高寒草原干旱而且寒冷，高寒草甸地区寒冷且多冰冻，现有植被是在很长的自然繁衍过程中形成的，一旦被破坏，就很难恢复。保护的方法：一是减少载畜量，防止超载过牧引起草地退化。二是防止乱采滥挖药材，未经许可，不能在他人拥有使用权的草地上采药，违者要受法律制裁。挖采药材时必须同时补播药种或优良牧草种子。需要进一步研究高原上珍贵药材，探索将其人工培养和种植的道路，以获取更大的经济效益和更好的保护种源。三是因为其他工程作业（如修路、取土、取石等）破坏草地，必须恢复[146,147]。

四、发挥青藏高原的旅游优势，带动草地牧业的发展和提高

国内外许多人都很想到青藏高原去旅游，因为它有许多神奇而吸引游人的地方：一是独特的寺庙建筑艺术、壁画艺术和民族风情等。这不仅吸引旅游观光者，而且也是美术、文学、历史等文化工作者的精神宝库。二是特有的高原自然风光、特殊的野生动物和家畜结合在一起的高原草地牧业，都是吸引游人参观的地方。三是青藏高原为许多自然科学工作者提供了“用武之地”，因为其自然条件有许多特殊的地方。据有关地质资料介绍，青藏高原在古生代之前还是浩瀚的大海，从三叠纪晚期开始，经过喜马拉雅造山运动，从北到南先后脱离海洋而成陆地。地壳的造山运动影响着青藏高原的地质构造，使整个高原和诸大山系强烈抬升，形成了现代高原的基本地形和地貌特征。由于海拔大大地升高至3 000～6 000 m而被誉为“世界屋脊”。整个地形由西北向东南倾斜，由高原、高山、湖盆、谷地等组成。这些特征也带来高原生物种类、分布和群落结构的变化，因此，不仅仅地学工作者，生物学及

其他科学工作者也都纷纷前往高原去做有关的调查研究。本书主编 1957 年在二郎山考察牧草资源时，曾在其山体阴坡面的流石滩发现不少贝类化石，有可能是海洋抬升的遗迹，在青藏高原的其他地方也可能有类似遗迹和值得考察和研究的其他科学遗产。从这些情况来看，青藏高原又是吸引科学工作者的地方。

旅游业发达，将带来社会文明的进步和经济的繁荣，直接或间接地使农村和牧民受益。地方税务和旅游管理部门用一部分收入来兴建参观道路、农村景点和旅游设施，也会给草地牧业带来繁荣[136,138,145]。

第四节 青藏高原草地农业亚区的特点和发展途径

一、西藏西北高原半干旱和干旱草地农业亚区

本亚区天然牧地主要为高寒草原和高寒荒漠，包括西藏那曲地区大部、阿里地区一部分、日喀则地区少部分，共计 10 个县市，牧地面积4 849.8×10^4 hm^2，可利用面积4 227.3×10^4 hm^2。理论载畜量 673.9 万羊单位。平均海拔4 500～5 000 m。可可西里以北的湖盆地海拔5 000～5 300 m，山峰海拔均在6 000 m以上，多有现代冰川发育。年均温－6.6～0.1 ℃，年降水量150～300 mm，牧草生长期仅 80～100 天。草群低矮稀疏，伴生垫状植物。以紫花针茅为建群种的高寒草原分布最广，群落中还有羽柱针茅、青藏薹草、藏沙蒿、藏白蒿等，分布在海拔5 100～5 300 m的山坡、山麓和广阔的高原面上。以垫状驼绒藜为建群种的高寒荒漠分布在海拔5 000～5 300 m的湖盆地带[136]。

本亚区自然条件严酷，生态环境脆弱，交通困难，对人类经济活动的限制作用很大，但据草地资源调查计算，载畜量已经超过 150 万羊单位。根据以上情况，本亚区内草地牧业发展需要注意几点：一是减少养畜数量，重视质量。二是做好草地保护，合理利用，防止破坏引起草地退化。三是最好只作为夏季牧场，秋、冬将牧畜转移到低地，或者在秋季大量卖出活畜到外地。如果上述办法不行，则需做好交通、水利、人畜越冬等基础设施建设。四是对珍稀野生动物加强保护，建立野生动物自然保护区，任其自然繁衍；或者半自然半人工养殖，冬季从外地购买草料用于补饲野生动物。这些方法都要有资金投入，野生动物每年都可适当捕获或猎取，向外销售，返回资金，再求发展。国外已有先例，如果搞好了，是有利可图的。

二、藏西南山原湖盆半湿润草地农业亚区

本亚区天然草地主要是高寒草原和温性草原。土地范围包括拉萨市、山南、日喀则地区大部和阿里地区小部分，共计 18 个县（市），草地面积 1 912.9×10⁴ hm²，其中可利用草地1 667.4×10⁴ hm²。西部为印度河发源地，高山深谷，谷底海拔2 900～4 400 m。山间湖盆和湖滨平原海拔4 200～4 500 m。气候温和，凉爽且干燥，年均气温−0.5～8.3 ℃，年降水量 200～400 mm，集中在 6～9 月，水热同步，有利于牧草生长发育。

本亚区气候干旱，草地多灌木，牲畜生产性能较低。对今后发展的建议有三点：一是采集当地对牲畜适口性良好的野生优良牧草种子进行人工栽培，一般可提高产量 2～3 倍，这是投资少、见效快的方法。发达国家草地畜牧业发展初期，不少地区是这样发展起来的，后来才逐渐发展牧草的选种和育种工作。二是在有条件的地方发展谷物（如大麦、燕麦等）、蔬饲两用作物（白菜、萝卜、野生蔬菜等），牧草的种植在试验成功的基础上开展规模生产，逐步实现农牧结合。三是牲畜实行本品种选育，控制数量，提高质量[136]。

三、祁连山山地、环湖盆地半湿润和半干旱草地农业亚区

本亚区天然草地主要为高寒草甸和高寒草原，位于青藏高原的东北部，包括青海省的海北、海南两个藏族自治州、海西蒙古族自治州、黄南藏族自治州的一部分，共有 9 个县（市）。草地面积 741.9×10⁴ hm²，可利用面积 646.7×10⁴ hm²。

地形从西北向东南倾斜，祁连山平均海拔3 100 m，不少山峰在4 500 m以上，其上有现代冰川发育。东部黄河及其他谷地海拔1 700～3 000 m，谷地宽广、沟壑纵横，为黄土丘陵地貌，是青海省的主要粮食产区。气候地区差异明显，降水量由东部的 595 mm 向西逐渐减少为 200 mm，年平均气温由东部的 8.7 ℃降到西部的 0℃以下。

草地类型以嵩草属为优势种的高寒草甸为主，其次为以针茅属为优势种的温性草原和以紫花针茅为优势种的高寒草原。类型复杂，种类成分丰富，盖度大，产量较高，青草期饲用价值高，适合于多种牲畜放牧。

据有关资料报道，本亚区的主要问题：养畜过多，普遍超载，退化、沙化严重，草畜矛盾突出[136,137]。

解决办法和发展途径：一是严格控制牲畜数量，提高质量，改善畜群结

构，大量淘汰非生产畜。二是利用当地野生优良牧草，建立人工草地或改良天然草地。三是发展异地农牧结合，提倡牲畜暖季在牧区放牧饲养，冷季以合理的价格出售给农民育肥，使牧民和农民都能有利可图。

四、青藏高原东部山原半湿润草地农业亚区

本亚区天然草地主要为高寒草甸。行政辖区包括青海省的玉树、果洛藏族自治州全部、黄南自治州大部和格尔木市的唐古拉乡，西藏自治区的昌都、林芝、那曲地区大部和山南地区小部，甘肃省的甘南藏族自治州，四川省的甘孜州、阿坝州，共计 86 个县（市）。土地面积 86.65 平方千米，占青藏高原土地面积的 43.3%，草地面积4 991.7 × 10^4 hm^2，占本区草地面积的 38.9%，可利用草地面积4 351 × 10^4 hm^2。它是青藏高原草地面积最大的亚区，也是草地牧业的精华所在[136,138]。

本亚区地势高，山脉大，都为东西走向，从北向南依次为昆仑山脉及其支脉巴颜喀拉山，其次为唐古拉山，再次为念青唐古拉山，是著名的黄河、长江、澜沧江和怒江等的发源地。分布于诸大山之间的高原、湖盆、宽谷等的海拔均在4 000 m以上，发育了大面积的高寒草甸。山脉海拔均在5 000 m以上，多有现代冰川发育。东部峡谷在4 000 m以下，发育了山地草甸和少量暖性灌草丛。东部年均温在 2～14.6 ℃，高原区年均温在－6～0 ℃，年降水量由东南峡谷区的 700 mm 往西北逐渐降低到 100 mm，亚区内有雷暴、大风雪、霜冻等灾害性天气。

（一）草地资源概况

高寒草甸（以嵩草属为优势种）分布最广，其中特别是低地沼泽化草甸（以藏嵩草为优势种）面积最大。东南部的山地草甸（以中生禾草为优势种）面积也较大，草群盖度大，青草营养成分高，牲畜易上膘。西北地区以高寒草原（耐寒、耐旱的紫花针茅为优势种）为主。

（二）草地利用存在的主要问题

1. 草地牧业严重超载

20 世纪 80 年代草地资源调查时，本亚区牲畜超载仅 9.3%，各地报道，近 20 多年来超载越来越严重。据四川省《川西北草地畜牧业可持续发展对策研究》一文称，区内退化、沙化、鼠虫害面积占可利用草地面积的 73.77%，其中退化面积占可利用面积的 49%，鼠虫害面积占可利用面积的 23.32%，

产草量下降20%。据农业部《2006年全国草原监测报告》称，全国草地平均超载34%，四川超载40%，川西北超载23.63%，部分地方超载60%～100%。上述资料说明，超载是导致本亚区草地退化、沙化和鼠虫害的主要原因。

2. 草料储备很差

有些地方有一点点储备，但是，距实际需要差距很大，大多数地方根本没有储备，灾害一来，就靠政府动员救济，这不是解决问题的根本办法。如果长期这样继续下去，“秋肥、冬瘦、春死亡”这一问题将永远也解决不了。前面谈到本亚区的草地牧业是整个青藏高原牧业的精华所在，如果本亚区的草地遭受破坏，对整个高原乃至对全国都会带来严重的影响。

其实，这些都是几十年前就有的老问题，有关方面和人员不知提过多少想法和建议，但都没有得到解决。当然，主要原因是这些地方不仅自然条件较差，社会经济条件也较差。要解决区内的问题，需要较长的时间、较多的辛苦和加倍的努力。针对本亚区的情况，并参考国外类似地区的经验，对未来发展的途径和方法提出几点建议：

(1) 从长远考虑，需要解决的问题

从长远考虑，地方有关领导需要参考本书第四章讲的内容，结合所在地区（省区、地州、县市）的特点做出切实可行的规划，既解决当前的问题，又要为长期发展的需要做准备。如农（牧）民的职业教育、高素质新型从业人员的培养、如何做好生产作业的机械化和信息化等。

(2) 当前需要解决的重要问题

①有效帮助牧民解决畜群结构不合理的问题。一是多做宣传教育，让牧民懂得长期饲养非生产畜不仅会造成草料的浪费，而且会影响生产畜的生长发育和生产的正常进行。二是帮助牧民淘汰各种非生产畜，用这些钱购买储备饲草饲料，减少牲畜死亡，一举两得，把负面影响转变为正面的效益。牧民看到好处，就可能接受并长期坚持。

②切实解决合理的载畜量和草地利用率问题。超载过牧是高原地区，也是整个牧区的共同问题。造成这种现象的原因：一是草地使用权限未能严格控制，草地使用权不清、边界不明，是造成抢牧、争牧、滥牧的主要原因；二是旧的传统观念未能彻底解决。要推行合理的载畜量，必然要从这两方面做工作。如果把使用权限严格固定并用立法手段规定，如规定“一切作业如放牧牲畜、采挖药材和狩猎等，只能在自己拥有使用权的土地上进行，未经许可而在别人土地上开展上述作业都属于违法行为，都要受到法律的制裁”。要严格按照法律控制草地使用权限，还要有相应的配套措施，如边界标志、

绘制使用权图（宜复制两份，使用者和当地管理部门各执一份，备查），并像农区一样，授予使用权证书。此外，也要多做宣传教育，帮助牧民摆脱“牲畜多，就是财富多”的传统观念，并逐步接受“草地合理载畜量，才能产生好的经济效益”的新观念。

合理的利用率是通过试验和较长时间的实践经验来确定的，发达国家一般控制在 50%～60%（温带地区），可以参考此数据，再结合地区特点和当年牧草生长状况适当调整，目的在于供牧草以良好的再生条件，防止草地退化。

③因地制宜地发展种植业。可参考本章前面有关发展种植业的论述，此处不再重复。

④冬草储备问题。利用天然草地和改良草地发展冬草储备只有少数地区（山地草甸分布区）才有可能，其他地区只有在首先发展牧草种植业的基础上才有可能。储备的方法也要因地制宜，目前最先进的方法就是打捆套袋青贮。

五、喜马拉雅山南翼湿润和半湿润草地农业亚区

本亚区天然草地主要为暖性灌草丛和山地草甸。其范围包括西藏自治区的日喀则市、山南、林芝两个地区和云南省怒江、迪庆两个州及丽江市，共计 20 个县（市）。草地面积 336.8×10^4 hm^2，其中可利用草地面积 295.1×10^4 hm^2。

本亚区地处青藏高原的南缘，地势由北向南急剧倾斜下降，形成了峡谷地形，其间也有少量宽谷分布。该地区相对高差异非常突出，生物气候的垂直变化非常明显。在海拔3 700～4 800（5 100）m 的高山地带，气候寒冷湿润，是本亚区天然草地主要分布区，发育了大面积的高寒草甸。在海拔2 500～3 700 m的山地上，气候温暖湿润，是山地草甸主要分布带并有针阔混交林和针叶林分布。海拔1 100～2 500 m的沟谷地带为亚热带湿润气候，发育了热性、暖性灌草丛，是在常绿阔叶林和针阔混交林被破坏后发育起来的。海拔1 100 m以下，气候炎热湿润，植被以热带常绿、热带雨林或热带季雨林为主。森林边缘也有小块的次生草地，无人利用。本亚区森林资源丰富，仅西藏境内就有 690×10^4 hm^2左右[136]。

本亚区天然草地约为土地面积的 21.1%，大部分分布在海拔3 000 m以上的高山地带。这些地区气候寒冷湿润，草地类型以高寒草甸和山地草甸为主，分别占草地面积的 33.3%和 26.6%。海拔2 500 m以下的热性和暖性灌草丛，分布在林线以上的由于山陡无法利用，应该重视保护以保持水土；而河谷地带的此类草地因常年放牧，利用过度，已有退化现象。

本亚区草地多种用途与可持续性利用的途径和方法：亚区内草地、林地、耕地相间分布，宜农、林、牧综合发展。另一特点是地形复杂，根据国内外成功的经验，陡坡宜林；缓坡可林、草相间分布，建改良草地；平坦地区宜农作和种植牧草，建立人工草地。

本亚区同样需要改善牧业的畜群结构，控制载畜量和放牧强度，以实现草地资源的可持续利用。

参考文献

[1] Thomas J W. Multiple use of United States rangeland [C]. Proceedings of the 5th I R C，1995.

[2] Gonzalo C M. Grassland and sustainability in Mexico Neir E West [C]. the Proceedins of Vth IRC，1995.

[3] Bailey A W. Managing Canadian rangelands as a sustainable resources：Policy issues [C]. Proceedins of the Vth IRC，1995，(2).

[4] Hadley M. grassland for sustainable Ecosystems [C]. New Zealand and Australia. Proceedings of the XVII I G C，1993.

[5] Thanopoulos R. The transformation of Greek grasslands under the impact of socio-economic Factors [C] proceedings of the xVIII I G C Canada，1997.

[6] 李毓堂，李守德. 提高中国草地畜牧业经营水平的途径和对策 [C]. 中国草地资源，1996.

[7] 刘德福，陈山. 人类活动与中国草地 [C]. 中国草地资源，1996.

[8] 刘相模，龙天厚，周寿荣，等. 阿坝藏族自治州牧区畜牧业考察报告 [M]. 成都：四川民族出版社，1964.

[9] 于立，于左，徐斌. 三牧问题的成因与出路——兼论中国草场的资源整合 [J]. 农业经济问题，2009，(5)：78～88.

[10] 于立，于左，徐斌. “三牧”问题的关键及成因 [J]. 牧草—草坪. 2011.

[11] 徐斌. “三牧”问题的出路：私人承包与规模经营 [J]. 农林经济管理学报，2009，8 (1)：53～58.

[12] 孙自保，孙前路，宋连文，等. 西藏草地资源保护中牧民行为策略研究 [J]. 草地学报. 2012，(5)：805～811.

[13] 周寿荣. 川西北草地的改良与利用 [M]. 成都：四川民族出版社，1982.

[14] Frisina M R，J M Mariani. Wildlife and domestic livestock as integral elemenments of grassland ecosystems [C]. Proceedings of the I S G R. agriculture Sciential press，Beijing，1994.

[15] 贾慎修，施兰生，周寿荣，等. 草地学 [M]. 北京：农业出版社，1982.

[16] 韩建国. 牧草种子学 [M]. 北京：中国农业大学出版社，2008.

[17] Hooper D U，Chapin F S，Ewel J J，et al. Effects of Biodiversity on ecosystem func-

tioning: A consensus of current knowledge [J]. Ecological Monographs, 2005, 75 (1): 3~35.

[18] Matches A G. Contributions of the systems approach to improvement of grassland management [C]. Nice France. Proceedings of the XVI I G C, 1989.

[19] 联邦德国艾伯特基金会，四川省畜牧局．联邦德国牧草生产技术 [M]．成都：四川科学技术出版社，1990.

[20] 周寿荣．联邦德国战后农业的发展 [J]．世界农业，1986，(1)：14~15.

[21] 周寿荣，干友民，张新全，等．美国高校办学成功的经验与我国高校改革和草地学教育的发展 [J]．草业科学，2011，28 (10)：1878~1881.

[22] 夏太津．德国的农业职业教育与绿色证书制度 [J]．中国农技推广，1994，(5)：21.

[23] 王书良．联邦德国的农业培训中心 [J]．高等农业教育，1990，(3)：59~60.

[24] Peterson's. Two-Year Colleges [M]. Peterson's Publishing, Printed in the United States of America, 2012.

[25] 周寿荣．美国常春藤名校 [N]．四川农业大学报，(314)：4，2007.

[26] Spilde, F T Mary. The Role of the Community Colleges in greening a workforce for green Economy [M]. Two-Year Colleges, 2012.

[27] Humphreys L R. Future directions in grassland science and its appllications [C]. Proceedings of the XVI IGC, France, 1989.

[28] 周寿荣．社区学院：美国绿色经济发展的“英雄”[N]．中国教育报，2013-9-11.

[29] 张穗坚．中国地道药材鉴别使用手册 [M]．广州：广东旅游出版社，2010.

[30] 包锡南．北欧国家的环境管理和农业环境保护对策 [J]．农业环境与发展，1990，(2)：7~12.

[31] 周寿荣，李德新，王昱生，等．草地生态学 [M]．北京：中国农业出版社，1996.

[32] 邓艾．青藏高原草原牧区生态经济研究 [M]．北京：民族出版社，2005.

[33] 罗光荣，杨平贵．生态牦牛养殖实用技术 [M]．成都：天地出版社，2011.

[34] 徐敏云，贺金生．草地载畜量研究进展：概念、理论和模型 [J]．草业学报，2014，(3)：313~324.

[35] 罗卫星．肉羊养殖 100 问 [M]．贵阳：贵州民族出版社，2008.

[36] 贾慎修，施兰生，周寿荣，等．草地学（第二版）[M]．北京：中国农业出版社，1995.

[37] 张英俊，杨春华，常书娟．草地建植与管理利用 [M]．北京：中国农业出版社，2010.

[38] 玉柱，杨富裕．饲草加工与贮藏技术 [M]．北京：中国农业科学技术出版社，2003.

[39] 赖志强，姚娜，陈远荣，等．以动物为手段进行岩溶地区休养再生研究技术体系 [M]．南宁：广西科学技术出版社，2009.

[40] 沈益新，王恬．种草养鹅技术 [M]．北京：中国农业出版社，2006.

[41] 苟文龙，王元清．优质牧草栽培实用技术 [M]．成都：四川天地出版社，2008.

[42] 李铁坚. 节粮高效养猪新技术 [M]. 北京：中国农业出版社，2012.
[43] 李成富，刘长胜. 实用奶牛喂养与疾病防治 [M]. 郑州：河南科学技术出版社，2008.
[44] 尹经章. 作物栽培学 [M]. 北京：高等教育出版社，2005.
[45] 中华人民共和国农业部. 甘薯技术 100 问 [M]. 北京：中国农业出版社，2009.
[46] 黄文惠. 草地改良利用 [M]. 北京：金盾出版社，1993.
[47] 张英俊. 草地与牧场管理学 [M]. 北京：中国农业大学出版社，2009.
[48] 向应海，朱邦长. 草地建植与利用技术 [M]. 贵阳：贵州民族出版社，2000.
[49] 孙吉雄. 草地培育学 [M]. 北京：中国农业出版社，2000.
[50] 高洪文，孟林. 人工草地建设管理技术 [M]. 北京：中国农业科学技术出版社，2002.
[51] 梁业森. 中国不同地区农牧结合模式与前景 [M]. 北京：中国农业科技出版社，1994.
[52] 邢廷铣. 食物链与农牧结合生态工程 [M]. 北京：气象出版社，1997.
[53] 胡跃高. 农业总论 [M]. 北京：中国农业大学出版社，2000 .
[54] 赵春花. 草业机械选型与使用 [M]. 北京：金盾出版社，2010.
[55] 杨世昆，苏正范. 饲草生产机械与设备 [M]. 北京：中国农业出版社，2009.
[56] 张录强. 动物在生态系统中的地位与作用 [J]. 生物学教学，2006，31（7）：10～11.
[57] 张知彬. 我国草原鼠害的严重性及防治对策 [J]. 中国科学院院刊，2003，18（5）：343～347.
[58] 张知彬，王祖望. 农业重要害鼠的生态学及控制对策 [M]. 北京：海洋出版社，1998.
[59] 张堰铭. 动物与植物相互作用格局的研究：高原鼢鼠对高寒草甸生态系统生物地球化学循环的作用及其对植物化学防卫应答的反应 [D]. 北京：中国科学院博士学位论文，2002.
[60] 来德珍. 植食性小哺乳动物在草地生态系统中的作用及管理对策 [J]. 青海畜牧兽医杂志，2006，36（2）：33～34.
[61] 王美英. 乳品加工的关键技术和主要设备 [J]. 中国新科技新产品，2015，（11）：35.
[62] 张春丽. 绵羊剪毛的操作 [J]. 养殖技术顾问，2013，（12）：34.
[63] 郝水菊. 内蒙古地区毛毡制品的传统技艺及其现代设计 [D]. 无锡：江南大学硕士论文，2013.
[64] 陈维稷. 中国纺织科学技术史（古代部分）[M]. 北京：科学出版社，1984.
[65] 金美菊. 粗纺羊绒针织纱生产工艺研究 [J]. 上海纺织科技，2006，（8）：24～25.
[66] 季延，李龙. 浅谈羊绒纺纱现状 [J]. 化纤与纺织技术，2009，（2）：34～36.
[67] 李龙，李欢意. 山羊绒制品工程 [M]. 上海：东华大学出版社，2004：109.

[68] 孟开明. 高支羊绒纱纺纱工艺探讨 [J]. 科技情报开发与经济，2005，15 (23)：276～278.
[69] 苏将胜，周金凤. 应用毛纺设备生产精纺羊绒纱 [J]. 毛纺科技，2007，(12)：26～30.
[70] 徐红，赛娜娃尔，玛依拉. 新疆民间制毡 [J]. 毛纺科技，2005，(8)：51～54.
[71] 信晓瑜，卞向阳. 新疆传统制毡工艺发展初探 [J]. 毛纺科技，2015，43 (2)：66～70.
[72] 张清录，宋红，张瑾. 简议羊绒半精纺纺纱 [J]. 毛纺科技，2004，(4)：38～39.
[73] 张后兵，张志，丁霞. 紧密纺在精纺羊绒纱纺纱中的应用初探 [J]. 上海纺织科技，2007，35 (4)：14～16.
[74] 王炳华，杜根成. 新疆文物考古新收获：续 (1990～1996) [M]. 乌鲁木齐：新疆美术摄影出版社，1997.
[75] 仲应学. 新疆手工业概述 [J]. 新疆地方志，1992，(3)：22.
[76] 于文胜. 于田小城擀毡人 [J]. 新疆人文地理，2009，(5)：140～145.
[77] 夏鑫，徐红，玛依拉. 新疆花毡 [J]. 新疆大学学报 (自然科学版)，2005，(4)：125～128.
[78] 阿不里米提·肉孜，崔斌. 试论维吾尔族传统工艺美术图案的构思和民族特色 [J]. 新疆大学学报：哲学社会科学版，1983，(2)：64～72.
[79] 赵翰生. 中国古代纺织与印染 [M]. 北京：中国国际广播出版社，2010.
[80] 李玉琴. 藏族服饰的美学分析 [J]. 西藏大学学报：社会科学版，2009，24 (2)：46～53.
[81] 陈宝书. 牧草及饲料作物栽培学 [M]. 北京：中国农业出版社，1999.
[82] 程云辉，董臣飞，许能祥，等. 中国野生禾本科牧草资源的研究现状 [J]. 江苏农业学报，2013，29 (2)：440～447.
[83] 蒋尤泉. 中国作物及其野生近缘植物：饲用及绿肥作物卷 [M]. 北京：中国农业出版社，2007.
[84] 贾慎修. 中国饲用植物志 (第一卷) [M]. 北京：农业出版社，1987.
[85] 张子仪. 中国饲料学 [M]. 北京：中国农业出版社，2000.
[86] 丁海君，乌尼尔，哈斯，等. 内蒙古野生优良牧草种质资源保护与利用 [J]. 畜牧与饲料科学，2007，28 (1)：38～40.
[87] 周寿荣. 饲料生产手册 [M]. 成都：四川科学技术出版社，2004.
[88] 窦玉梅. 野生牧草种质资源的保护与开发 [J]. 黑龙江农业科学，2011，(10)：104～105.
[89] 周艳春，王志锋，于洪柱，等. 吉林省野生牧草种质资源的考察与搜集 [J]. 草业科学，2011，28 (2)：196～200.
[90] 董建芳，马丽，莎依热木古丽. 野生牧草种质资源的采集与清选方法 [J]. 新疆畜牧业，2014，(4)：62～63.

[91] 张荟荟，姜万利，张学洲，等. 新疆野生牧草种质资源的调查与搜集 [J]. 草食家畜，2015，(4)：61～70.

[92] 黄瑾，刘国彬，徐炳成，等. 黄土高原半干旱区野生优良牧草利用探讨 [J]. 西北农业学报，2006，15 (2)：180～182.

[93] 马玉宝，闫伟红，徐柱，等. 燕山、秦岭及华北平原地区野生牧草资源考察与搜集 [J]. 草原与草业，2014，26 (1)：19～23.

[94] 季梦成，谢国强，何余勇，等. 江西野生牧草资源研究 [J]. 草业科学，2003，20 (11)：23～27.

[95] 刘强，蔡晓华. 秦巴山区野生优良牧草种质资源及其开发利用 [J]. 安徽农业科学，2007，35 (14)：4335.

[96] 马玉宝，闫伟红，徐柱，等. 滇西地区野生牧草种质资源考察与搜集 [J]. 科技创新导报，2013，(28)：150～152.

[97] 虞道耿，刘国道，白昌军，等. 海南野生饲用牧草资源调查及开发利用研究 [J]. 中国农学通报，2006，(5)：416～420.

[98] 王忠福，丁崇一，吕伟，等. 我国食用野生植物资源开发利用现状简述 [J]. 内蒙古林业调查设计，2012，(3)：85～86.

[99] 武玉栓. 内蒙古大兴安岭林区主要的野生食用植物 [J]. 内蒙古林业调查设计，2009，(4)：117～118，123.

[100] 许良政，廖富林. 梅州市野生食用植物资源及利用现状与开发对策 [J]. 华南师范大学学报：自然科学版，2006，(2)：99～105.

[101] 钟志凌，陈益华，谭星林，等. 南岳衡山野生食用植物（真菌）资源与分布 [J]. 现代农业科技，2009 ，(13)：91～93.

[102] 周繇. 长白山区野生食用植物资源优先保护评价体系 [J]. 东北林业大学学报，2006，34 (6)：97～100.

[103] 中国养蜂学会，中国农业科学院蜜蜂研究所. 中国蜜粉源植物及其利用 [M]. 北京：农业出版社. 1993.

[104] 解新明. 草资源学 [M]. 广州：华南理工大学出版社，2009.

[105] 陈洁. 中国草原生态治理调查 [M]. 上海：上海远东出版社，2009.

[106] 翁仁宪. 台湾芒草之光合作用特性 [J]. 中国草地学报，1994，(1)：14～25.

[107] 武菊英，滕空军，袁小环，等. 分株和遮荫对花叶芒生长的影响 [J]. 园艺学报，2009，36 (11)：1691～1696.

[108] Haverty D，Dussan K，Piterina AV，Leahy J，Hayes M. Autothermal，single-stage，performic acid pretreatment of *Miscanthus x giganteus* for the rapid fractionation of its biomass components into a lignin/hemicellulose-rich liquor and a cellulase-digestible pulp [J]. Bioresourceechnology，2012：173～179.

[109] 秦建桥，夏北成，赵鹏，等. 镉在五节芒（Miscanthus floridulus）不同种群细胞中的分布及化学形态 [J]. 生态环境学报，2009，(3)：817～823.

[110] 张崇邦，王江，柯世省，等. 五节芒定居对尾矿砂重金属形态、微生物群落功能及多样性的影响 [J]. 植物生态学报，2009 ，33 (4)：629～637.

[111] Lewandowski I, Scurlock J M, Lindvall E, Christou M. The development and current status of perennial rhizomatous grasses as energy crops in the US and Europe [J]. Biomass and Bioenergy, 2003, (4): 335～361.

[112] 周存宇，杨朝东，任双宝. 不同荻繁殖体地下部分生长的初步研究 [J]. 安徽农学通报，2008，14 (21)：56～57.

[113] Farage PK, Blowers D, Long SP, Baker NR. Low growth temperatures modify the efficiency of light use by photosystem II for CO_2 assimilation in leaves of two chilling-tolerant C4 species, Cyperus longus L. and Miscanthus giganteus [J]. Plant, cell & env ironment, 2006, (4): 720～728.

[114] Vanloocke A, Bernacchi CJ, Twine TE. The impacts of Miscanthus×giganteus production on the Midwest US hydrologic cycle [J]. Gcb Bioenergy, 2010, 2 (4): 180～191.

[115] 杨春生，杨丽红. 胖节荻和突节荻纤维品质及农艺性状研究 [J]. 中国造纸，1994，(1) ：76.

[116] Heaton EA, Dohleman FG, Long SP. Meeting US biofuel goals with less land: the potential of Miscanthus [J]. Global Change Biology, 2008, 14 (9): 2000～2014.

[117] 桑涛. 能源植物新秀——芒草 [J]. 生命世界，2011，(1)：38～43.

[118] 何立珍，周朴华，刘选明. 南荻同源四倍体——"芙蓉南荻"的选育 [J]. 中国造纸，1997，(1)：71～72.

[119] 周洋，丁成龙，赵丹，等. 温度对杂交狼尾草及其母本种子萌发的影响 [J]. 安徽农业科学，2008，36 (23)：9935～9936.

[120] 温达志，周国逸，张德强，等. 四种禾本科牧草植物蒸腾速率与水分利用效率的比较 [J]. 热带亚热带植物学报，2000，(S1)：67～76.

[121] 闫景彩，陈金龙. 氮磷钾配施对田周地种植桂牧 1 号杂交象草产量及效益的影响 [J]. 草业科学，2009，26 (12)：98～102.

[122] 潘伟彬. 能源植物狼尾草品种筛选评价指标分析 [J]. 漳州师范学院学报：自然科学版，2009，22 (4)：87～91.

[123] 马崇坚，刘发光. 皇竹草在生态环境治理中的应用研究进展 [J]. 中国水土保持，2012，(1)：41～44.

[124] Okagbare G, Akpodiete O, Esiekpe O, Onagbesan OM. Evaluation of Gmelina arborea leaves supplemented with grasses (Panicum maximum and Pennisetum purpureum) as feed for West African Dwarf goats [J]. Tropical animal health and production, 2004, 36 (6): 593～598.

[125] Sanderson M, Reed R, McLaughlin S, Wullschleger S, Conger B, Parrish D, Wolf D, Taliaferro C, Hopkins A, Ocumpaugh W. Switchgrass as a sustainable bioener-

gy crop [J]. Bioresource Technology，1996，56 (1)：83～93.

[126] Wullschleger S，Davis E，Borsuk M，Gunderson C，Lynd L. Biomass production in switchgrass across the United States：database description and determinants of yield [J]. Agronomy Journal，2010，(4)：1158～1168.

[127] Haynes JG，Pill WG，Evans TA. Seed treatments improve the germination and seedling emergence of switchgrass (*Panicum virgatum* L.) [J]. 1997，(32)：1222～1226.

[128] Jensen NK，BoeA. Germination of Mechanically Scarified Neoteric Switchgrass Seed [J]. Journal of Range Management，1991，44 (3)：299～301.

[129] 高雪芹，伏兵哲，杨瑞，等. 柳枝稷种子休眠破除方法及引种适应性评价 [J]. 农业科学研究，2014，(4)：14～18.

[130] Van Esbroeck G，Hussey M，Sanderson M. Leaf appearance rate and final leaf number of switchgrass cultivars [J]. Crop Science，1997，37 (3)：864～870.

[131] Kiniry JRJohnson M-VVBruckerhoff SB，Kaiser JU，Cordsiemon R，Harmel RD. Clash of the titanscomparing productivity via radiation use efficiency for two grass giants of the biofuel field [J]. Bioenergy Research，2012，(1)：41～48.

[132] 谢正苗. 柳枝稷种子休眠的回复与破除 [J]. 种子，1997，(1)：57～59.

[133] 周寿荣. 中国南方草地农业的研究与展望. 中国草地 (3)：1～5，1989.

[134] 杨武，曹玉凤，李运起. 国内外发展草地畜牧业的现状与发展趋势 [J]. 中国草食动物，2011，31 (1)：65～68.

[135] 廖国藩，贾幼陵，苏大学，等. 中国草地资源 [M]. 北京：中国科技出版社，1996.

[136] 苏大学，薛世明，王金亭，等. 西藏自治区草地资源 [M]. 北京：科学出版社，1994.

[137] 青海省草原总站. 青海省环湖片草场资源调查报告 [R]. 1986.

[138] 周寿荣，杜逸，倪炳炽，等. 四川草地资源 [M]. 成都：四川民族出版社，1989.

[139] 雷焕章. 青藏高原牧区畜牧业发展的探讨（一）家畜改良的重要性 [J]. 青海畜牧兽医杂志，1984，(2)：33～36.

[140] 武高林，杜国祯. 青藏高原退化高寒草地生态系统恢复和可持续发展探讨 [J]. 自然杂志，2007，29 (3)：159～164.

[141] 卢欣石. 中国草情 [M]. 北京：开明出版社，2002.

[142] 曹晔，杨玉东. 论中国草地资源的现状、原因与持续利用对策 [J]. 草业科学，1999，(4)：1～6.

[143] 雷良煜. 青藏高原上的绒山羊新品种——柴达木绒山羊 [J]. 中国草食动物，2002，22 (1)：49～50.

[144] 武丕琼. 云南草地资源 [M]. 贵阳：贵州人民出版社，1989.

[145] 丁恒杰，绽永芳. 青藏高原牧区发展现代草原畜牧业存在的问题与对策 [J]. 草业

与畜牧，2011，(5)：53～56.
[146] 周寿荣. 草地在为人类生存创建良好的物质和环境条件中的作用 [J]. 草业与畜牧，1984，(3)：1～7.
[147] 周寿荣，干友民，蒲朝龙. 亚热带山地草地生态经济特性的研究 [J]. 四川农业大学学报，1985，(2)：43～49.